住房和城乡建设部科学技术项目计划 2014-K1-025
上海建工集团重点科研项目课题计划 18YJKF-06、14ZFZC-01
上海市政工程设计研究总院（集团）有限公司启明星课题 K2019K127
上海市政工程设计研究总院（集团）有限公司科研项目课题计划 K2018K021、K2019K063、K2015K024

环氧沥青的研究与开发

黄 明 著

中国建筑工业出版社

图书在版编目（CIP）数据

环氧沥青的研究与开发/黄明著. —北京：中国建筑工业出版社，2020.9
ISBN 978-7-112-25085-1

Ⅰ.①环… Ⅱ.①黄… Ⅲ.①沥青-环氧复合材料-研究 Ⅳ.①TE626.8

中国版本图书馆 CIP 数据核字（2020）第 077369 号

本书对环氧沥青的开发和应用进行了介绍，全书共 10 章，主要内容包括：概述、油性热拌工艺的环氧沥青混合料摊铺等待时间对性能影响研究、油性热拌工艺的环氧沥青混合料的疲劳性能研究、改进型的多功能油性环氧沥青的研发过程与性能检测指标、改进型的多功能油性环氧沥青热拌混合料开发研究、改进型的多功能油性环氧沥青温拌冷拌环氧沥青的开发研究、改进型的水性环氧沥青的研发过程、泡沫环氧沥青混合料配合比设计与性能研究、水性冷拌环氧乳化沥青混合料配合比设计与性能研究和环氧沥青结合料粘结层。

本书适合从事环氧沥青研究和开发的人员参考学习。

责任编辑：李天虹
责任校对：焦 乐

环氧沥青的研究与开发
黄 明 著
*
中国建筑工业出版社出版、发行（北京海淀三里河路 9 号）
各地新华书店、建筑书店经销
霸州市顺浩图文科技发展有限公司制版
北京建筑工业印刷厂印刷
*
开本：787×1092 毫米 1/16 印张：14½ 字数：348 千字
2020 年 10 月第一版 2020 年 10 月第一次印刷
定价：**49.00** 元
ISBN 978-7-112-25085-1
（35883）

序

在交通基础设施领域，环氧沥青的研发与应用已有半个多世纪。一方面，由于环氧沥青性能特殊，其应用场景从钢桥面铺装逐渐扩展到道路路面、机场道面，不同类型的环氧沥青和环氧沥青混合料应运而生。另一方面，环氧沥青铺装对施工要求都非常高，不同种类的环氧沥青铺装工艺不同，路用性能也不同。近年来，由于对环氧沥青性能掌握不充分、环氧沥青混合料设计不科学、施工质量控制不严格所导致的工程问题时有发生。

黄明博士在同济大学和上海市政工程设计研究总院（集团）有限公司期间，对多种环氧沥青及其混合料的路用性能和施工工艺进行了较为系统的试验研究，包括油性热拌工艺的环氧沥青混合料、改进型的多功能油性环氧沥青（混合料）、改进型的水性环氧沥青、泡沫环氧沥青混合料、水性冷拌环氧乳化沥青混合料等。这部著作主要就是对相关研究成果的总结，内容丰富。给我留下深刻印象的，一是将环氧沥青的研究和开发拓展到多个应用场景，为实际工程应用提供了良好的基础；二是将摊铺等待时间作为环氧沥青混合料铺筑的关键指标，并对其进行了多变量多维度的研究；三是将环氧沥青黏度与针入度建立联系，方便掌握环氧沥青的黏度变化。可以相信，这部著作一定会让从事交通基础设施领域环氧沥青研发与应用的科技人员和管理人员获得宝贵的经验和有价值的启发。

2020年9月

目　录

术 语

环氧沥青：由基质沥青、环氧树脂、固化剂以及其他添加剂等多种材料经复杂的化学改性所得的一种改性沥青。

环氧树脂：一种含有环氧基团，以脂肪族、脂环族或芳香族有机化合物为骨架的低聚物。通常在室温下为黏稠性液体或固体，在相应温度下与固化剂混合可发生固化反应形成空间立体结构的网状高聚物，固化后的产物具有粘结强度大、收缩率小、耐热性、耐化学药品性以及机械性能和电气性能优良的特点。

固化剂：一种能与环氧树脂产生化学反应，形成具有稳定结构的固化物的试剂。按分子结构环氧树脂固化剂可分为碱性固化剂，如多元胺、改性脂肪胺、胺类加成物；酸性固化剂，如酸酐类；合成树脂类，如含活性基因的聚酰胺、聚酯树脂、酚醛树脂等。

介质：在油性环氧沥青的多相体系中，将极性不同的物质稳定地融合在一起所需要添加的中和性化学多分子材料。

水性环氧固化剂：通过一定的水化技术使得在有水的环境下仍可以进行固化反应的环氧固化剂。

环氧沥青结合料：包括沥青、固化剂、环氧树脂，与介质等液态物质的集合统称。

环氧沥青混合料：沥青、固化剂、环氧树脂、介质、集料与石料拌合形成的沥青混合料。

双组分：由于环氧树脂与固化剂相遇便产生反应，因此这两种化合物应分开存放，通常而言环氧沥青分为 A、B 两个组分。

A 组分：A 组分主剂为环氧树脂，其他成分有除环氧树脂之外的杂质或溶剂。

B 组分：通常情况下为沥青与固化体系组成的混合物。

三组分：较少种类的环氧沥青采用三组分的形式，三种组分分别为：基质沥青、环氧树脂（又称主剂）和固化剂（又称硬化剂）。

第1章 概 述

1.1 环氧沥青发展历史

在20世纪50年代的末期，壳牌石油公司开发了环氧沥青，主要是用于抵抗发动机的燃料和尾气对道路路面的损坏，尤其是机场跑道。1967年，由美国的Adhensive工程公司首次将环氧沥青用于洛杉矶的San Mateo-Hayward大桥的正交异性桥面板铺装[1]。迄今为止，壳牌环氧沥青用于桥面铺装层的数量已经达到了10万吨，共计650万平方英尺。壳牌环氧沥青混凝土主要是一种两组分的聚合物混凝土，该环氧沥青采用慢速固化的固化剂，虽然铺筑之后可以通车，但是要完全固化则依据周围环境要持续2～6周时间。之后壳牌石油公司授权美国ChemCoSystems公司进行环氧沥青的生产，ChemCoSystems公司将技术更新并推广，运用到了全球的多座大型钢桥之上。

20世纪70年代，日本也对环氧沥青混合料进行过广泛的研究。日本北海道大学土木学科的间山正一、菅原照雄就对环氧沥青混合料的配制、模量、应力松弛性能、破坏性能进行了研究[2]。然而环氧沥青混合料对温度和时间的要求较为苛刻，因此环氧沥青在日本的应用并不顺利[3]。直到20世纪90年代，日本对环氧沥青的认识进入较为成熟的阶段，环氧沥青的应用才有所起色。目前，日本主要将环氧沥青应用于路面磨耗层及多孔性沥青混合料。

日本的Watanabageumi公司生产的环氧沥青采用的是柔性环氧，外加的沥青为直馏沥青，具有优良的抵抗车辙能力、优异的变形能力以及良好的耐久性和耐候性。该公司产另外一种环氧沥青，用做于冷补料，类似于常见的存储式冷铺料的使用，该产品简化了施工步骤，节约施工时间的同时还提高了冷补料的强度和耐久性，但对存储时间有着极为严格的要求。日本TAF公司也研发了自己的环氧沥青，其环氧树脂由主剂和固化剂按重量比配合，其中主剂占56%，固化剂占4%，事先称量并拌合好，当基质沥青投入拌合楼里时同时投入环氧树脂。重量比环氧沥青的基质沥青占50%、环氧树脂占50%。混合料的生产无需特殊设备，用普通的沥青拌合楼即可，环氧沥青混合料的生产除了要增加一个将环氧树脂投入拌合楼里的环节外，其他方面和普通混合料的制造方法几乎相同，只是出料温度稍高于ChemCoSystems环氧沥青，与壳牌的环氧沥青类似，上述两种日本的环氧沥青均价格昂贵，并不适合大规模铺装。

国内环氧树脂改性沥青的研究最早主要应用于防腐涂料行业[4]，将煤焦油沥青和环氧树脂固化剂及其他辅助剂共混后制成环氧树脂沥青涂料涂覆于管道、钢桥、屋顶、码头等水泥混凝土构件表面进行防腐[5]。早期由于煤焦油沥青中含有苯、蒽、萘等对人体健康有害的物质，而限制了其作为道路铺装材料的大规模使用[6]。

国内道路桥梁工程行业对环氧沥青的研究和使用起步都较晚[7]。最初与环氧沥青相关的是环氧煤焦油沥青，其具有很强的渗透能力，主要被用于路面裂缝的修补[8]。直到1992—1995年期间，上海市政工程管理处和同济大学吕伟民、郭忠印等共同进行了高强度沥青混凝土即环氧沥青混合料的研制以及力学性能研究，并在上海龙吴路摊铺了一段200m^{2}的试验路[9]。1998年长沙交通学院（现长沙理工大学）路桥工程系在同济大学研究成果的基础上也开展了环氧沥青混合料的研究，并初步分析了环氧沥青的改性机理[10]。值得重点提到的是，进入21世纪后，东南大学交通学院黄卫等以美国ChemCoSystems公司环氧沥青为基础，研究提出了一套环氧沥青结合料和粘结层材料的国产化技术方案，并成功地应用在国内许多钢桥铺装上[11]，是目前为止国内环氧沥青最成功和广泛的应用，截至目前这些钢桥面的铺装层仅出现了少量的早期破坏和抗滑性问题。该环氧沥青具有多种系列，其中作为粘结剂的环氧沥青具有固化速度快、黏度高等特点。与普通沥青混凝土相比，环氧沥青混凝土的强度较高，其中马歇尔稳定度是普通沥青混凝土的6～8倍，流值相当（说明柔性足够），其早期损坏已在我国南京长江二桥与润扬大桥的铺装上体现得较为明显。此环氧沥青的价格虽较进口产品有所降低，但成本仍然居高不下，因此其应用多集中于工程造价相对较高的大型钢桥面的铺装上。

除此之外，还有如中国林业科学研究院、华南理工大学、武汉理工大学等机构自行研发的钢桥面铺装用环氧沥青，广东工业大学研发的环氧树脂改性的乳化沥青，环氧树脂和橡胶粉改性的沥青等材料。上述所述的这些环氧沥青的拌合温度大多在120～180℃之间，均属于高温固化材料，排放和能耗较多，且施工可操作时间仍显不足，因而大多没有投入大规模的生产和使用。

总体而言国内在环氧沥青的开发与研究方面基本上还处于起步阶段，我国在环氧沥青的应用方面相对较多。理论研究方面，以东南大学黄卫院士为首的科研团队有过基于国产环氧沥青的支撑性研究，钱振东、朱义铭、闵召辉等对国产环氧沥青的研发、性能评价、空隙率控制、大型钢桥面的铺筑设计等方面有过较为深入的探究[12]。这些研究为我国大型钢桥面铺装和环氧铺装的规范指南的推出做出了极大的贡献，从2001年南京长江二桥首次采用环氧沥青层铺装开始，已先后有多座大型钢桥面采用这种铺装方式。如南京长江三桥、润扬大桥、天津大沽桥、舟山桃夭门大桥等，积累了许多铺装施工经验，也形成了如《润扬长江公路大桥钢桥面铺装技术研究报告》《天津市钢桥面环氧沥青混凝土铺装施工技术规程》等经验性和规范性的成果。这类环氧沥青本身存在固化时间短，凝结过快，施工要求高，排放较高等问题。因此，本研究即从解决这几点问题出发，为进一步提高施工的适用性和产业化的可能做出微薄贡献，总体目的也是为加快推进我国环氧沥青国产化的进程。

另外，国内研发的许多环氧沥青大多都是针对钢桥面铺装用[13,14]，但环氧树脂固化体系众多，适用于钢桥面铺装的只有为数不多的几种或者十几种，其他的固化体系虽不适合钢桥面铺装，但将其用在沥青的改性上面也会体现出优异的性能，所以根据固化体系的特点，拓展其用途也是本书有待研究的一个方面。

表1-1和表1-2展示了国内外一些将环氧沥青用于桥面铺装的例子。

国外钢桥使用环氧沥青进行铺装的情况　　表 1-1

桥梁名称	国家	建成时间	桥面铺装形式
San Mateo-Hayward Bridge	美国	1967 年	5.0cm 双层
San Diego Bridge	美国	1969 年	5.0cm 双层
Fremont Bridge	美国	1973 年	6.4cm 双层
Costa de Silva Bridge	巴西	1973 年	6.0cm 双层
Mercier Bridge	加拿大	1974 年	2.5cm 单层
West Gate Bridge	澳大利亚	1976 年	5.0cm 双层
Bagestein Bridge	荷兰	1980 年	5.0cm 双层
Ben Frankin Bridge	美国	1986 年	3.2cm 双层
Golden Gate Bridge	美国	1986 年	4.0cm 双层
Maritime Off-Ramp Bridge	加拿大	1996 年	7.6cm 双层

国内钢桥使用环氧沥青进行铺装的情况　　表 1-2

桥梁名称	地点	建成时间	桥面铺装形式
南京长江二桥	南京	2001 年	5.0cm 双层
润扬长江大桥	镇江-扬州	2004 年	5.5cm 双层
南京长江二桥	南京	2005 年	5.0cm 双层
湛江海湾大桥	湛江	2006 年	5.5cm 双层
苏通大桥	南通	2007 年	5.5cm 双层
阳逻大桥	武汉	2007 年	3.2cm 双层
虎门大桥	东莞	2008 年	7.0cm 双层
富民桥	天津	2009 年	5.5cm 双层
天兴洲大桥	武汉	2009 年	6.0cm 双层

环氧沥青诞生较早，欧美等西方发达国家的研究和应用较多；进入 21 世纪后，我国的环氧沥青钢桥面铺装应用开始，并呈现大量增长的模式。

1.2 环氧沥青的构成

如本书术语中所列，常见的环氧沥青是由沥青、环氧树脂、固化剂以及其他添加剂等多种材料配合而成，因而影响环氧沥青性能的因素很多，采用不同的材料所得到的环氧沥青性能相差较大。而环氧沥青的性能很大程度上受固化剂选择的影响，由于采用一般的固化剂固化后环氧树脂在力学性能上表现为明显的脆性，韧性较差，因此需要对环氧树脂体系采取柔化措施。此外，选择的固化剂还要满足拌合、运输、摊铺和碾压等施工工艺要求。

环氧沥青作为结合料，和规定级配的矿料在一定温度下进行搅拌而成的环氧沥青混合料，经过摊铺和压实而形成路面、道面或桥面的铺装层。因此，这种铺装材料首先要满足路面、道面或桥面路用性能，即满足高温稳定性能、疲劳性能、水稳定性以及耐老化性能等，这些路用性能与作为结合料的环氧沥青的性能是密不可分的。此外，为了保证材料能够和矿料较为均匀地拌合，并能够顺利地进行运输、卸料、摊铺和碾压，因此环氧沥青混合料还要保证具有较好的施工性能。最后，价格低廉也是开发材料需要考虑的因素。因此，环氧乳化沥青的研制开发需要考虑路用性能、施工和易性能及经济等方面的因素。

1.2.1 沥青

沥青是结合料中分量最多的一部分，与环氧树脂拌合需考虑其相容性问题。各种沥青的极性相差不大，一般选择基质沥青。在我国一般选用 70 号或 90 号基质沥青，SHRP 标准为 PG64-22 或 PG70-22、PG76-22，不推荐采用更高级别的沥青，环氧沥青的制备重在稳定性和相容性。

1.2.2 环氧树脂

环氧树脂，是一种高分子有机化合物，是泛指分子中含有两个或两个以上环氧基团的有机化合物，它们的相对分子质量大多不高，凡分子结构中含有环氧基团的高分子化合物统称为环氧树脂[15]。环氧树脂的分子结构是以分子链中含有活泼的环氧基团为其特征，环氧基团可以位于分子链的末端、中间或成环状结构，其结构式如图 1-1 所示。由于分子结构中具有反应高活性的环氧基团，使它们可与多种类型的固化剂发生交联反应而形成不溶的具有三向网状结构的高聚物。环氧树脂在无固化剂、促进剂（催化剂）或有害杂质存在时，其本身相当稳定。

正是因为环氧树脂的定义十分宽泛，环氧树脂的分类也相当丰富。根据其结构式的变化以及结构式中聚合程度的不同可以分为如双酚型缩水甘油醚环氧树脂、多酚型缩水甘油醚环氧树脂、脂肪族缩水甘油醚环氧树脂、缩水甘油酯型环氧树脂、缩水甘油胺型环氧树脂、环氧化烯烃化合物、杂环型和混合型环氧树脂、阻燃性环氧树脂和水性环氧树脂等。

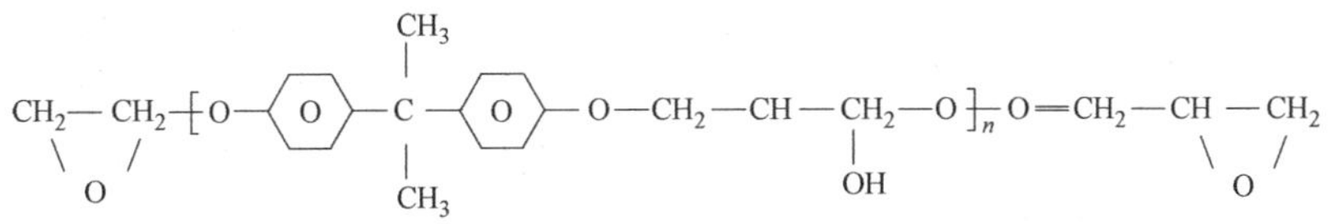

$$
\underset{\backslash\ O\ /}{CH_2-CH_2}-\left[O-\langle O\rangle-\underset{CH_3}{\overset{CH_3}{C}}-\langle O\rangle-O-CH_2-\underset{OH}{CH}-CH_2-O\right]_n O=\underset{\backslash\ O\ /}{CH_2-CH-CH_2}
$$

图 1-1 环氧树脂结构式通式

环氧树脂和固化剂一旦混合在一起，即开始发生化学反应形成固化物，因此，一般情况下，将两种材料按照两个组分分别生产和放置。通常的存放方法有环氧树脂单独存放，石油沥青、固化剂以及其他添加剂等混合存放；也有环氧树脂、添加剂等与石油沥青混溶存放，固化剂单独存放；还有将沥青单独作为一组分，即选择三组分形式进行生产和存放。不过从便捷施工和经济实用考虑，通常采用双组分的存放形式较多。考虑极性的异同，一般将环氧树脂与沥青隔离存放，而将固化剂事先添加入沥青当中。在一般的双组分环氧沥青中，环氧树脂将作为 A 组分，沥青与固化剂及其他添加剂作为 B 组分，两者在拌合时添加在一起。

1.2.3 固化剂

环氧树脂本身没有任何优良的力学性质，只有在酸性或碱性固化剂作用下，环氧树脂中的环氧基完成开环反应，形成网状立体结构的大分子，才能体现出优异的性能，所以固化剂是沥青的环氧体系中最关键的一个环节。

环氧树脂固化剂按固化反应机理可分为加成型固化剂、催化性固化剂、缩聚交联固化剂和自由基引发剂。按分子结构环氧树脂固化剂可分为碱性固化剂，如多元胺、改性脂肪胺、胺类加成物；酸性固化剂，如酸酐类；合成树脂类，如含活性基因的聚酰胺、聚酯树脂、酚醛树脂等。环氧固化剂本身没有油性和水性之分，实际它们全部是高分子材料，只是表现出不同的水化特性，而根据它们水化后是否可以与环氧树脂进行反应增加强度来区分油性环氧固化剂和水性环氧固化剂。

影响固化剂选择的因素很多，但以满足以下要求为原则：

（1）固化剂与环氧树脂发生化学反应后，改性沥青混凝土能够满足力学强度的要求；

（2）固化反应条件能够适应冷拌沥青混合料拌合、摊铺、碾压的工艺过程，要求在常温下能固化，且初步完成固化的时间不超过 3～4d，假如在高温下拌合至少有 2h 的可操作时间；

（3）固化剂应无毒，或者毒性很低，不能影响操作人员的健康；

（4）固化剂来源方便，在就近地区能够采购到；

（5）固化温度需在常温～180℃之间，即拌合时固化反应开始，一直需持续到开放交通；

（6）考虑到露天摊铺施工需要，固化剂的吸湿性不能过于强烈，本书推荐在 24h 内没有明显结晶析出的固化剂为宜。

1.2.4 助剂

（1）促进剂：固化剂在常温下虽然和环氧树脂能发生固化反应，但反应速度不一定，后固化周期时间不定。如果提高固化温度，反应加速进行，120℃固化 2h 后，就相当于室温固化 7～15d。为了缩短工期，提早开放交通，环氧树脂混凝土铺装完成后要求其能在常温快速固化，那么就需要在体系内加入少量促进剂来缩短其固化期。更重要的一点，促进剂的加入可以使得固化速度得到控制，计算促进剂掺量的多少，可以调节出理想的固化速度，以满足施工拌合与运输的要求。

（2）增韧剂：无论是环氧沥青还是环氧沥青混合料，拥有很高的强度的同时也会表现出很大的刚度，缺乏柔韧性。例如，双酚 A 型环氧树脂在固化剂作用下，所获得的固化产物是具有较高交联密度的三维网状结构体，其主链的运动非常困难，所以固化产物延伸率低，脆性较大，抗冲击性能及弯曲性能差，当粘接部位承受外力时很容易产生裂纹并迅速扩展，导致胶层开裂；不耐疲劳，不能用作结构粘接。因此必须设法降低脆性，增加柔韧性，提高承载强度。

凡能降低脆性，增加韧性，而又不影响胶粘剂其他主要性能的物质，称之为增韧剂。增韧剂一般都含有活性基团，能够与树脂发生反应，改善韧性，可使冲击强度成倍或几十倍增长，伸长率也明显增大，然而往往不可避免地使模量、热变形温度等一些性能有所下降，因此在增韧的同时，必须防止过分地影响刚性，要精心设计配方，使二者综合平衡，才能达到预期的效果。

（3）介质：试验表明，搅拌好的沥青与固化剂并没有太大的气泡和挥发等现象，但在与环氧树脂遇到之后就会产生不相容的情况，作者曾试验过将环氧树脂掺入沥青内，使之成为B组分，效果并不是很好，会有明显的分层和离析现象，用肉眼即可观察得到，即使在加入了介质后也会明显分层，并且用该方法制作出来的试件稳定度基本在10kN以内，即树脂与固化剂反应产生的胶凝效果不能在沥青与石料二相体里形成一种空间网状结构，失去了改性的效果，还会严重影响沥青本身的粘结力。

由于之前有文献介绍，沥青是非极性物质，介电常数 ε＝2.6～3.0，环氧树脂是极性物质 ε＝3.9，沥青与环氧树脂的相容性是使空间网状结构成型的关键因素[16]，本书作者曾与所在团队采用了一种石油副产品、一种树脂和一种酯类，分别记为1号、2号、3号相容剂，进行了相关稳定度试验，试验结果见表1-3。

不同相容剂的效果对比　　表1-3

相容剂	类型	稳定度(kN)	流值(0.1mm)
1号	石油副产品	33.2	24.1
2号	树脂	27.1	13.2
3号	酯类	32.1	12.2

基于公路桥面环氧沥青混凝土铺装施工技术规程和其他地方规程对普通环氧沥青混凝土稳定度流值的要求建议，选取3号相容剂较为合适。

1.3　环氧沥青分类

1.3.1　油性环氧沥青

1. 基于高温热拌的油性环氧沥青

此类环氧沥青是以环氧树脂和固化剂在相同极性下的沥青中进行混溶，通过加入油性类隔离剂等相容措施后取得稳定的相位而制备成的环氧沥青。作为钢桥面铺装材料首先在美国兴起，后传入我国，先后在我国南京长江二桥、润扬长江大桥、南京长江三桥、杭州湾大桥、湛江海湾大桥和苏通大桥等大跨径钢桥面铺装中得到应用，是一种性能十分优异的路面材料，受到了众多研究和工程人员的关注[17]。它具有强度高，刚度大，抗疲劳性能、水稳定性能、抗化学腐蚀能力优异等优点，后经过国产化后，使用成本得到一定降低，且性能亦得到了很好保持，是最为成熟和稳定且产量最大的环氧沥青。

此类环氧沥青的特点是：由于此类环氧沥青中固化体系的状态变化规律、黏度的时温变化等特性，环氧沥青混合料的出料温度必须保证在一定范围以内，施工过程中对温度的控制十分严格。油性热拌工艺的环氧沥青施工可操作时间通常为2h左右（即从出料到摊铺碾压），时间显得十分紧张。固化过程所带来的混合料黏度上升极快，超过2h会产生凝块，稍有不慎就会错过最佳摊铺黏度，造成混合料的废弃。若废料强行摊铺，更会导致许多施工质量问题凸显。

2. 改进型的多功能油性环氧沥青

此类环氧沥青是在油性体系的基础上，更改了全部或部分固化体系的组分后改进而成，其主要目的是为了延长可施工时间，本书的大量篇幅即是对国内流行的热拌油性环氧沥青进行研究。鉴于基于高温热拌的美国 ChemCo 油性环氧沥青温度可变范围较窄，可施工时间较短，本书的研究中通过对不同固化体系的环氧沥青进行试验，以期得出能够延长可施工时间或施工温度范围较大的油性环氧沥青。本书找到目前市场上几种固化体系，经过试验，高温酸酐 1、高温酸酐 2、中温油性胺、常温型某胺四种固化剂符合本书中延长可施工时间或改变环氧沥青施工温度范围这一要求，并找到几种固化剂各自的应用范围。

1.3.2 水性环氧沥青

1. 环氧乳化沥青

环氧乳化沥青中的相容剂为隔离了水和油的乳化剂分子，由于有水的参与，乳化沥青作为公路最为常用的基础材料，具有施工简便、节能降耗、减少污染和经济等诸多优点，在沥青路面粘结层的新建、沥青路面的养护和局部修补中得以应用。但随着近年来的养护修补实践，人们已逐渐认识到单纯以乳化沥青作为结合料，普遍存在粘结度低、柔韧性差、耐老化性差、温度敏感性大等缺点，不能满足大交通量和重交通的要求，从而制约了乳化沥青在沥青路面养护与维修中的推广和应用。通过添加不同物质对乳化沥青加以改性，可以改善其固有缺陷，以满足在沥青路面维修和养护中的技术要求。改性乳化沥青是以基质沥青为基料，在特定的实验条件下，通过加入乳化剂及其他添加剂，使水、改性剂和沥青均匀混溶而成的乳液。改性乳化沥青的特性很大程度上受到改性剂的影响。改性乳化沥青有两个特性：

① 有原乳化沥青的特性；

② 具有改性剂的优点。

本质上是改性技术与乳化技术的结合。

改性沥青乳化最大的特征是在常温下的可流动性，且其具有节约能源和资源、改善施工条件、减少环境污染、延长施工季节、可以在常温下施工等优点。与乳化沥青相比，改性乳化沥青又具有如下优点：

① 提高了高温稳定性；

② 提高了低温抗裂性；

③ 提高了破乳后的早期强度；

④ 增强了与不同界面间的粘附强度；

⑤ 加强了结合料的内聚力；

⑥ 延长了使用寿命。

关注到乳化产品的技术特性，国内外科研者大量的研究了以高分子聚合物作为改性剂对乳化沥青进行改性，并取得了许多优异成果[18]。目前较为常见的有 SBR 改性乳化沥青、SBS 改性乳化沥青以及两者的复配改性乳化沥青。但长期的使用结果证明，改性乳化沥青仍旧存在强度和耐久性不足的问题。

常见的环氧沥青最大的施工弊端即在于混合料在从摊铺到终压的过程中固化时间极为有限，严格按照《双组分环氧沥青钢桥面铺装施工技术规范》DB32/T 2284—2012、《道路与桥梁铺装用环氧沥青材料通用技术条件》GB/T 30598—2014 进行，拌合完成后超过 2h 即为废料。由于环氧树脂的热固性，为了延长操作时间，势必要降低温度，而降低了温度，又会对沥青材料的裹附性产生影响。基于此矛盾的考虑，引入环氧沥青乳化技术，首先加大沥青与石料的裹附程度，随着水的加入，将有效降低拌合温度，因此固化速度就会降低，铺装完成之后，随着水的排除，固化体系与环氧树脂反应深入进行，混合料的强度上升；此法可有效减少材料的浪费和能源的消耗，进一步扩展环氧沥青混合料的施工工艺和使用范围，因此从市场或是技术方面考虑，进行常温施工的环氧乳化沥青的研究是十分必要的。

20 世纪 50 年代，壳牌石油沥青公司首次开发出环氧沥青，并在世界各地的不同环境下应用以充分展示该产品优良的路用性能。40 多年来，环氧乳化沥青的品种层出不穷，其研究及应用日趋广泛。1999 年，美国一些机构将环氧树脂改性乙烯基嵌段共聚物对乳化沥青进行改性，并将其应用于路面养护。2008 年，欧美等国就有了丁苯橡胶以及再生剂改性乳化沥青用于筋青路面的预防性养护的例子。近些年，欧洲一些国家采用液体树脂对乳化沥青进行改性，从而制备了低污染的沥青涂料。20 世纪 80 年代末，我国改性乳化沥青技术开始发展，且改性乳化沥青技术主要应用于高等级公路建设和维修养护[19]。

在 20 世纪中后期，国外已开始对环氧树脂进行水性化的系列研究开发工作。国内近些年才开始相关性的研究。2007 年广东工业大学何远航、张荣辉等人[20]采用改性的芳香族类胺为固化剂制得水性环氧树脂改性沥青，探讨了在公路养护中的应用；2008 年朱伟超、张荣辉等人[21]研究了水性环氧树脂在路面及桥面铺装层维修中的应用；2010 年东莞市东物合成材料有限公司杭龙成、陈剑锋[22]就环氧树脂改性乳化沥青发表数篇专利，结果表明环氧改性乳化沥青耐高温稳定性、低温抗裂性均有较大提高；沈阳理工大学邓爱民等人[23]将环氧乳液与改性乳化沥青复配应用于沥青混凝土路面裂缝修复，效果良好；2011 年武汉理工大学丁庆军等人[24]用水性环氧树脂改性乳化沥青获得综合性能优良的水性环氧改性乳化沥青混凝土，并应用于钢桥面铺装；2013 年哈尔滨理工大学殷立文[25]研究了水性环氧乳化沥青的基本性能，并进行了粘结性及抗剪强度试验，提出了水性环氧乳化沥青在沥青路面坑槽修补技术中的应用。因此，水性环氧树脂改性沥青及其混合料的研究还处于初始阶段。而水性环氧乳化沥青与改性沥青一样，在具有乳化沥青的特性同时，还具有改性材料的优点。

目前水性环氧乳化沥青的研究和应用多体现在路面修补中，尚未应用到地下道路的薄层铺装；由于固化体系逐渐增多，适用性越来越强，在固化体系配方适合的情况下，环氧乳化沥青混合料的强度、耐久性和施工性能是完全能够满足地下道路的薄层路面铺装的。

本书通过对多种水性固化剂进行试验，找到了四种水性固化剂，可以用来制作环氧乳化沥青，并对其性能进行了对比分析，证明了环氧乳化沥青相对于普通改性乳化沥青的优势。

2. 泡沫环氧沥青

泡沫沥青是为数不多的用物理手段对沥青进行“改性”的技术。其关键技术在于先将少量水加入沥青中，通过发泡设备，或使用亲水材料（如沸石）或潮湿的集料等，诱发沥青发泡膨胀。发泡形成的沥青膜可以在较低温度下对集料进行高效裹附。它是一种较为廉价的沥青改性手段，它有着施工温度低、排放少、经济性优、早期强度高、环境友好等特点，但泡沫发生技术大多不能够运用在常见的改性沥青上，如 SBS 改性或胶粉类改性沥青，原因在于这类改性沥青黏度往往较高，发泡较为困难。而单单采用基质沥青的泡沫沥青往往强度和耐久性上均无法与改性沥青相比。故导致泡沫沥青技术大多只运用在旧料再生、基层或是修补工程中，用途和用量均受到限制。

由于环氧树脂的热固性，为了延长操作时间，势必要降低温度，而降低了温度，又会对沥青材料的裹附性产生影响。基于此矛盾的考虑，引入环氧沥青泡沫化技术，首先加大沥青与石料的裹附程度，更换随着水的加入，将有效降低拌合温度，因此固化速度就会降低，铺装完成之后，随着水的排除，固化体系与环氧树脂反应深入进行，混合料的强度上升；此法可有效减少材料的浪费和能源的消耗，进一步扩展环氧沥青混合料的施工工艺和使用范围，因此从市场或是技术方面考虑，进行泡沫环氧沥青的研究是十分必要的。

沥青发泡所要求的低黏度，与环氧沥青中的B组分不谋而合（常用环氧沥青分为A、B两个组分，A组分主剂为环氧树脂，B组分为沥青与固化体系的混合物），环氧沥青的B组分在未与A组分融合之前，黏度是可控可调的，这一点奠定了环氧沥青发泡的基础。另外与环氧沥青类似，泡沫沥青适合采用连续型级配，在混合料设计上也不存在冲突，环氧沥青具有较高的强度和路用性能，可以弥补泡沫沥青的劣势，通过某种途径将环氧沥青与泡沫沥青进行复合改性，能够提高双方的路用性能，取得在更低的温度和能耗下获取优质沥青路面的效果。

泡沫沥青由于其几大突出的优点，节约能源、可选用回收利用的旧沥青混合料，且成本低、能耗低、施工温度低，成为我们寻求改善环氧沥青施工和成本的重要的可选材料。环氧树脂固化剂种类众多，固化条件各不相同，与沥青搅拌之后的反应效果也不尽相同，要得到上述优异的路用性能，并非所有的固化剂都可以使用，需要对现有固化剂进行深入研究和试验，从化学和道路应用两个方面综合分析，通过试验找准适用于发泡后沥青能够融合的新的固化体系，以满足各种施工用途，此类环氧沥青混合料不仅仅局限于桥面铺装，可以根据固化条件和成本的不同开发新的用途。

泡沫沥青最初主要应用在路面的冷再生上，国外对沥青路面再生技术的探索可追溯到20世纪初。泡沫沥青的发展可以分成下列几个阶段[26]：

（1）1928年德国的August Jacobi注册了第一个制造沥青泡沫的专利。

（2）1956年依阿华州立大学的Ladi Csanyi博士首次将泡沫沥青用作道路稳定土基层的稳定剂，并注册了专利。

（3）1968年澳大利亚的Mobil Oil公司以冷水替代热蒸汽改进了原有生产工艺并于1971年注册专利。20世纪70年代，泡沫沥青主要作为劣质路面材料的稳定剂，Bowering和Martin等人在这方面进行了详细的研究。20世纪80年代早期，美国对采用泡沫沥青作稳定剂和粘结剂进行了研究。挪威从1983年开始采用冷再生技术，至1997年采用这一方法进行道路维修的数量达180万m^2。

自1970年后进入了实际应用发展阶段，到现在已积累了丰富的经验且再生技术相对成熟。国外在再生方法、再生剂、再生设备等方面不断深入创新，出版了一系列的沥青路面再生技术资料，在实际应用中获得了较大的成功。

（4）20世纪90年代后，泡沫沥青的研究再次引起人们的兴趣，许多公路部门也采用它作为稳定剂再生剂进行试验和研究。澳大利亚和南非在这方面进行了一系列研究，南非于1998年提出了泡沫沥青混合料设计方法。现在，泡沫沥青在南非、澳大利亚、加拿大、墨西哥、荷兰、挪威、芬兰、中东地区等得到了应用。1997年后澳大利亚Main Road技术中心的M. Kendal，J. Ramanuajam等人开始采用泡沫沥青技术对Queensland地区的道路进行冷再生，以提供具有柔性又耐疲劳的路面结构，并且进行了一系列试验路研究，修筑了Gladfield，Rainbow Beach，Inglewood，Allora，Redlandshore等试验路，南非的K. M. Muthen和K. J. Jenkin S. 等人对泡沫沥青再生混合料的设计，沥青的发泡性能进行了较系统的研究，并在比勒陀利亚的KwaZulu-Natal等地区先后修建了一些实体工程，这些研究为泡沫沥青技术的实践应用奠定了基础。新西兰的Mofrech F. Saleh对不同硬度的沥青进行了发泡实验，证明了质地较软的沥青的发泡效果更优。

进入21世纪，由于泡沫沥青冷再生技术不断发展，相关生产设备不断完善，泡沫沥青冷再生技术进入了一个新的高速发展时期。南非、美国、澳大利亚等国家相继颁布了泡沫沥青再生的标准方法和规范，对沥青的种类选择、用水量及发泡温度设定、配合比设计、设备及工艺要求等方面都做了十分详细的说明。

泡沫沥青冷再生技术虽然在我国的研究相对国外起步比较晚（始于20世纪90年代左右），但是发展也较为迅速并取得一定成果。由于技术基础薄弱，20世纪90年代初我国改进型的多功能油性环氧沥青泡沫沥青设备的厂商较少，制造的发泡设备所产生泡沫沥青的效果与国外先进设施有一定差距，所以泡沫沥青技术实际应用受到了一定限制；1998年，邯郸市公路局购买引进了德国维特根（Wirtgen）公司生产的WR2500泡沫沥青机，并基于沥青半刚性路面的性质对路面进行了泡沫沥青再生实验，实验路段总长一度达到70km，在国内的半柔性或柔性路面泡沫沥青再生方案上属首创。

2004年，拾方治等[27] 对四种常用沥青（Esso AH-70、Shell AH-70、Korea AH-70和Zhenhai AH-70）进行了实验室内发泡试验，泡沫沥青生产设备为维特根公司的WLB10泡沫沥青实验机。试验表明不同沥青的沥青发泡条件和发泡效果差距较大，室温较低时不利于泡沫沥青的产生，此研究为生产泡沫沥青提供了参考性依据；2008年，同济大学李秀君[28]利用3种不同级配7种不同含水量的泡沫沥青混合料进行实验，拌合用水量的多少会对泡沫沥青分散程度产生影响，导致混合料物理性能差异的产生，而且发现级配较细、拌合温度较高的混合料最佳用水量的值越大；何桂平等人[29]通过WLB10泡沫沥青试验机对沥青的发泡试验，研究了温度、压力、用水量三个因素对发泡效果的影响，确定了温度、压力、用水量在最佳发泡时的范围；2009年，栗关裔[30]通过对两种沥青（镇海70号沥青、韩国SK沥青）进行实验室内沥青发泡实验，提出将沥青发泡的半衰期大于10s、膨胀比大于8倍作为泡沫沥青冷再生技术施工的发泡效果标准；2009年，凌天清[31]依据国内外最新的研究成果，精确测定泡沫沥青的半衰期，减少了测定误差，有利于记录整个发泡试验的变化过程。

综合目前国内针对泡沫沥青的研究与应用，泡沫沥青的路用性能较大地落后于SBS、泡沫环氧沥青等改性甚至基质沥青，且由于发泡黏度的限制，始终不能推广至对改性沥青进行发泡处理，故泡沫沥青的身影仍较多地出现在再生技术、柔性基层和修复工程中，这也是泡沫沥青不能得到广泛重视的原因。

在本书的研究和实践中，通过对多种固化剂进行试验，提出了四种水性固化剂适宜用来制作泡沫环氧沥青，并对其性能进行了对比分析，证明了泡沫环氧沥青相对于普通改性乳化沥青的优势。为接下来的工艺研发和生产提供参考。

1.4 环氧沥青混合料生产工艺

1.4.1 油性环氧沥青混合料

1. 油性热拌工艺的环氧沥青

以油性热拌工艺的环氧沥青混合料为代表的普通油性热拌环氧沥青混合料的生产工艺往往是：将固化剂及其他添加剂加入基质沥青中进行搅拌，混合物称为环氧沥青B组分，A组分为环氧树脂，B组分温度控制在80～90℃；A组分即环氧树脂放置在80℃烘箱保温，集料在130～140℃烘箱保温；将上两个步骤中的物质加入温度为120℃的拌合锅内拌合，拌合时间为180s（包括加入矿粉时间），保证出料温度为110～121℃之间；压实前将拌好的混合料放置120℃烘箱保温70min；压实成型。

2. 改进型的多功能油性环氧沥青

本节旨在通过介绍部分的改进型油性环氧沥青的制备工艺，来说明在研发环氧沥青的过程中所需注意的具有共通性的问题。首先要区分固化体系是油性还是水性。一般而言，多元胺类固化剂可进行水化处理，但可水化特性需要仍在试验中进行判断，不能被水化处理的固化剂可归类为油性环氧固化剂。

本书所提到一般油性环氧沥青是由沥青、环氧树脂、固化剂以及其他添加剂等组成，就必须考虑是将固化剂与沥青搅拌在一起还是把环氧树脂与沥青混合在一起。本节通过试验以高温酸酐1固化剂为基础，选择加德士70号沥青，环氧树脂选用E-51，对比了这两种组成方式，并考虑到环氧树脂与沥青的相容性问题，设计了加介质与不加介质两种方式，总共4种情况讨论了A、B组分的组成形式。本节所进行的试验为预备性试验，首先判断油性环氧固化体系采用何种工艺顺序。下述试验1为介质（中和极性的物质）加入与否的判断性试验。

试验1

方法Ⅰ：

1）B组分：沥青与环氧树脂混合（分有无介质两种情况，介质选取轻质油），温度控制在120～140℃，搅拌时间为1.5h；

2）A组分固化剂放置在115℃烘箱保温，集料（包括矿粉）在125℃烘箱保温；

3）将A、B组分和集料一起加入温度为115℃的拌合锅内拌合，拌合时间为270s；

4）双面击实75次成型后放置于常温（20℃左右）24h后脱模，再进行马歇尔试验。

方法Ⅱ：

1）B组分：沥青、固化剂与介质混合（分有无介质两种情况，介质选取轻质油），温度控制在120～140℃，搅拌时间为1.5h；

2）A组分环氧树脂放置在90℃烘箱保温，集料（包括矿粉）在125℃烘箱保温；

3）将A、B组分以及集料一起加入温度为115℃的拌合锅内拌合，拌合时间为270s；

4）双面击实75次成型后放置于常温（20℃左右）24h后脱模，再进行马歇尔试验。

从上述两种试验方法实现过程可知（表1-4），方法Ⅱ优于方法Ⅰ，这是因为：其一，一般情况下，两个聚合物溶解度参数相差小于2才可能相容，1.5以下相容性较好。由环氧树脂和沥青构成的混合物中，环氧树脂的溶解度参数为10.36，而石油沥青的溶解度参数为8.66，二者相差1.7，因此二者相容性不好，虽通过介质可以调节两者的相容性，但最好还是不要将树脂和沥青拌在一起作为一种组分，而是将量少的固化剂拌入沥青里，固化剂的可选择余地大，可以选择与沥青极性值差别不大的固化剂，以上三种酸酐就满足这种要求，通过大量的对比试验也证实了理论分析的结果。其二，环氧树脂的耐热性不如固化剂，将环氧树脂与沥青搅拌在一起，由于70号沥青的软化温度达到140℃左右，软化后与环氧树脂在120～140℃的温度下搅拌会对环氧树脂的热稳定性提出严峻的考验，一旦温度控制不好，超过140℃，环氧树脂的结构遭到一定程度的破坏，不利于之后的固化反应和强度的形成。

方法Ⅰ与方法Ⅱ马歇尔测试结果 表1-4

方法Ⅰ				方法Ⅱ			
有介质		无介质		有介质		无介质	
稳定度(kN)	流值(0.1mm)	稳定度(kN)	流值(0.1mm)	稳定度(kN)	流值(0.1mm)	稳定度(kN)	流值(0.1mm)
18.21	29.7	13.44	28.7	14.55	36.4	14.79	28.5

对于方法Ⅱ，从有无介质的试验结果上看，稳定度相差不大，由于沥青是与固化剂搅拌在一起存储，所以需不需要介质都不是很重要，介质的存在有可能还会降低结合料的黏度和沥青与固化剂所占结合料的比例，基于以上考虑，在后续改进型油性环氧沥青的试验和研究中都采用方法Ⅱ，并不加介质。

试验2

试验2为旨在判断采用了不同固化剂的环氧沥青体系中，需要何种添加顺序更为合理的预判性试验。由于当前胺类固化剂在市场上最方便购买，在环氧涂料等其他方面的应用也是较多地采用胺类固化剂，根据以上原则我们从中选取了7种固化剂（表1-5），研究各种胺类的固化剂对E-51的固化效果，沥青采用加德士70号沥青。

7种固化剂胺值和固化条件 表1-5

代号	固化温度	标号	胺值	固化条件
A	常温	ET115	210～230	常温1周
B	常温	ET125	305～325	常温1周
C	常温	ET8115	230～250	常温1周
D	常温	ET200	190～220	常温1周
E	常温	ET140	345～365	常温1周
F	高温	—	230～260	120℃4h
G	高温	—	480～540	120℃4h

胺类固化剂用量$=EM/na$

E：环氧树脂环氧值；

M：胺的相对分子量；

n：胺的活泼氢原子数；

a：胺的纯度（%）。

常温固化剂马歇尔试件毛体积本集中在 2.3～2.5 之间，而高温固化的毛体积密度集中在 2.5 以上。

试验过程控制时间和温度：①A 料搅拌的时间；②拌合的时间；③固化的时间；④A 料拌合的温度；⑤环氧树脂的温度；⑥混合料拌合的温度控制；⑦固化的温度。

先后进行了 4 种试验方法，对以上 7 种情况进行了全面的考虑，并研究对 A、B 料中固化剂与环氧树脂的加入搅拌与拌合的顺序也进行了调整。

方法Ⅰ：

1）沥青与介质混合（介质选取轻质油），温度控制在 80～90℃，搅拌时间为 1.5h；2）环氧树脂放置在 80℃烘箱保温，固化剂放置在 60℃烘箱保温，集料在 90～100℃烘箱保温；3）步骤 2 中的三种物质加入温度为 100℃的拌合锅内拌合，拌合时间为 270s；4）试件高温放置 120℃烘箱保温 4h，再放置于常温（20℃左右）后脱模再进行马歇尔试验，常温试件放置室温（20℃左右）12h 后脱模再进行马歇尔指标测试。

方法Ⅱ：

1）沥青、固化剂与介质混合（介质选取轻质油），温度控制在 80～90℃，搅拌时间为 1.5h；2）环氧树脂放置在 80℃烘箱保温，集料在 90～100℃烘箱保温；3）步骤 2 中的两种物质加入温度为 100℃的拌合锅内拌合，拌合时间为 270s；4）试件高温放置 120℃烘箱保温 4h，再放置于常温（20℃左右）后脱模再进行马歇尔试验，常温试件放置室温（20℃左右）12h 后脱模再进行马歇尔指标测试。

方法Ⅲ：

1）沥青、固化剂与介质混合（介质选取轻质油），温度控制在 80～90℃，搅拌时间为 1.5h；2）环氧树脂放置在 80℃烘箱保温，集料在 130～140℃烘箱保温；3）步骤 2 中的两种物质加入温度为 120℃的拌合锅内拌合，拌合时间为 270s；4）高温试件放置 120℃烘箱保温 4h，再放置于常温（20℃左右）后脱模再进行马歇尔试验，常温试件放置室温（20℃左右）12h 后脱模再进行马歇尔指标测试。

方法Ⅳ：

1）沥青、固化剂与介质混合（介质选取轻质油），温度控制在 80～90℃，搅拌时间为 1.5h；2）环氧树脂放置在 80℃烘箱保温，集料在 130～140℃烘箱保温；3）步骤 2 中的两种物质加入温度为 120℃的拌合锅内拌合，拌合时间为 270s，保证出料温度为 110～121℃之间；4）击实前将拌好的混合料放置 120℃烘箱保温 70min；5）击实成型，并将高温试件放置 120℃烘箱保温 4h，再放置于常温（20℃左右）后脱模再进行马歇尔试验，常温试件放置室温（20℃左右）12h 后脱模再进行马歇尔指标测试。

从实验结果（表 1-6、表 1-7）可以看出，方法Ⅳ的固化效果最好，高温固化剂效果普遍优于常温固化剂。高温固化剂的马歇尔稳定一般都在 20～40kN（甚至大于 40kN），其对于环氧沥青的固化效果明显优于常温固化剂。故高温固化剂可用于对铺面要求较高，交通量较大的重点工程，并推荐采用方法Ⅳ拌合过程；而常温固化剂则可用于经济型的高强路面铺筑。

各种方法下各种固化剂混合料稳定度（kN） 表 1-6

	A	B	C	D	E	F	G
方法Ⅰ	9.45	9.03	10.22	10.98	7.43	18.23	20.72
方法Ⅱ	8.22	7.34	8.86	8.45	7.11	14.45	18.56
方法Ⅲ	13.29	—	14.08	13.66	16.43	26.78	37.30
方法Ⅳ	—	—	20.48	23.45	22.45	30.45	45.56

注：由于马歇尔试验仪流值探针的问题，部分数据无法测出，以“—”表示。

各种方法下各种固化后混合料流值（0.1mm） 表 1-7

	A	B	C	D	E	F	G
方法Ⅰ	12.3	15.3	24.2	15.3	16.9	30.2	24.2
方法Ⅱ	20.3	14.5	18.8	30.2	20.4	29.2	23.7
方法Ⅲ	23.1	—	—	25.5	24.3	23.4	23.8
方法Ⅳ	—	—	30.8	26.4	30.4	25.2	24.3

1.4.2 水性环氧沥青

1. 环氧乳化沥青

环氧乳化沥青中主要包含沥青、水、乳化剂、稳定剂和改性剂。沥青占乳化沥青总量的40%～70%，是乳化沥青中的基本成分；水是乳化沥青的第二大部分，水的用量会影响乳化沥青的性质；乳化剂是乳化沥青的关键成分，其用量少，但对乳化沥青起着至关重要的作用；稳定剂可改善乳化沥青的均匀性，减缓沥青颗粒之间的凝聚速度，提高乳化沥青的稳定性。

制备乳化沥青必须使用乳化剂，它是一种表面活性剂，具有表面活性剂的基本特性。乳化剂分子是由易溶于油的亲油基和易溶于水的亲水基所组成（简化示意图如图 1-2 所示）。乳化剂掺量较少，但其对乳化沥青的生产、存储及施工的影响较大，决定乳化沥青的品质。在选择乳化剂时，应从以下几个方面考虑：经济性良好、乳化能力强、可用范围广和对成型乳化沥青蒸发残留物的性能影响小。

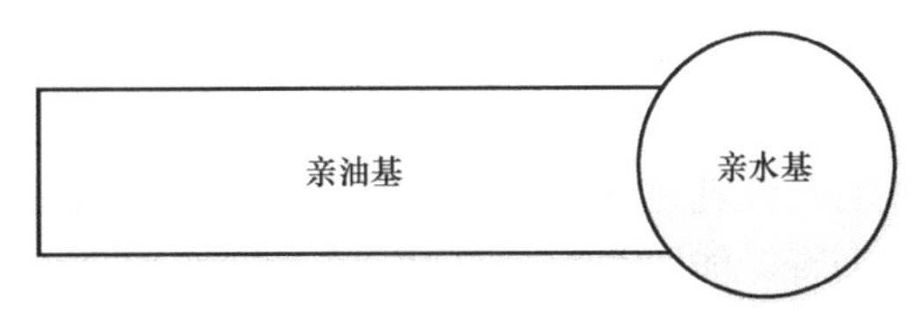

图 1-2 乳化剂分子模型图

沥青：沥青是乳化沥青组成的主要材料，它决定乳化沥青的性能。改性乳化沥青最终是沥青本身起作用，因而沥青自身的成分直接影响到其道路使用性能和使用寿命。

添加剂：为了使沥青乳液稳定，通常需要加入一定量的添加剂。另外，添加剂还可以一定程度上降低沥青乳化的成本。添加剂的种类很多，通常效果显著有：氯化铵和氯化钙。

环氧树脂固化剂：同术语中。即环氧树脂固化剂是影响环氧乳化沥青后期强度的关键组分，它与沥青一样，是一种油性且可被乳化的非牛顿液体。因此在乳化沥青制备的过程中，将乳化剂用量上做一定比例的提高。

乳化条件：沥青的乳化需要在一定的条件下进行，对沥青、水、乳化剂、乳化温度、添加剂有一定的要求。

乳化温度：每种乳化剂都有其最佳适用温度，低于或高于此温度，乳化剂的乳化性能或值就会发生变化，且温度还会影响油脂的黏度及界面膜的稳定性。温度过高，乳化剂中亲水基的水化程度减少，疏水基周围结构遭到破坏，使乳状液稳定性降低；温度过低，油黏度大，乳化剂和水分散效果不好不利于细小液滴的形成。因此，温度控制不好会影响沥青的乳化效果。沥青和乳化液的温度可用式（1-1）计算。

$$A \cdot C_A(T_A - T) < W \cdot C_W(T - T_W) \tag{1-1}$$

式中 A——沥青的用量；

C_A——沥青的比热；

T_A——沥青温度；

T——水的沸点（100℃）；

W——乳化剂用量；

C_W——水的比热；

T_W——水的温度。

经过计算，添加了乳化后的沥青与固化剂及其他添加剂组分，应在150℃左右进行乳化。如上所述，特种沥青难于乳化是该技术路线的技术难点，为此针对调配沥青设计乳化配方5组，并测定调配沥青黏温曲线确定乳化温度，最终乳化生产工艺见表1-8。

乳化工艺表 **表1-8**

工艺环节	沥青与固化剂及其他添加剂	乳化剂皂液	出口温度
温度(℃)	150	70	87

常用于制备改性乳化沥青的顺序有三种：

(1) 先乳化后改性

即掺入改性剂对乳化沥青进行改性。常用改性剂有：丁苯胶乳、氯丁胶乳等。生产程序如图1-3所示。此法对设备要求不高，简单易操作，因此应用较为广泛。它的缺点：改性剂必须为液态，且生产的改性乳化沥青乳液稳定性差。这里进行环氧改性，是将液态的环氧固化剂添加进入乳化沥青，能够很好地混溶。

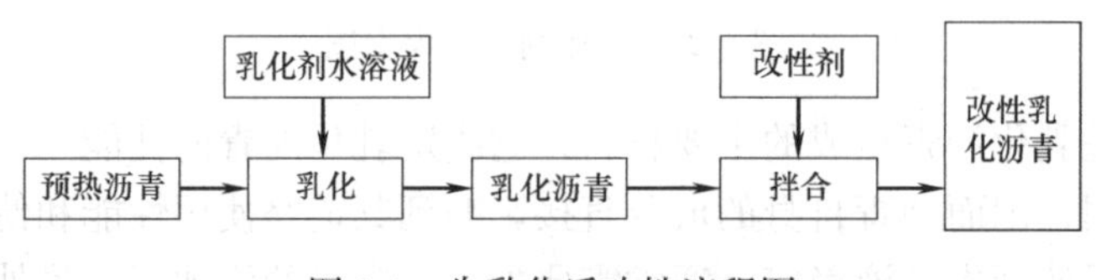

图1-3 先乳化后改性流程图

（2）先改性后乳化

此法操作相对简单，因此应用最为广泛。在制备过程中，改性乳化沥青的黏度会随着改性剂用量的增加而增加。这里是将固化剂添加进入沥青后，再进行乳化处理。此法工艺程序多、改性剂分布更为均匀。生产流程图如图 1-4 所示。

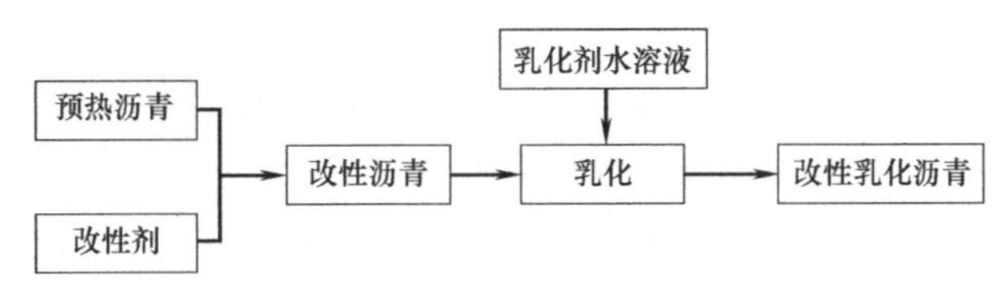

图 1-4　先改性后乳化流程图

（3）同时乳化和改性

将水、乳化剂、稳定剂、聚合物改性剂等均匀混溶成乳液，然后同热沥青一起加入乳化机，制成改性乳化沥青。生产程序见图 1-5。此法具有稳定性好、固含量高、黏度大等优点。

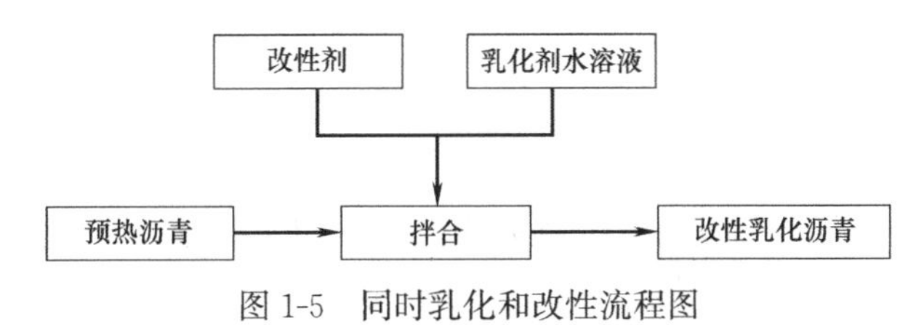

图 1-5　同时乳化和改性流程图

以上三种顺序制备的混合料所采用的材料有：70 号沥青、EM520 乳化剂、环氧树脂（E-51）改性剂。按三种顺序进行 AC-10 级配的马歇尔试验，沥青用量控制在 4.5%。试验结果见表 1-9、表 1-10。

各种方法下各种固化剂混合料稳定度（kN）　　表 1-9

平行试验编号	1	2	3	4
顺序(1)	15.95	15.60	18.47	17.20
顺序(2)	19.10	21.04	19.75	19.40
顺序(3)	14.94	14.22	15.47	15.13

各种方法下各种固化后混合料流值（0.1mm）　　表 1-10

平行试验编号	1	2	3	4
顺序(1)	14.8	18.4	29.0	18.4
顺序(2)	18.4	19.8	22.6	20.6
顺序(3)	27.7	27.0	28.1	30.6

由试验结果可知，三种方法的优劣通过拌合过程的观察显得十分明显，顺序（2）稳定度和流值均优于其他方法；且在试验过程中可以观察出，顺序（2）可以使得沥青乳化效果更好，与石料的裹附效果更佳，可以更快地破乳，沥青用量可以有效降低；从乳化效

果上而言，顺序（1）和顺序（3）的处理方法有明显的劣势，顺序（1）和（3）中因为首先将普通沥青乳化，后加入改性剂，改性剂以不同程度的原始状态分布在乳化沥青中，均匀性欠佳，因此顺序（2）最佳。

且从最终试验结果可以看出，顺序（2）的固化效果最好，马歇尔稳定度高于其他两种方法。

得到的结论为水性环氧乳化沥青胶结料的配制方法：将沥青与固化剂搅拌使之混合均匀，进行乳化，得到组分B。然后将计量的水性环氧乳液即组分A加入组分B，经高速搅拌混合均匀即得到水性环氧乳化沥青，6h内用完（或在拌合时投入拌锅，取决于施工时的便捷程度）。

2. 泡沫环氧沥青

沥青发泡所要求的低黏度，与环氧沥青中的B组分不谋而合（常用环氧沥青分为A、B两个组分，A组分主剂为环氧树脂，B组分为沥青与固化体系的混合物），环氧沥青的B组分在未与A组分融合之前，黏度是可控可调的，这一点奠定了环氧沥青发泡的基础，另外与环氧沥青类似，泡沫沥青适合采用连续型级配，在混合料设计上也不存在冲突，环氧沥青具有较高的强度和路用性能，可以弥补泡沫沥青的劣势，通过某种途径将环氧沥青与泡沫沥青进行复合改性，能够提高双方的路用性能，实现在更低的温度和能耗下获取优质沥青路面的效果。

对于掺入了水的泡沫环氧沥青，究竟如何操作，如何获得最佳拌合效果、施工和易性和最终性能，也是需要研究的问题。在此节的研究中，为简洁表述，用A、H和E分别代表70号沥青、水性固化剂和环氧树脂（E-51）。

方法Ⅰ（A＋H＋E）：

沥青、固化体系、环氧树脂三者分开存放。对沥青进行发泡，拌合裹附石料之后将固化体系与树脂投入拌锅，混在一起。

1）沥青与介质混合（介质选取酸酐），温度控制在130℃，搅拌时间为30min；2）环氧树脂放置在90℃烘箱保温，固化剂放置在60℃烘箱保温，集料在95～105℃烘箱保温；3）将步骤1中的沥青混合物进行发泡，喷射称重入拌锅；4）步骤2中的三种物质加入温度为100℃的拌合锅内拌合，拌合时间为270s，出料成型；5）高温试件放置100℃烘箱保温2h，再放置于常温（20℃左右）后脱模再进行马歇尔试验，常温试件放置室温（20℃左右）12h后脱模再进行马歇尔指标测试。

方法Ⅱ［(A＋H)＋E］：

即将沥青先与固化体系混在一起，环氧树脂单独存放。对沥青与固化体系的混合物进行发泡，而后拌合裹附石料之后将环氧树脂投入拌锅，混合在一起。

1）沥青与介质（酸酐）进行搅拌，温度控制在130℃，搅拌时间为30min，而后加入固化剂再次搅拌，温度控制在110℃，搅拌时间为15min；2）环氧树脂放置在90℃烘箱保温，集料在95～105℃烘箱保温；3）将步骤1的沥青混合物进行发泡，温度为120℃，喷射称重置入拌锅；4）步骤2中的两种物质加入温度为100℃的拌合锅内拌合，拌合时间为270s，出料成型；5）高温试件放置100℃烘箱保温2h，再放置于常温（20℃左右）后脱模再进行马歇尔试验，常温试件放置室温（20℃左右）12h后脱模再进行马歇尔指标测试。

方法Ⅲ［(A+E)+H］：

即将沥青与环氧树脂混合在一起，其中加入适当介质，固化体系单独存放。对沥青与环氧树脂的混合物进行发泡，而后拌合裹附石料之后将固化体系投入拌锅，混在一起。

1）沥青、环氧树脂与介质混合（介质选取轻脂油），温度控制在80～90℃，搅拌时间为15min；2）环氧树脂放置在90℃烘箱保温，集料在95～105℃烘箱保温；3）将沥青、环氧树脂与介质的混合物进行发泡，发泡温度为120℃；4）发泡后的沥青喷入温度为100℃的拌合锅内，加入固化剂及其溶剂进行拌合，拌合时间为270s，出料成型；5）高温试件放置100℃烘箱保温4h，再放置于常温（20℃左右）后脱模再进行马歇尔试验，常温试件放置室温（20℃左右）12h后脱模再进行马歇尔指标测试。

由试验结果（表1-11、表1-12）可知，三种方法的优劣通过拌合过程的观察显得十分明显，方法Ⅱ无论在高温养护方式或是常温养护方式下，稳定度和流值均优于其他方法；且在试验过程中可以观察出，方法Ⅱ可以使得沥青发泡效果更好，与石料的裹附效果更佳，用油量可以有效降低；从发泡效果上而言，方法Ⅰ和Ⅲ的处理方法有明显的劣势，方法Ⅰ中因为是基质沥青发泡，温度需要加到140～150℃左右才能得到较好的膨胀率和半衰期，方法Ⅲ效果较Ⅰ稍好，但方案Ⅲ的结合料在存放过程中，沥青与环氧树脂存在明显的分层离析状态，即使是在添加了介质的情况下；从便利性而言，为方法Ⅱ最佳，沥青与固化体系完全融合，再将环氧树脂加入混合料中，操作步骤上比方法Ⅰ减少一步，少用一个存储固化体系的器皿，相比方法Ⅲ，由于方法Ⅲ用了介质轻质油，故成本增加，制备步骤增加，另外固化体系也非单一组分，也需提前搅拌，制备过程较为繁琐，另外最为关键的环氧树脂、固化剂与沥青属于不同的相态，溶解度不一样，沥青约在17～18kJ/m^3，环氧树脂约为2kJ/m^3，相差很大，这是需要加入介质的原因。

且从最终试验结果可以看出，方法Ⅱ的固化效果最好，马歇尔稳定度高于其他两种方法。

各种方法下各种固化剂混合料稳定度（kN） **表1-11**

放置温度	高温试件				常温试件			
平行试验编号	1	2	3	4	5	6	7	8
方法Ⅰ	19.45	19.03	22.52	20.98	7.43	18.23	10.72	12.36
方法Ⅱ	23.29	25.66	24.08	23.66	16.43	16.78	17.30	18.40
方法Ⅲ	18.22	17.34	18.86	18.45	12.11	11.45	8.56	10.55

各种方法下各种固化后混合料流值（0.1mm） **表1-12**

放置温度	高温试件				常温试件			
平行试验编号	1	2	3	4	5	6	7	8
方法Ⅰ	12.3	15.3	24.2	15.3	16.9	30.2	24.2	33.2
方法Ⅱ	15.3	16.5	18.8	17.2	22.4	28.2	25.7	26.0
方法Ⅲ	23.1	22.5	23.4	25.5	24.3	23.4	23.8	26.2

1.5 环氧沥青混合料路用性能检测方法

1.5.1 静态模量

路面材料的静态模量是指在恒定外力的作用下，材料抗形变的能力。它是恒定应力和应变的条件下所得到的模量。随受力方式的不同，可得到拉伸模量、剪切模量和压缩模量等。用于路面设计的其中一个必要的指标即压缩模量，也称抗压模量，此节的研究结果在第 3 章研究的铺面层力学分析中有使用。

为使试验和研究具有的广泛可比性和延续性，本书中圆柱体试件统一根据《公路工程沥青及沥青混合料试验规程》JTG E20—2011 中沥青混合料单轴压缩试验（圆柱体）的规定，制备直径 100±2mm，高 100±2mm 的圆柱体试件，进行轴心抗压强度和弹性模量试验，分 2 个试验温度，即 15℃和 20℃。两个温度得到抗压模量分别用于路面结构设计中计算拉应力指标和弯沉指标。抗压模量按式（1-2）计算，弹性模量按式（1-3）、式（1-4）计算：

$$R_c=\frac{4P}{\pi d^2} \tag{1-2}$$

$$q_i=\frac{4P_i}{\pi d^2} \tag{1-3}$$

$$E'=\frac{q_5\times h}{\Delta L_5} \tag{1-4}$$

式中 R_c——试件的抗压强度（MPa）；

P——试件破坏时的最大荷载（N）；

d——试件直径（mm）；

q_i——相应于各级试验荷载 P_i 作用下的压强（MPa）；

P_i——施加于试件的各级荷载值（N）；

E'——抗压回弹模量（MPa）；

q_5——相应于第 5 级荷载（0.5P）时的荷载压强（MPa）；

h——试件轴心高度（mm）；

ΔL_5——第 5 级荷载（0.5P）时经过原点修正后的回弹变形（mm）。

1.5.2 高温性能

无论是用在钢桥面铺装还是公路铺装、隧道路面铺装，都无可避免地会遇到大交通量和重车的考验，这里所说的高温性能通常指的就是沥青路面的高温稳定性。所谓沥青路面高温稳定性习惯上就是指沥青混合料在荷载作用下抵抗永久变形的能力。广义上说，推移、拥包、搓板、泛油均属于高温稳定性范畴。稳定性不足问题，一般出现在高温、重载以及抗剪切能力不足即沥青路面的劲度较低的情况下。随着交通量的不断增大以及车辆行驶的渠化，钢桥面在行车荷载的反复作用下，也会由于永久变形的累积而导致路表面出现车辙。

沥青路面高温稳定性是其重要的路用验收性能，所以在设计作为面层特别是上面层的环氧沥青混合料时，其高温抗车辙性能是强制性的验证指标。我国许多公路路面超载严重，抗车辙性能是沥青混合料高温性能的试验研究及评价指标，也是沥青混合料设计的关键技术之一。

综合国内外的研究情况，沥青混合料高温稳定性能的试验方法主要有：马歇尔试验；单轴高温蠕变试验（无侧限）；车辙试验（浸水车辙）；SHRP-Superpave设计中评价沥青混合料高温性能的体积指标试验，即最大旋转压实次数下的残余空隙率。

车辙试验是评价沥青混合料在规定温度条件下抵抗塑性变形能力的方法。总结而言，现在世界上采用的车辙试验方法有以下五类：

(1) 以日本为代表：利用直径200mm的实心试验轮对300mm×300mm×50mm的板试件做反复荷载行车试验。

(2) 以英国为代表：TRRL于1990年提出了一个新的试验方法。利用直径为20cm的实心试验轮对现场钻芯取得直径195～205mm，厚35～50mm的圆柱体试件进行反复荷载行车试验。

(3) 以法国为代表：法国道路与桥梁试验中心（LCPC）采用直径为400mm的充气轮胎对500mm×180mm×100mm的梁试件做反复荷载行车试验。

(4) 以美国佐治亚州为代表的沥青混凝土面层分析仪（APA），其荷载通过压在试件顶的充气（充气压力可调，0.827～1.38MPa）硬橡胶管（直径可调，12.9～29mm）施加垂直荷载。试件可以是300mm×125mm×75mm的板式或直径为150mm，高为75mm的圆柱体。以0.6m/s的轮速反复荷载行车试验。

(5) 德国汉堡车辙仪，在德国汉堡车辙试验是作为规范的一个标准试验，常用于一些交通量较大的车行道。其板块试件的尺寸为320mm×260mm×40mm，圆柱体试件由标准旋转压实试件切割至高度为60mm，板块试件空隙率在±7%，旋转压实试件空隙率分别为4%和7%。轮载速率为(50±5)次/min。

现在国内的车辙试验仪器基本都是基于上述日本技术，考虑我国路况和研究经验改进而来。

沥青混合料的车辙试验首先是用轮碾成型法成型板块试件，根据不同的需要模拟运输时间。之后放到车辙试验机内，一定温度下（一般为60℃）保温1h，正式开始测试。

用一个轮压为0.7MPa的实心橡胶轮胎在试件上以一定的速度（42次/min）行走，测量试件在变形稳定期时（碾压45min后），每毫米的变形需要胶轮行走的次数，即所谓动稳定度。动稳定度按下式计算：

$$DS=\frac{(t_2-t_1)\times 42}{d_2-d_1}c_1c_2 \tag{1-5}$$

式中 DS——动稳定度（次/mm）；

t_2——稳定期结束时间，即60min；

t_1——稳定期开始时间，即45min；

42——胶轮每分钟行走的次数；

d_1、d_2——45min和60min对应的位移；

c_1——试验机类型修正系数，曲柄连杆驱动为1.0，链驱动为1.5；

c_2——试件系数，实验室制备为1.0，路面切割为0.8。

车辙试验的另一个评价高温稳定性能的指标是相对变形指标，即在规定作用次数、时间下所产生的变形与试件总厚度的比值，这个次数根据实际交通荷载和沥青混合料使用要求的不同而改变，一般都是取试验结束时60min的永久变形（车辙深度）来计算相对变形。计算公式为：

$$\delta=\frac{\Delta l}{l}\times 100\% \tag{1-6}$$

1.5.3 水稳定性

水普遍存在于路面材料的空隙和使用环境中并在不同程度上降低、破坏材料的路用性能。通常，因水的存在而使沥青混合料性能受到影响的问题可统称为沥青混合料的水稳定性（Water Stability）或水敏感性（Water Sensitivity）问题。水对沥青混合料的不利影响表现为：1）使沥青结合料的黏聚力受到损失；2）使结合料与集料的粘附性失效。结合料的黏聚力受到损失必然导致结合料劲度的下降，这不仅仅会直接降低混合料抵抗交通荷载的能力，还会使集料表面的结合料膜在荷载作用下加速破坏，让水更容易侵入结合料与集料界面，使二者粘附性下降、结合料从集料表面剥落。根据之前的研究可知，空隙率是影响混合料水稳定性的关键因素，而乳化沥青混合料曾用于再生料的应用时的问题就在于其压实度的实现，一旦实现不了，就会导致空隙率的增大，加之环氧固化的发生，势必会导致压实性变差，这个过程究竟对环氧乳化沥青混合的水稳定性影响如何，研究将通过下列试验来验证。

我国目前常见的水稳定性检测的方法大致有以下四种，研究将通过实地考察和经验法分析来选取究竟哪些试验适合用于本次环氧乳化沥青混合料。

（1）浸水马歇尔试验

浸水马歇尔试验操作简单，是我国常用的评价沥青混合料水稳定性的方法。其过程是将沥青混合料试件在规定温度（黏稠沥青混合料为60±1℃）的恒温水槽中保温48h，然后测其稳定度，再根据试件的浸水马歇尔稳定度和标准马歇尔稳定度，得浸水残留稳定度：

$$MS_0=MS_1/MS\times 100 \tag{1-7}$$

式中 MS_0——试件的浸水残留稳定度（%）；

MS_1——试件的浸水48h后的稳定度（kN）；

MS——按标准马歇尔试验方法的稳定度（kN）。

但浸水马歇尔试验方法中马歇尔击实的成型方法与实际沥青混凝土路面的揉搓压实情况差别较大，再者每个试件的差异很大，误差也会较大，本次研究将不选择此方法。

（2）浸水车辙试验

浸水车辙与车辙试验采用的仪器和方法均相同，过程已在1.5.2中表述，这里不再复述。不同的仅在试件放入车辙试验槽前，将槽内注水，完全浸泡车辙试件，在60℃恒温状态下浸泡试件2h，然后开始试验，余下计算过程也相同。

浸水车辙试验试件的旋转压实成型的方式较好地模拟了实际沥青混凝土路面的钢轮碾压情况。7%的试件空隙率使得水分在反复的轮载作用下较容易地进入到试件的孔隙中。

试验过程中所使用的荷载为动荷载，随着加载轮的来回运动，试件表面不断被挤压和恢复，而使试件受到了水不断泵入和抽吸的作用。而存在于试件内部孔隙中的水也产生了孔隙水压力。浸水车辙试验能够较好地反映在高温气候条件下的水损坏。

(3) 冻融劈裂试验

我国的沥青混合料冻融劈裂试验是在美国 AASHTO 2 T283 试验基础上发展而来的，是一种简化的 Lottman 试验，所不同的是 Lottman 试验要求试件的空隙率在 6%～8%范围内，因此必须先确定空隙率为 7%时的击实次数成型试件。而我国规范中规定采用 50 次击实成型马歇尔试件。成型后的试件经过冻融循环后，测定其劈裂强度，以冻融试件的劈裂强度与非冻融试件的劈裂强度之比，作为沥青混合料水稳定性的评价指标。鉴于有研究显示，我国现行规范的冻融劈裂试验的 50 次马歇尔击实会使得试件的空隙率与实际路面相差较大，水分难以进入到混合料内部。

劈裂抗拉强度按式 (1-8) 和式 (1-9) 计算：

$$R_{T1}=0.006287P_{T1}/h_1 \tag{1-8}$$

$$R_{T2}=0.006287P_{T2}/h_2 \tag{1-9}$$

式中 R_{T1}——未进行冻融循环的第一组试件的劈裂抗拉强度 (MPa)；

R_{T2}——经受冻融循环的第二组试件的劈裂抗拉强度 (MPa)；

P_{T1}——第一组试件的试验载荷的最大值 (N)；

P_{T2}——第二组试件的试验载荷的最大值 (N)；

h_1——第一组试件的试件高度 (mm)；

h_2——第二组试件的试件高度 (mm)。

冻融劈裂抗拉强度比按式 (1-10) 计算：

$$TSR=(R_{T2}/R_{T1})\times 100 \tag{1-10}$$

式中 TSR——冻融劈裂试验强度比 (%)。

冻融劈裂试验 7%的试件空隙率使得试件在真空饱水的条件下，水分能够较容易地进入到试件的孔隙中，很好地模拟了路面在有水状况下的工作状态，且此法操作方法简单，易于推广，本研究也将选用。

(4) 沥青粘附性试验

《公路工程沥青及沥青混合料试验规程》JTG E20—2011 定义了 T0616—1993 沥青粘附性能检测，即工程中俗称的“水煮法”。试验大致过程如下：

① 将集料 13.2mm、19mm 的筛，取粒径 13.2～19mm 形状接近立方体的规则集料 5 个，清洗、烘干；

② 烧杯盛水在石棉网上煮沸；

③ 将集料逐个用细线在中部系牢，再置 105±5℃烘箱内 1h；

④ 逐个取出加热的矿料颗粒悬挂于试验架上，下面垫一张纸，使多余的沥青流掉，室温悬挂 15min；

⑤ 将冷却的沥青裹附的石料浸入烧杯中，保持微沸状态，但不允许有沸开的泡沫。

最后根据规程上的粘附性登记表评定沥青与石料的粘附性等级。

由于使用在南方多雨地区，水稳定性的检测要考虑到高温性能的因素在内，故根据本书研究的适用性，综合考虑，选择冻融劈裂与浸水车辙试验两种方法。

1.5.4 愈合性能

沥青材料有自愈合的能力，在欧美发达国家已成为多年的热门话题。最早发现愈合现象的 Bazin 认为[32]，沥青材料的自愈合即是劲度和强度的一个复杂的自我修复过程，它发生在损害过程中、停歇状态下或高温期间。截至目前，多方研究已经确定这一现象的存在，也已确定一些影响因素与之相关。但这些研究大多基于基质沥青层面。愈合性能广泛存在于改性沥青之中。

沥青是一种黏弹性材料，它会随着往复应力的加载而发生形变，自愈合无时无刻不在发生。在试验加载过程中会有自愈合产生，下文称即时自愈合，在试件静止放置的过程中也会有自愈合产生，下文称后期自愈合。在本章的内容中，将通过改变加载频率来研究即时自愈合，用存储的方式来研究后期自愈合。在每一次的疲劳试验中，即时自愈合对疲劳寿命的贡献已经计算入沥青混合料的疲劳寿命中，故其无法单独对即时自愈合进行定量的计算。

根据研究者在先期的研究中发现，内因方面，疲劳自愈合效率与沥青用量呈正比，与破坏程度和空隙率呈反比；外因方面，疲劳自愈合效率与自愈合时间呈正比，与应变大小呈反比，与自愈合温度和荷载强度的关系是当自愈合温度和荷载强度分别为 50℃和 5kPa 时最佳，设定此条件特定的标准为自愈合环境。

愈合指数 HI（Healing Index）

愈合指数是一种对愈合性能的定量分析方法。理论上试件可以经过数次疲劳试验，后一次与前一次的疲劳指标之间存在一定的关系，愈合指数即反映这种关系。在本书的研究中，将经历过一次疲劳试验的小梁试件进行第二次疲劳试验，若小梁经历了第二次疲劳试验仍没有破坏，则继续进行第三次疲劳试验。在本次试验中，未出现第三次疲劳试验的情况。因此，第一次和第二次试验的劲度模量变化曲线能够反映愈合效果。第二次曲线与第一次曲线越接近，则自愈合效果越好。损伤斜率 D 是劲度模量减少值与相应时间的比值，如式（1-11）所示。

$$D=\frac{S_0-S_t}{t} \tag{1-11}$$

式中 D——损伤斜率；

S_0——初始劲度模量；

S_t——50%初始劲度模量；

t——从 S_t 到 S_0 所消耗的时间。

加载频率为 10Hz，$S_t=\frac{1}{2}S_0$，代入上式得到公式如下：

$$D=\frac{5S_0}{N_{f50}} \tag{1-12}$$

式中 N_{f50}——规范 AASHTO 中，劲度模量衰减至 50%初始劲度模量时的加载次数。

HI 的定义为前后两次劲度模量衰减图中劲度模量从初始值衰减至 50%时的平均斜率的比值。表达式如下：

$$HI=\frac{D_0}{D_1}\times 100\% \tag{1-13}$$

式中 D_0——第一次试验中劲度模量从初始值衰减至50%时的平均斜率；

D_1——第二次试验中劲度模量从初始值衰减至50%时的平均斜率，即经历自愈合之后。

1.5.5 疲劳性能

疲劳性能即为一种材料的耐久性，表现为路面抵抗长期往复剪切与弯拉应力的能力。其中疲劳破坏的机理大致可描述为沥青面层长期处于车轮荷载的应力应变交迭变化的状态，其产生的应力可能低于材料的抗拉强度，但随着车辆作用次数的增加，路面的结构强度会逐渐下降，当荷载重复作用超过一定次数后，荷载作用下的路面内产生的应力就是超过疲劳后的面层内的结构抗力，使路面产生裂纹，发生疲劳损坏。在设计过程中考虑沥青及其混合料的疲劳性能，Superpave和法国LFC混合料设计方法中都有体现。

从20世纪60年代起，疲劳性能检测是美国、德国、日本的研究及桥面铺装规范中所涉及的检测项目之一。与一般的道路铺面不同，钢梁的桥面铺装受力复杂，因疲劳破坏的形式多样，产生的裂缝也有很多形式。国外对钢桥面铺装用的环氧沥青混合料的疲劳性能研究开展得较早[33]，Metcalf和Fondriest采用复合梁对环氧沥青混合料进行了弯曲疲劳试验，并以普通沥青混合料为对比，得到环氧沥青混凝土在抗疲劳性能方面远优于普通沥青混凝土的结论；W. Haifang提出基于间接拉伸试验的黏弹性分析沥青混合料疲劳性能，K. A. Ghuzlan用耗散能方法来分析沥青混合料疲劳特性，然而这些方法所选取的因素太少，不足以从全方面反映环氧沥青混合料的疲劳性能。

1. 疲劳试验方法简介

沥青混合料的疲劳试验方法大致可以分为四类：

第一类是实际路面在真实汽车荷载作用下的疲劳试验破坏，以美国著名的AASHTO试验路为代表。

第二类是足尺路面结构在模拟汽车荷载作用下的疲劳试验研究，包括环道试验和加速加载试验，主要有澳大利亚和我国交通运输部公路科学研究院的加载设备（ALF），南非国立道路研究所的重型车辆模拟车（HVS），美国华盛顿州日立大学的室外大型环道和重庆公路科学研究所的室内大型环道试验。

第三类是试板试验法，主要是通过轮辙试验以模拟车轮在路面上的作用，了解裂缝产生和扩展的形式。

第四类是试验室小型的疲劳试验研究。先将沥青混合料制作一定形状的试件，然后按某种方式模拟沥青路面的受力状态进行疲劳试验。此试验方法的特点在于沥青混合料制备比较方便，试件尺寸小，试验周期短，温度、荷载等因素易于控制，便于进行大量试验，可以排除其他影响因素得出沥青混合料的疲劳规律。前三类方法耗资大、周期长，开展得并不普遍。因此，大量采用的还是周期短、费用小的室内小型疲劳试验方法。室内小型疲劳试验常采用简单弯曲试验，其中又有中点加载或三分点加载、旋转悬臂梁和梯形悬臂梁三种试验方式。此外还有劈裂试验、弹性基础梁弯曲试验、三轴压力试验等。本书中使用到的疲劳性能检测方法有：中点加载弯曲试验和四点弯曲试验。

中点加载弯曲试验试件和成型方法，可参见《公路工程沥青及沥青混合料试验规程》JTG E20—2011，小梁尺寸为50mm×50mm×240mm，试验在MTS（Material Test System)-810 试验机上进行，试验温度由环境箱控制，加载频率一般为 1～10Hz，加载波形多为正弦波、半正弦波或者矩形波。荷载最大值一般取试件极限强度的 0.1～0.5 倍。加载方式采用应力控制，中点加载，支座间距（小梁的跨径）为 200mm。

三分点加载试验设备主要包括加州理工大学伯克利分校（UCB）和美国沥青协会（AI）使用的两种。前者采用的小梁试件尺寸为 38.1mm×38.1mm×381mm；后者采用的小梁试件尺寸为美国公路战略研究计划提出的压实沥青混合料重复弯曲疲劳寿命测定的标准试验方法（SHRPM-004）制定，试件尺寸为 50.8mm×63.5mm×381mm，试验温度 200℃，加荷频率 5～10Hz，采用应变控制模式，测定试件劲度降低到初始劲度 50%的荷载循环次数。

四点弯曲疲劳试验，在 BFA（Beam Fatigue Analyzer）机上进行试验，小梁尺寸为 385mm×65mm×50mm，为规范《公路工程沥青及沥青混合料试验规程》JTG E20—2011 所指定试验方法。四点弯曲疲劳试验条件：试验温度 15℃，试验频率 10Hz，波形为半正弦波，疲劳判断标准选取 AASHTO 的 N_{f50} 法。BFA 试验机是澳大利亚 IPC 公司产四点弯曲试验机，使用 UTM 软件系统操作。BFA 为气动伺服提供动力，相比 MTS 用的疲劳小梁，BFA 小梁尺寸较大，控制更为精确，以及 BFA 使用精度更高的位移和力传感器从理论角度会使得试验结果更加准确。另外 BFA 自带恒温环境箱，密闭性能良好，在中控器上有温度传感器接口，可以实时记录试验温度，环境箱也可用于实现不同温度下的疲劳试件，温度可控制在－20～60℃，精度达 0.1℃。

旋转悬臂是英国诺丁汉大学采用的疲劳试验设备。试验时试件竖向安装在旋转悬臂轴上，荷载作用于试件顶部，使整个试件都受到恒定的弯曲应力作用。一般试验温度为 10℃，旋转速率为 1000r/min。诺丁汉大学还开发了三轴疲劳试验，其试件为圆柱体，直径 100mm，高 200mm，试验时施加轴向正弦波荷载作用。

壳牌石油公司和比利时的研究者以及法国 LCPC 采用梯形梁疲劳试验。梁粗的一端固定，另一端受到正弦变化的应力或应变作用。正常情况下疲劳破坏出现在中部，而不应出现在端部。范迪克（Van Dijk）采用的试件其粗的一端尺寸为 55mm×20mm，顶端尺寸为 20mm×20mm，高度为 250mm。

英国道路与运输研究实验室（TRRL）采用无反向应力的单轴拉伸试验，加载频率为 25Hz，荷载持续时间为 40ms（毫秒），间歇时间从 0～1s 不等。

劈裂疲劳试验又称为间接拉伸疲劳试验，该试验是沿圆柱形试件的垂直径向作用平行的重复压缩荷载，可采用马歇尔试件，试件直径 100mm，高 63.5mm，施加荷载的压条宽为 12.5mm，这种加载方式在沿垂直径向面、垂直于荷载作用方向产生均匀拉伸应力，试验易于操作，为广大研究人员所采用。

常用疲劳试验方法的优缺点比较汇总于表 1-13 中。

疲劳试验方法比较 **表 1-13**

方法	优　点	缺　点	模拟现场情况排序	简便性排序
重复弯曲试验	应用广泛； 试验结果可以直接用于设计； 基本技术可用于其他方面； 可选择加载方法	耗时； 成本高； 需专门设备	4	4

续表

方法	优　点	缺　点	模拟现场情况排序	简便性排序
直接拉伸试验	免去了疲劳试验； 与已有的疲劳试验结果有相关性	法国 LCPC 法修正关系建立在 100 万次重复加载的基础上； 试验温度仅有 10℃	9	1
间接拉伸疲劳试验	简单； 设备可用于其他试验； 可预测开裂	两维应力状态； 低估疲劳寿命	6	2
耗散能方法	建立在物理现象的基础上； 耗散能与加载作用次数之间存在唯一关系	精确预估疲劳寿命需要大量的疲劳试验数据； 简化方法仅提供了疲劳寿命的粗略值	5	5
断裂力学方法	理论上低温条件适用； 理论上需疲劳试验	高温时应力强度因子 KⅠ不是材料常数； 需要较多的试验数据； 需要 KⅡ(剪切模式)和 K 一起预测疲劳寿命； 仅使用于裂缝稳定扩展阶段	7	8
重复拉伸或拉压疲劳试验	不需弯曲疲劳试验	费时，成本高，需要专门设备	8	3
重复三轴拉压试验	能较好地模拟现场情况	需要大量疲劳试验数据； 需处理剪应变	2	6
弹性基础上的重复弯曲试验	能较好地模拟现场情况 试验能在较高温度下进行	需要大量疲劳试验数据	3	7
室内轮辙试验	能非常好地模拟现场情况	低劲度沥青混合料疲劳受车辙影响； 需要专门设备	1	9
现场轮载试验	直接确定实际轮载作用下的疲劳响应	高费用、耗时； 需要专门设备； 一次只能评估少数几种材料	1	10

迄今为止，各国均没有将疲劳试验作为标准试验方法纳入规范。北美大多数采用梁式试件进行反复弯曲疲劳试验；欧洲大多采用梯形悬臂梁试件，在其端部施加正弦形的反复荷载；也有采用圆柱形试件，进行间接拉伸疲劳试验的。

2. 环氧沥青混凝土疲劳性能评价的指标选择

（1）荷载控制模式的选择

疲劳试验的荷载控制模式通常有两种，即应力控制的疲劳试验和应变控制的疲劳试验。控制应力的疲劳试验是指在重复加载的疲劳试验过程中，保持应力不变，疲劳破坏是以试件的疲劳断裂作为破坏，到达疲劳破坏的重复荷载的作用次数为疲劳寿命。控制应变的疲劳试验是指在重复加载的疲劳试验过程中，保持应变不变。由于控制应变的疲劳试验没有明显的破坏现象，因此，通常人为定义当混合料的劲度达到初始劲度的一半时作为破坏准则，此时的重复荷载的作用次数为疲劳寿命。

荷载模式在反映沥青混合料疲劳特性方面有显著差异。其中最主要的表现在以下两方面：

(a) 在初始应力-应变相当的条件下，由应力控制的疲劳试验得到的疲劳寿命要比应变控制的疲劳试验得到的疲劳寿命小得多。这是因为在控制应力的加载模式中，由于材料劲度随着加载次数的增加而逐渐减小，为了保持各次加载时的常量应力不变，每次加载实际作用于试件的变形就要增加；而在控制应变的加载模式中，为了保持每次加载的常量应变，每次加载时作用于试件的实际应力在不断减小。因此，采用不同的加载控制模式试件的实际受荷状况是不同的。显然，对于相同的材料，在初始应力、应变条件相同的情况下，采用控制应变加载模式，裂缝的发生和扩展速度远远小于应力控制模式，试件达到破坏的荷载作用次数要大于控制应力加载模式的作用次数。SHRP 研究表明：在相同条件下，应变控制模式的疲劳试验所得到的疲劳寿命约等于 2.4 倍应力控制的疲劳寿命[34]。

(b) 由于荷载控制模式不同，因此试验得到的材料因素对混合料疲劳寿命的影响规律可能是相反的。如在给定的应力（或应变）水平下，在控制应力的疲劳试验中，较高劲度的混合料具有较大的疲劳寿命；而在控制应变的疲劳试验中，较高劲度的混合料却表现了较小的疲劳寿命。这是因为在控制应力的加载模式中，由于材料劲度增加时，为了保持加载时的常量应力不变，每次加载实际作用于试件的变形就要减小；而在控制应变的加载模式中，为了保持加载的常量应变，每次加载时作用于试件的实际应力在不断增加。

选用何种荷载模式进行沥青混合料的疲劳试验，主要考虑以下 2 个因素：

(a) 路面结构中，沥青混合料的应力应变状态更接近于哪类荷载模式疲劳试验的工作状态。

(b) 何种荷载控制模式的疲劳试验的结果更便于应用。

(2) 试验温度的选择

沥青混合料是一种黏弹性材料，疲劳性能随温度变化，在夏季高温时，疲劳损耗会有很大的恢复。SHRP 的研究结果认为常温以上的疲劳破坏主要是变形累积破坏，没有明显的疲劳意义，所以建议不考虑 20℃以上的疲劳破坏。此外，根据哈尔滨建筑大学的研究成果，认为虽然全国各地的气温变化较大，对于沥青混合料，其疲劳破坏主要集中在 13～15℃之间，恰好是北方春融期温度，南方地区的雨季温度。在此季节路面结构强度有较明显的削弱，是路面结构抗疲劳性能的最不利时期。我国《公路沥青路面设计规范》JTG D50—2017 中容许拉应力指标采用的是 15℃的参考值，参照国内外的研究成果，小梁弯曲疲劳试验宜采用 15℃作为试验温度。

(3) 加载时间与频率的选择

试验表明，试验频率对疲劳试验结果也是有较大影响的，C. L. 莫尼斯密士[35] 研究认为，对于密级配沥青混合料，在 24℃的温度下，按常应力控制进行疲劳试验时，加荷频率在 3～30r/min 范围内，对疲劳寿命影响不大。但可以推断，超过 30r/min 有降低疲劳性能的可能。

对于室内小型试验，车轮荷载的加载时间可以根据 Van der Poel 公式来确定：

$$t = 1/2\pi f \tag{1-14}$$

当加载频率为 10Hz 时，加载时间为：

$$t = 1/2\pi f = 0.016\text{s}$$

0.016s的加载时间对于沥青路面表面大致相当于60～65km/h的行车速度，当沥青面层厚度为20cm时，则相当于基层表面的行车速度为77km/h。我国现行的《公路工程技术标准》JTG B01—2014规定高等级公路的计算行车速度范围为60～120km/h，可见选择10Hz作为荷载频率较为合理。

(4) 加载波形的选择

在进行疲劳试验时采用较多的应力或应变波谱是单向作用的矩形波、三角形波和交变的正弦形波，材料的疲劳寿命与加载波形之间有一定的关系。国内外大量研究认为，正弦波形较接近于实际路面所受的荷载波形。

荷载间歇时间对材料的疲劳寿命也有着较大影响，一般随着间歇时间的增大而增大，但是增长速率逐渐减小，当超过一定的间歇时间后，间歇时间的有利作用就稳定下来，此时疲劳寿命的比值达到极限。Raithy[36] 在试验中间歇时间由零变化到1s，疲劳寿命增加了15倍，这意味着在连续循环荷载作用下所取得的试验成果，将严重低估交通荷载脉冲之间存在间歇时间的实际路面疲劳性能。

1.6 油性热拌工艺的环氧沥青优缺点

国外从20世纪60年代就开始研究环氧树脂改性石油沥青，并在多处的实体工程进行使用，大多数是用在桥面铺装上，其中最具有代表性的是油性热拌工艺的环氧沥青。

常用重交沥青具有典型的黏弹性，高温环境下沥青主要呈现黏性，而低温时则弹性占主导地位。这种特性使沥青铺设的路面夏季高温和重载荷作用下易产生车辙，而在冬天寒冷季节则易出现温缩裂缝等常见病害。为了解决上述问题，人们通过往沥青里掺改性剂研制了各种改性沥青，改性沥青具有一般沥青路面铺面时所不具备的特点，在热塑性等方面有了长足的进步。

改性沥青的这些优点，正是大跨度桥梁结构对桥面铺装层材料的更高强度、更好的抗变形和更强的抗疲劳耐久性等所要求的，因此，大跨度桥面铺装材料也往往采用改性沥青进行桥面铺筑，而在众多改性沥青中，又数环氧改性沥青的性能最为优异，就这样，环氧沥青应运而生，具体说来以油性热拌工艺的环氧沥青为代表的混凝土材料优良特性主要表现在以下几个方面：

(1) 强度高、刚度大、韧性好

热拌环氧沥青混凝土有很高的强度，在20℃常温下，环氧沥青混凝土的弯拉劲度模量高达12000MPa，而普通沥青混凝土仅为3000MPa，其马歇尔稳定度可以高达40～60kN，冷拌环氧沥青也能达到20～30kN，而一般沥青混凝土马歇尔稳定度仅为8～12kN。虽然马歇尔稳定度并不是标准的力学指标，但反映环氧沥青高强是不言而喻的。虽然冷拌环氧沥青混凝土的强度比热拌的要低，但与普通热拌沥青混凝土材料相比，其强度还是要高出许多。

(2) 极好的抗疲劳性能和水稳定性能

环氧沥青混凝土由于强度高，故在同样的荷载作用下，表现出极其优良的耐疲劳性能。与普通沥青混凝土的疲劳寿命相比较，当应力水平为0.8MPa时，普通沥青混凝土的疲劳寿命为8×10^4次，而环氧沥青混凝土的疲劳寿命为6×10^6次，是普通沥青混凝土疲劳寿命的几十倍。

（3）很强的抗化学物质侵蚀能力

一般沥青路面如柴油渗入，将使沥青失去粘结力而松散。然而，环氧沥青却不怕燃油的侵蚀。将环氧沥青混凝土马歇尔试件浸泡在柴油中，观察试件状态的变化。经过两周的浸泡，试件棱角无任何脱粒、松散现象，试件仍然十分坚硬，试件的马歇尔稳定度仍可达到30kN，是普通沥青混凝土稳定度的3倍。因此，在一些惧怕柴油侵蚀的场合，如隧道、机坪、集装箱转运站，可以使用环氧沥青作为铺面。

尽管环氧沥青相较于其他沥青拥有较好的性能，但仍然会存在一些不可避免的问题，主要包括以下问题：

（1）环氧沥青材料费用

投入和产出通常是投资人最关心的问题，环氧沥青虽性能优越，但由于其添加剂多，如双酚A型环氧树脂26800元/t，固化剂的价格约为30000～60000元/t，所以即使是许多现有国产环氧沥青也需要9000元/t以上。

（2）环氧树脂与沥青的相容性问题

该问题一直是开发研究环氧沥青工作的一个主要难题。

我们知道，环氧树脂是一种极性物质，而沥青本身是一种非极性物质，所以将环氧树脂直接加入沥青中且具有良好的相容性是完全不可能的。为了使最终产物在具有环氧树脂带来的热固性的同时又不失沥青本身良好的延展性，就必须找到一种中间介质使两者稳定混溶。这种中间介质的寻找和确定是一个非常复杂的物理化学问题，也是环氧沥青配制过程中的主要问题，需要专门从事化学工业的研究人员进行大量的工作来完成。

（3）高温固化的预固化问题

对于高温固化体系，固化温度一般分为两个阶段，在胶凝之前采用低温固化，在达到胶凝态或比胶凝态稍高的状态之后，再高温加热后固化（post-cure），相对之前的固化阶段为预固化（pre-cure）。

但应用在环氧沥青中，目前众多种类的环氧沥青都只是一次加热过程，其中就不乏许多酸酐类固化体系的环氧沥青，拌合到摊铺的整个过程，固化体系都处于一种温度逐渐下降的过程，所谓预固化条件就无法满足，进一步影响其后期强度的形成。在施工环境不能更改的前提下，不少科研人员通过选取扩大固化剂选取范围方面做了不少努力，只是收效甚微。

（4）混合料耐候性问题

根据润扬大桥、南京长江二桥等大型钢桥面铺装使用效果看来，虽然环氧沥青混凝土有着优越的性能，但在使用两三年内仍会出现大小不一的裂缝损坏，这是因为长期暴露在阳光照射下的环氧沥青混凝土在紫外线等恶劣环境下的加速老化，暴露了无论是国产环氧沥青还是油性热拌工艺的环氧沥青都存在着耐候性差的问题。

美国环氧沥青钢桥面铺装专家认为，环氧沥青铺装破坏的原因主要是由于设计时对桥梁所处温度环境、交通荷载、钢桥面刚度等因素考虑不足，或由于施工控制不严造成的。他们认为在正确的设计和施工控制前提下，环氧沥青铺装在设计年限内一般不会出现破坏。

（5）施工工艺问题

从之前的环氧铺装面层可以看出使用环氧沥青作为铺装材料时，对施工工艺的要求相对比较严格。这是因为，环氧沥青混凝土在工艺上与一些水泥混凝土类似，存在一个初凝时间，在拌制完成之后，必须在初凝时间之内完成运输、摊铺和压实等一系列的工序，否则就会出现材料的硬化而使整个过程无法继续下去。于是，在整个施工过程中要求各个工序之间衔接紧密，配合密切，必须保证没有一个环节出错。故而在其有限的施工可操作时间内，要使施工过程紧凑，不能在摊铺前发生结块；拌合温度也需要严格控制，固化剂与环氧树脂的反应对温度的敏感性很大，温度越高反应越快，可操作时间越短，在研制材料的时候需要对材料本身作更进一步的改进，并进行环氧沥青混凝土与普通沥青混凝土在施工机具、现场准备工作及施工工序和进度的研究[37]。

另外沥青的改性过程在实现时要以合理有序的方式将几个不同体系的物质利用一定的方式混合，且在应用中不发生离析现象，从而达到较好的应用性能。

环氧沥青及其混合料在应用过程中表现出一些特殊性，如环氧沥青以及混合料的状态变化规律、黏度的时温性等，决定着这类材料最终使用效果，也是这类新型材料成功应用的关键所在，因此必须针对环氧沥青这些特性加以深入研究，以确保其应用效果。

并且环氧树脂固化剂种类众多，固化条件各不相同，与沥青搅拌之后的反应效果也更不相同，要得到上述优异的路用性能，不是所有的固化剂都可以任意使用的，我们需要对固化剂进行深入研究和试验，从化学和道路应用两个方面综合分析，找准相对于使用条件的固化体系，满足各种施工用途，当然不仅仅局限于桥面铺装，我们可以根据固化条件的不同开发新的用途。

参考文献

[1] Read J，Whiteoak D. The Shell Bitumen Handbook-5th edition [M]. London：ThomasTelford Ltd，2003.

[2] Scherocman J A . Asphalt pavement construction：new materials and techniquesn [C]// Asphalt Pavement Construction：New Materials & Techniques Symposium，1980.

[3] A. J. Hoibery. Bituminous materials [M]. London：Thomas Telford Ltd，1980.

[4] 耿耀宗. 涂料树脂化学及应用 [M]. 北京：中国轻工业出版社，1993.

[5] 李桂林. 环氧树脂与环氧涂料 [M]. 北京：化学工业出版社，2003.

[6] 朱吉鹏，陈志明，闵召辉，等. 环氧树脂改性沥青材料研究 [J]. 东南大学学报（自然科学版），2004，034（004）：515-517.

[7] 朱伟超，张荣辉. 水性环氧树脂在路面及桥面铺装层维修中的应用 [J]. 新型建筑材料，2008，35（4）：78-80.

[8] 何远航，张荣辉. 水性环氧树脂改性乳化沥青在公路养护中的应用 [J]. 新型建筑材料，2007（05）：41-44.

[9] 吕伟民. 沥青混合料设计原理与方法 [M]. 上海：同济大学出版社. 2001.

[10] 顾兴宇，邓学钧，周世忠，等. 车辆荷载下钢箱梁沥青混凝土铺装受力分析 [J]. 东南大学学报（自然科学版），2001，031（6）：18-20.

[11] 黄卫，钱振东，张磊. 钢桥面铺装局部修复方案试验研究 [J]. 土木工程学报，2006（08）：90-93.

[12] ZhendongQ，Sang L，Jianwei W . Laboratory evaluation of epoxy resin modified asphalt mixtures [J]. Journal of Southeast University，2007，23（1）：p. 117-121.

[13] 邓爱民，季翠华，张庆杰. 路面裂缝修复用环氧-沥青乳液粘合剂的研究 [J]. 沈阳理工大学学报，2010，29 (5)：68-71.
[14] 沈凡. 水泥-乳化沥青-水性环氧复合胶结钢桥面铺装材料研究 [D]. 武汉理工大学，2012.
[15] 孙曼灵. 环氧树脂应用原理与技术 [M]. 北京：机械工业出版社，2002.
[16] 亢阳. 高性能环氧树脂改性沥青材料的制备与性能表征 [D]. 东南大学，2006.
[17] 黄明，王仲侃，黄卫东. 环氧沥青固化效果研究 [J]. 石油沥青. 2008，6 (22)：20-23.
[18] 沈金安. 论聚合物改性沥青的发展方向 [J]. 公路交通科技，1998，15 (1)：4-9.
[19] 沙庆林. 沥青和沥青混凝土现状 [J]. 交通运输工程学报，2001，1 (3)：1-6.
[20] 何远航，张荣辉. 水性环氧树脂改性乳化沥青在公路养护中的应用 [J]. 新型建筑材料 (5)：41-44.
[21] 朱伟超，张荣辉. 水性环氧树脂在路面及桥面维修中的应用 [J]. 山西建筑，2007，33 (32)：157-158.
[22] 杭龙成，陈剑锋. 耐磨、降噪、保温的环氧树脂乳化沥青砂浆涂料：中国 201110092475. 4 [P]. 2011-04-13.
[23] 邓爱民，季翠华，张庆杰. 路面裂缝修复用环氧-沥青乳液粘合剂的研究 [J]. 沈阳理工大学学报 (5)：68-71.
[24] 丁庆军，沈凡，黄绍龙. 基于水泥-乳化沥青-水性环氧复合胶结钢桥面铺装材料研究与结构设计 [C] // 特种混凝土与沥青混凝土新技术及工程应用，2012.
[25] 殷立文. 水性环氧沥青在沥青坑槽修补技术的中的应用 [J]. 公路交通科技：应用技术版，2013，000 (011)：P. 194-196.
[26] 刘玉国. 泡沫沥青及其冷再生混合料路用性能研究 [D]. 长安大学，2015.
[27] 拾方治. 沥青路面泡沫沥青再生基层的研究 [D]. 同济大学，2006.
[28] 李秀君，拾方治，张永平. 拌和用水量对泡沫沥青混合料性能的影响 [J]. 建筑材料学报，2008 (01)：68-73.
[29] 何桂平，曹翠星，韩海峰. 路面冷再生用沥青的发泡性能影响因素研究 [J]. 公路交通科技，2004，21 (10)：9-13.
[30] 栗关裔. 泡沫沥青冷再生技术的应用研究 [D]. 同济大学，2008.
[31] 凌天清，何亮，马育. 泡沫沥青混合料冷再生技术 [J]. 土木建筑与环境工程，2009，31 (1). 141-146.
[32] 徐辰. 沥青自愈合特性及影响因素研究 [D]. 重庆交通大学，2013.
[33] 薛连旭. 基于疲劳特性的环氧沥青混合料设计研究 [D]. 华南理工大学，2011.
[34] Deacon J A，Tayebali A A，Rowe G M，et al. Validation of SHRP A-003A Flexural Beam Fatigue Test [J]. 1995 (1265)：16.
[35] Monismith C L，Finn F N，Vallerga B A. A Comprehensive Asphalt Concrete Mixture Design System [J]. 1989 (1041)：33.
[36] Raithy K D. A Method of Estimating the Permissible Fatigue Life of the Wing Structure of A Transport Aircraft [J]. Aeronautical Journal，1961，65 (611)：729-738.
[37] 罗桑，贺华，李科. 武汉阳逻大桥环氧沥青混凝土铺装施工工艺 [J]. 施工技术 (1)：29-31.

第2章　油性热拌工艺的环氧沥青混合料摊铺等待时间对性能影响研究

沥青混合料从出料到摊铺碾压需要一个过程，这个过程包括装料至运输车上的时间、运输时间、运输车辆排队时间、摊铺时间，我们将这个时间称为摊铺等待时间。

在环氧化工原理中，环氧树脂与固化剂混合后尚未凝固（有规范规定为黏度为1Pa·s之前）的时间称为适用期[1]。将环氧树脂作为改性剂添加到沥青中，环氧沥青A、B组分（A组分为环氧树脂，B组分为沥青与固化剂及添加剂的混合物）搅拌在一起后，黏度达到1Pa·s之前的这段时间称作施工可操作时间。但《公路工程沥青及沥青混合料试验规程》JTG E20—2011中T0722—2000要求的施工要求最佳拌合黏度为0.17Pa·s左右，最佳碾压黏度在0.28Pa·s左右，对于特定的环氧沥青，其施工可操作时间是固定的，其结合料（即环氧沥青与固化剂搅拌后）黏度达到0.17Pa·s和0.28Pa·s的时间也是固定的[2]，如果从出料到摊铺碾压的时间过长，就会导致环氧沥青混合料中结合料的黏度超过0.28Pa·s甚至1Pa·s，压实将十分困难，最终无法保证设计压实度，进而影响到混合料的高温性能、抗水损害性能和疲劳性能。

虽然最终是影响到压实度，但由于摊铺等待时间属于环氧粘结剂的适用期、空隙率和施工过程管理三者共同决定的问题，有很强的综合性，本次研究，在环氧沥青的施工中，有必要将摊铺等待时间作为影响混合料的性能的一个综合性因素加以考虑[3]。

本章主要通过对我国常用的一种ChemCo环氧沥青进行高温、疲劳以及水稳定性能的检测后，运用灰关联法对从0～120min的摊铺等待时间进行研究，提出了油性热拌工艺的环氧沥青混合料最佳摊铺等待时间。

2.1　混合料设计

为使本研究具有一般性，本章节选取了ChemCo环氧沥青（一种典型的油性热拌工艺的环氧沥青），该沥青在全球范围内用的十分广泛。

石料的选择采用的是市场上较为常见的几种路用材料。粗集料（粒径≥2.36mm）与细集料（粒径为0.075～1.18mm）都采用玄武岩，均来自江苏溧阳，矿粉是由石灰石研磨，来自浙江吉安。其基本性能的测试结果见表2-1、表2-2。

集料密度　　　**表2-1**

粒径(mm)	矿粉	0～3	3～5	5～10	10～13
密度(g·cm^{-3})	2.788	2.835	2.866	2.875	2.903

根据之前经验和一些成果，由于需要取得3%甚至以下的空隙率以及与钢桥面板较好的贴合，上下面层的环氧沥青混合料一般采用较细的级配，另一方面为使本次研究具有一般适用性，选取南京长江二桥级配。级配各档料通过率见表2-3。

集料性能指标 **表 2-2**

指标		玄武岩集料	规范要求
石料压碎值(%)		23.2	<28
洛杉矶磨耗值(%)		21.3	<30
针片状含量(%)(粒径在 4.75~13.2mm 之间)		10.3	<20
砂当量(%)(粒径<2.36mm)		91.0	>60
棱角性(%)	粒径在 2.36~4.75mm 之间	>30	>30
	粒径<2.36mm	49.2	

南京长江二桥级配 **表 2-3**

筛孔尺寸(mm)	13.2	9.5	4.75	2.36	0.6	0.075
重量通过率(%)	100	97	70	60	35	11

本次试验采用马歇尔设计方法，将环氧沥青 A、B 组分总体作为沥青用量，体积设计过程见表 2-4。

马歇尔方法确定环氧沥青最佳沥青用量 **表 2-4**

沥青用量(%)	平均毛体积密度 $(g \cdot cm^{-3})$	最大理论密度 $(g \cdot cm^{-3})$	空隙率 (%)
6.3	2.576	2.686	4.19
6.6	2.598	2.682	3.13
6.9	2.615	2.678	2.45

其中混合料的最大理论密度是用计算法和实测法的平均值求得，试件的毛体积密度是采用水中重法测定。根据规范要求，以 3%为目标空隙率，最终确定混合料最佳油石比为 6.7%。

2.2 高温性能

沥青混合料的高温性能将直接影响到桥面铺装层的使用寿命，是铺装材料选择中的一个重要指标。钢桥面沥青混合料铺装体系高温稳定性研究主要通过室内车辙试验来进行，即高温稳定性用高温抗车辙性能来表示，其方法简单，结果直观，与实际路面有很好的相关性，并且车辙成型板块试件与模具的结合和现实桥面与钢桥面的结合十分相似。根据车辙试验的要求，需在试验室中成型 300mm×300mm×50mm 的板试件，采用了轮碾法成型试件，车辙试验结果见表 2-5。

不同摊铺等待时间的混合料车辙试验结果 **表 2-5**

等待时间(min)	动稳定度(次/mm)	永久变形(mm)	相对位移(%)
0	32022	1.137	2.2
30	30021	1.460	2.8
60	28725	1.513	3.0
90	11223	1.923	3.8
120	4203	3.219	6.4

从表 2-5 可以看出，动稳定度随摊铺等待时间而减小，可以说从高温性能来考虑，环氧沥青混合料最好能够在出料之后立即摊铺，或者尽可能减少等待时间；从表中也可推断出，在 90min 时，动稳定度下降十分严重，如果摊铺等待不可避免，则基于高温性能的考虑，本书推荐摊铺等待时间不能超过 90min。

2.3 水稳定性能

理论认为，碱性矿料才能与沥青有较好的粘附性，这是因为沥青中的酸性成分与矿料表面碱性活性成分发生反应。而环氧沥青大多采用酸酐作固化剂[4]，使得结合料更偏重酸性，所以酸性矿料则缺乏这种碱性活性中心，故较少有化学反应发生，所以粘附性差，易发生剥离。由于环氧沥青一般用在大型钢桥面的铺装上[5]，而且施工过程中要杜绝有水的侵入，并且设计空隙率仅为 3%，可见对环氧沥青混合料来说，水稳定性能也是一个十分重要的方面。本节选取了 0min、30min、60min、90min、120min 5 个摊铺等待时间，试验方法采用终冻融劈裂试验，每个时间制作马歇尔试件 8 个，4 个常温放置，4 个冻融循环。试验结果见表 2-6。

固化冻融劈裂试验结果 **表 2-6**

处理方式	等待时间(min)	平均劈裂强度(kN)	平均劈裂应力(MPa)	*TSR*(%)
冻融循环	0	15.72	1.4322	91.7
	30	14.247	1.4011	90.5
	60	14.6725	1.4476	91.1
	90	7.7212	0.7521	75.2
	120	3.0323	0.287	56.2
常温	0	16.72	1.524	—
	30	15.74	1.524	
	60	16.10	1.5966	
	90	10.4455	10.2123	
	120	5.4221	0.5231	

从冻融劈裂值可以看出，此环氧沥青混合料有着很好的水稳定性，但如果摊铺等待时间过长，如超过 90min，会导致混合料结块严重，难以压实，空隙率会随着增大，在通车后就会受到严重的水损害。仅从水稳定性来说，摊铺等待时间以 60min 为宜。

2.4 疲劳性能

疲劳性能[6]的检测本书选取较为普遍的跨中加载小梁弯曲试验，仍选取了 0min、30min、60min、90min、120min 5 个时间进行应力控制小梁弯曲疲劳试验，试验机为 MTS-810，试验温度为 15℃，结果见表 2-7。

不同摊铺等待时间的环氧沥青混合料疲劳试验结果　　表 2-7

等待时间 (min)	应力水平	弯曲应力 σ (MPa)	疲劳寿命 N_f (Times)	有效试件个数	变异系数 (%)
0	0.9	9.31	564	4	4.84
	0.8	8.30	1735	4	4.90
	0.7	7.32	2113	4	4.15
	0.6	6.23	2921	4	4.23
30	0.9	9.28	564	4	4.31
	0.8	8.24	1632	4	5.62
	0.7	7.21	2028	4	4.49
	0.6	6.18	2671	4	4.88
60	0.9	10.33	510	4	4.22
	0.8	9.18	1396	4	5.71
	0.7	8.03	2396	4	4.30
	0.6	6.88	3153	4	3.13
90	0.9	6.73	236	3	5.72
	0.8	6.05	881	4	6.05
	0.7	5.20	1675	4	5.13
	0.6	4.62	2410	4	3.28
120	0.9	5.23	41	4	5.81
	0.8	4.65	128	3	5.12
	0.7	4.07	941	4	4.23
	0.6	3.49	1221	4	4.62

将表 2-7 结果做双对数曲线，并做一次趋势线拟合，得到疲劳方程，如图 2-1 所示。

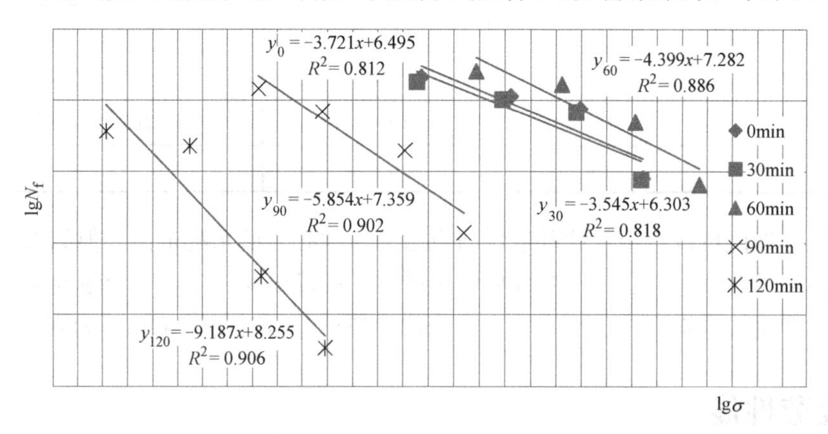

图 2-1　不同摊铺等待时间的双对数疲劳曲线

图 2-1 的环氧沥青混合料疲劳方程中 $y=bx+a$ 中，a、b 值分别表征疲劳性能的两个方面的特征。a 值为疲劳曲线在 Y 轴上的截距，反映了混合料疲劳次数对数的理论最大值，a 值越大，表示疲劳曲线能达到的纵值越大，也可以理解为疲劳强度越好；b 值是曲

线的斜率，反映的则是该混合料疲劳寿命对荷载水平的敏感性，b 的绝对值越大，疲劳曲线的斜率越大，表明荷载的变化对疲劳寿命的变化影响越大。从图 2-1 可以看出，60min 摊铺等待时间疲劳寿命最大，60min 之后，随着时间的推移，在普通应力状态下（0.2～0.9 倍破坏应力水平），混合料疲劳寿命逐渐变小，应力水平变化敏感性越大。由此可知，仅从疲劳性能来说，对于此类环氧沥青混合料，摊铺等待时间为 60min 左右为宜。不同种类的环氧沥青的摊铺等待时间长短不一样，可以在混合料设计时考虑这一点。

2.5 影响因素的灰关联分析

为了找准每个时间对各种性能的影响，本书采用灰关联分析法。灰关联分析是寻求系统中各因素间的主要关系，找出影响目标值的重要因素，从而掌握事物的主要特征，灰色系统用关联度分析方法来作系统分析，关联度是表征两个事物的关联程度[7]。关联性实质上是曲线间几何形状的差别，几何形状越接近，则发展变化态势越接近，关联程度越大，这里通过关联度的延伸，可以理解为摊铺等待时间对综合性能的影响。

灰关联分析步骤如下：确定数据列，对数据列进行初值化处理，计算求差序列，计算灰关联系数，计算灰关联度，具体方法与计算公式不在此赘述，可参见文献。

将以上各疲劳试验结果列于表 2-8 中，生成数据列；为了保持影响因素极性一致，我们对试验数据进行了处理，如疲劳性能一项有两个关键值，即疲劳次数与应力变化敏感性，为了体现出代表性，选取了 0.7 应力水平下的疲劳次数对数值，对数曲线中斜率反映的是混合料随应力水平变化表现出来的敏感性，其值的绝对值越小，混合料疲劳性能越优秀，为了改变其极性，取其绝对值的倒数。

灰关联系数初始值 **表 2-8**

等待时间(min)	动稳定度	疲劳寿命 (0.7 倍应力水平)	疲劳性能 (灵敏度乘法逆元)	冻融劈裂值 (%)
0	32022	2123	0.2687	91.7
30	30021	2012	0.2821	90.5
60	28725	2566	0.2273	91.1
90	11223	1677	0.1708	75.2
120	4203	951	0.1088	56.2

做关联系数计算，这个过程中，C1～F1 分别代表高温性能（DS）、疲劳性能（0.7 应力水平下的疲劳次数）、疲劳性能（敏感度绝对值倒数）和水稳定性，X0～X4 分别代表 0～120min 的摊铺等待时间。全部的计算过程见表 2-9。

灰关联计算过程 **表 2-9**

A1	B1	C1	D1	E1	F1	G1
平均化						
X0		3.7412	0.248	0	0.0107	
X1		3.7382	0.2505	0	0.0113	

续表

A1	B1	C1	D1	E1	F1	G1
X2		3.6613	0.3271	0	0.0116	
X3		3.4598	0.517	0.0001	0.0232	
X4		3.2267	0.7301	0.0001	0.0431	
序列差分						
X0		0	0	0	0	
X1		0.003	0.0025	0	0.0006	
X2		0.0799	0.0791	0	0.0009	
X3		0.2814	0.269	0.0001	0.0125	
X4		0.5145	0.4821	0.0001	0.0324	
最小值		0.003				
最大值		0.5145				
关联度系数						
X0		1	1	1	1	1
X1		1	1.0019	1.0117	1.0093	1.005725
X2		0.7719	0.7737	1.0117	1.0081	0.89135
X3		0.4832	0.4945	1.0113	0.9648	0.73845
X4		0.3372	0.352	1.0113	0.8985	0.64975

将最终计算结果用柱状图表示，如图 2-2 所示。

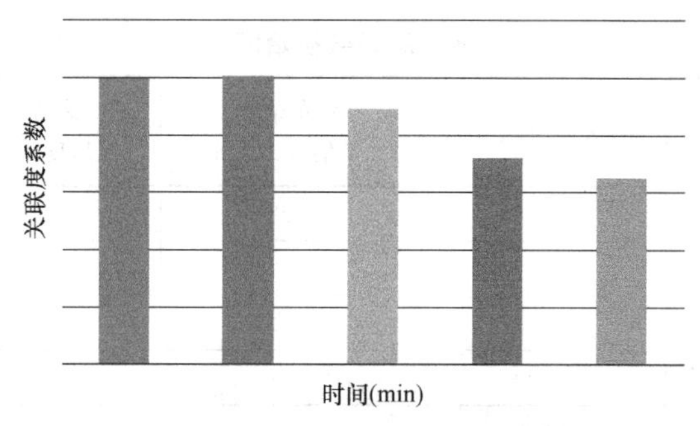

图 2-2　不同摊铺等待时间的灰关联度

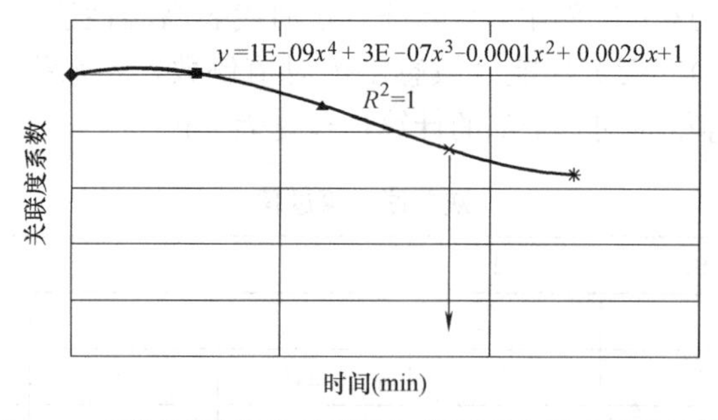

图 2-3　不同摊铺等待时间的灰关联度多项式插值计算

这里可以将关联度理解为环氧沥青混合料的使用综合效果，可见在 30min 左右，这种环氧沥青混合料的综合性能表现最好，随着时间的增加，综合性能越差，根据图 2-3 多项式插值计算可知，在 80min 左右降到 30min 综合效果的 80%左右，经工程经验判断，此效果属可以接受范围的最低标准，经本次研究推算，ChemCo 环氧沥青的最佳时间为 30min，可接受的时间为 80min；若对疲劳性能或水稳定性能有特殊要求，基于木桶原理，可接受时间仍为 60min。

2.6 结论

本章通过对我国常用的一种 ChemCo 环氧沥青进行高温、疲劳以及水稳定性能的检测后，运用灰关联法对从 0～120min 的摊铺等待时间进行研究，得到以下结论：

1）大量室内车辙试验结果表明，随时间增加环氧沥青混合料动稳定度降低，仅看高温性能，出料后立即摊铺效果最好，摊铺等待时间以 90min 以内为宜。

2）疲劳性能方面采用了中点加载小梁弯曲应力控制疲劳试验，60min 摊铺等待时间疲劳寿命最大，60min 之后，随着时间的推移，在普通应力状态下（0.2～0.9 倍破坏应力水平），混合料疲劳寿命逐渐变小，应力水平变化敏感性越大。仅从疲劳性能来说，对于此类环氧沥青混合料，摊铺等待时间为 60min 左右为宜。

3）水稳定性能采用了冻融劈裂法来评价，从水稳定性来说，摊铺等待时间以 60min 为宜。

4）综合上述几种性能，经过灰关联的研究和推算，ChemCo 环氧沥青的最佳时间为 30min，可接受的时间为 80min；若对疲劳性能或水稳定性能有特殊要求，可接受时间仍为 60min。

参 考 文 献

[1] 李桂林. 环氧树脂与环氧涂料 [M]. 北京：化学工业出版社，2002.

[2] HUANG Wei，QIAN Zhendong，CHEN Gang，YANG Jun. Epoxy asphalt concrete paving on the deck of long-span steel bridges [J]. 科学通报（英文版），2004，48（21）：2391-2394.

[3] 黄明，黄卫东. 级配对环氧沥青混合料高温性能的影响 [J]. 现代交通技术，2008，9（6）：10-11.

[4] 黄卫，刘振清. 大跨径钢桥面铺装设计理论与方法研究 [J]. 土木工程学报，2005，38（1）. 51-59.

[5] 魏奇芬，张晓春，王森. 大跨径钢桥桥面沥青铺装设计之比较 [J]. 江苏交通，2003，12（11）：49-51.

[6] Read J，Whiteoak D. The Shell Bitumen Handbook-5th edition [M]. London：Thomas Telford Ltd，2003.

[7] 邓聚龙. 灰色系统基本方法 [M]. 武汉：华中工学院出版社，1987.

第3章　油性热拌工艺的环氧沥青混合料的疲劳性能研究

环氧沥青混合料从1961年使用以来较广泛地使用在钢桥面铺装上，大多出现了早期损坏，直接影响到行车的安全性、舒适性、耐久性等，这与其疲劳有很大的关系。

环氧沥青国产化之后，国内专门针对桥面铺装层进行的疲劳性能方面的研究陆续开始，东南大学[1] 利用复合梁进行了大量的应变控制的疲劳试验，试验中以应变量为变量，且应变量都在很小的范围内（＜200εμ），认为国产环氧沥青混合料疲劳性能优异；并对钢桥面铺面结构层进行了多方面的力学分析佐证了这一结论，从静态的力学分析角度探讨了铺装层裂缝产生的原因，并给出了简单的预防措施；然而影响沥青混合料疲劳性能的不仅仅在于应变量，还包括沥青用量、空隙率、施工质量等。

根据作者此前的研究，环氧沥青混合料施工要求严苛，铺面的空隙率和质量主要受摊铺等待时间的影响，通常只有在众多影响因素下的疲劳性能变化才有参考价值，因此提出环氧沥青铺面材料的疲劳行为的预估方程对桥面铺装的设计、施工和维护具有十分重要的意义。

为此，本次研究将在多因素全面设计的基础上进行环氧沥青混合料的疲劳性能研究。本章将从混合料设计时严格控制环氧沥青混凝土的疲劳性能检测标准出发，结合实际交通情况，提出一套较为合理并切实可行的环氧沥青混凝土室内疲劳试验方案。

3.1　试验材料与前期工作

石料的选择：粗集料（粒径≥2.36mm）与细集料（粒径为0.075～1.18mm）都采用玄武岩，产地为江苏溧阳，矿粉是由石灰石研磨而成，产地为浙江吉安，其表观密度为2.788 g·cm^{-3}。集料的基本性能的测试结果见表3-1和表3-2。

集料密度　　表3-1

尺寸(mm)	矿粉	0～3	3～5	5～10	10～13
密度(g·cm^{-3})	2.754	2.835	2.866	2.875	2.903

集料性能指标　　表3-2

项　目		实测值	规范指标
压碎值(%)		23.2	＜28
洛杉矶磨耗值(%)		21.3	＜30
针片状含量(%)(4.75～13.2mm)		10.3	＜20
砂率(%)(＜2.36mm)		91.0	＞60
棱角性(%)	2.36～4.75mm	37	＞30
	＜2.36mm	49.2	

环氧沥青选用美国 ChemCo 环氧沥青（油性热拌工艺的环氧沥青），它曾成功地应用在金门大桥上，具有广泛的代表性。级配范围选取南京长江二桥用级配，通过筛分出级配中值用于试验，这种级配在我国后来的许多新建大型钢桥的桥面铺装上均有应用，范围见表 3-3。

环氧沥青混合料级配范围 **表 3-3**

粒径(mm)	13.2	9.5	4.75	2.36	0.6	0.075
重量通过率(%)	100	97	70	60	35	11

混合料制备过程如下：沥青 B 组分（沥青与固化体系的混合物）加热至 115℃备用，A 组分（环氧树脂）加热至 90℃备用，石料保温 130℃，环氧沥青混合料拌合温度为 120℃，AB 组分在拌锅内混合，矿粉常温加入[2]。

每个沥青用量下成型马歇尔试件 3 个，按规程进行马歇尔试件体积计算。不同沥青用量下的混合料体积参数与马歇尔试验结果见表 3-4。

不同沥青用量对应的空隙率 **表 3-4**

沥青用量(%)	平均毛体积密度 $(g \cdot cm^{-3})$	最大理论密度 $(g \cdot cm^{-3})$	空隙率 (%)	稳定度 (kN)	流值 (mm)
5.0	2.576	2.686	5.19	45.43	16.41
6.0	2.598	2.682	4.23	46.22	15.62
7.0	2.615	2.678	3.18	45.26	14.98
8.0	2.615	2.663	2.14	42.63	16.22

3.2 环氧沥青混凝土疲劳性能评价的指标选择

本节试验主要使用的是四点弯曲疲劳试验，在 BFA（Beam Fatigue Analyzer）机上进行试验，为规范《公路工程沥青及沥青混合料试验规程》JTG E20—2011 所指定试验方法。

环氧沥青混凝土疲劳性能评价的指标有：

(1) 荷载控制模式的选择

本次试验使用应变控制的荷载模式进行疲劳试验，选择小梁加载 100 次时的劲度模量作为初始劲度，以混合料的劲度下降到初始劲度的一半时作为破坏标准。

(2) 试验温度的选择

参照国内外的研究成果[3]，本次小梁弯曲疲劳试验采用 15℃作为试验温度。

(3) 加载时间与频率的选择

综合考虑，本次试验选用 10Hz 的加载频率。

(4) 加载波形的选择

本次试验参考美国 SHRP M-009 标准，选用的波形为偏正弦波，考虑到试验效率问题，不设间歇时间，实际荷载波形如图 3-1 所示。

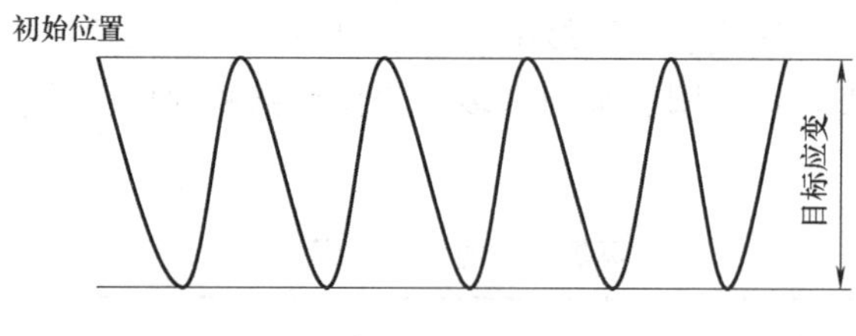

图 3-1　偏正弦波加载示意图

3.3　加载模式与夹具的选择、预备性试验

环氧沥青混合料的疲劳评价是环氧钢桥面铺装的主要检测项目之一[4]。本节通过三分点小梁疲劳与跨中加载小梁疲劳两种方案对比了应变控制与应力控制对于环氧沥青混合料的疲劳评价的适用性，通过两种常见环氧沥青的大量对比试验，用实际数据和效果印证了分析，推荐使用应力控制，并通过 ANSYS 有限元分析，对疲劳夹具进行了修正，确保其疲劳试验数据的准确性。

沥青面层长期处于车轮荷载的应力应变交迭变化的状态，路面的结构强度逐渐下降，当荷载重复作用超过一定次数后，荷载作用下的路面内产生的应力就是超过疲劳后的面层内的结构抗力，使路面产生裂纹，发生疲劳损坏。无论是作为环氧沥青的研发还是环氧沥青的铺装应用，为了结合实际情况，也必须通过疲劳性能的检测才能判断每种固化体系的优劣。这样才能更加准确地选取合适的疲劳试验方案，对各种混合料的疲劳寿命的评价更加准确，也才能够从量的角度入手更加精确地评价每种结合料的优劣。

沥青混合料的疲劳寿命评价控制方式通常有两种方式，即应变控制与应力控制，对于前者国外已经进行了较深入的研究[5]，根据应变控制的研究结果：沥青用量的减少会降低混合料的疲劳寿命。但应变控制的结果只适用于薄沥青面层。目前也有研究认为，对于路面面层厚度较薄时，其受力状态符合应变控制的条件，路面厚度较厚时，或机场道面荷载较大时，可用应力控制的模式表示面层的疲劳效应。环氧沥青混合料在国内外尚处于起步阶段，包括界限厚度在内，其疲劳寿命评价有诸多未确定因素，究竟哪一种控制方式适用于环氧混合料疲劳性能评价，尚需进一步的研究。本节选取了三种疲劳试验进行了预备性试验，以确定何种加载和控制方式适合本次的环氧沥青混合料的疲劳试验。

3.3.1　混合料设计

为使本研究具有一般性，石料选择见本章 3.1 节，其基本性能的测试结果见表 3-1 和表 3-2；级配选择南京长江二桥级配，见表 3-3。

本次试验采用马歇尔设计方法，将环氧沥青 A、B 组分（ChemCo 环氧沥青 A 组分为环氧树脂，B 组分为沥青与固化剂等添加剂的混合物）总体作为沥青用量，体积设计过程见表 3-5。

马歇尔方法确定环氧沥青最佳沥青用量 表 3-5

沥青用量(%)	平均毛体积密度 (g/cm³)	最大理论密度 (g/cm³)	空隙率 (%)
6.0	2.536	2.690	4.89
6.5	2.608	2.672	3.23
7.0	2.645	2.665	2.05

其中混合料的最大理论密度是用计算法求得，试件的毛体积密度是采用水中重法测定。根据规范要求，以 3%为目标空隙率，最终确定混合料的最佳油石比为 6.6%。

3.3.2 三分点加载应变控制疲劳试验

控制应变的疲劳试验是指在重复加载的疲劳试验过程中，保持应变不变。由于控制应变的疲劳试验没有明显的破坏现象，因此，通常人为定义当混合料的劲度达到初始劲度的一半时作为破坏准则，此时的重复荷载的作用次数为疲劳寿命[6]。

图 3-2 所示为本次预备试验采用的三分点加载小梁加载疲劳试验夹具。成型的小梁尺寸为 50mm×50mm×300mm，试验温度为 15℃，加载波形为 10Hz 正弦波。

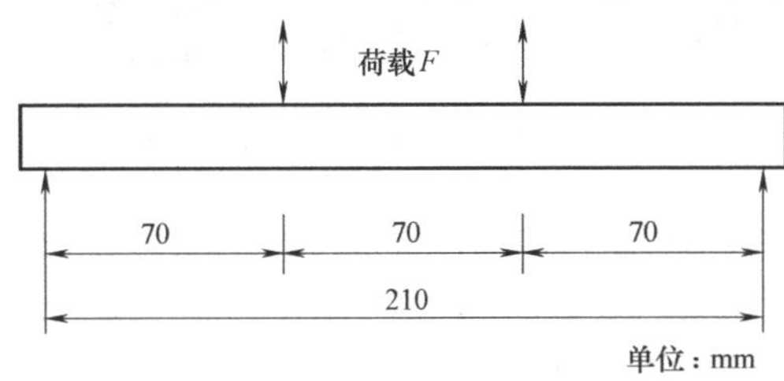

图 3-2 三分点加载小梁弯曲疲劳试验示意图

应变控制试验数据将在后小节与中点加载应力控制疲劳试验作对比列出。

3.3.3 中点加载应力控制疲劳试验

控制应力的疲劳试验是指在重复加载的疲劳试验过程中保持应力不变，疲劳破坏是以试件的疲劳断裂作为破坏，到达疲劳破坏的重复荷载的作用次数为疲劳寿命[7]。与三分点应变控制疲劳试验一样，成型的小梁尺寸为 50mm×50mm×300mm，试验温度为

15℃，加载波形为10Hz正弦波。本次应力控制疲劳试验采用小梁跨中加载形式。

在预备性试验过程中可以清楚地看到，由于环氧沥青混合料的抗弯拉模量是普通沥青混合料的3～5倍，其刚度很高，之前的10mm厚的支撑板不足以有效测出各种环氧沥青混凝土的疲劳寿命，具体的预备性试验检测数据见表3-6。

两种跨中加载夹具支承板厚度的混合料疲劳寿命次数　　表3-6

混合料类型	支承板厚度(mm)	应力水平	有效试件数	平均疲劳寿命(次)
ChemCo环氧沥青	10	0.7	4	＞80122
	35	0.7	4	663
	10	0.8	4	52212
	35	0.8	4	98
AC-13	10	0.7	4	224
	35	0.7	4	236
	10	0.8	4	34
	35	0.8	4	29

在两个不同的应力水平下，应力水平较高的测出来的疲劳寿命还较大，而且8万多次的疲劳寿命显然已经偏离了实际情况，同时在试验过程中能够明显看到夹具的震动，可知压头的应力经过小梁已传导至夹具的下面支撑板上，而10mm支撑板的刚度小于或者接近混凝土小梁的刚度的时候，就会产生梁未震而板震的现象。将支承板的厚度改为35mm，则免去了整个加载夹具晃动的问题。根据文献，一般的环氧沥青混合料在应力水平0.7、0.8之下的疲劳次数集中在500～3000次范围之间是比较符合客观规律的。疲劳试验结束是以梁的完全断裂为标准，从图3-3可以清晰地看出，小梁已完全破坏，并且表现出十分刚性的破坏。

图3-3　小梁疲劳破坏正面图

根据上述情况我们可以知道，环氧沥青混凝土梁的强度和刚度都是很大的，用这种普通沥青的疲劳试验夹具在试验过程中出现夹具整体随小梁一起振动的情况。对此利用ANSYS对疲劳试验夹具进行有限元分析如下：

环氧沥青混合料抗弯拉模量12MPa，模具采用Q235钢，钢的抗压模量2×10^5MPa，泊松比0.3，密度7800kg/m^3，质量阻尼系数5，接下来对两种夹具进行ANSYS力学分析。

常规的中间加载疲劳试验的夹具如图3-4和图3-5所示。

疲劳夹具的修改：

由于环氧沥青混合料的抗弯拉模量是普通沥青混合料的3～5倍，其刚度很高，之前的10mm厚的支撑板不足以有效测出各种环氧沥青混凝土的疲劳寿命，具体数据见表3-7。

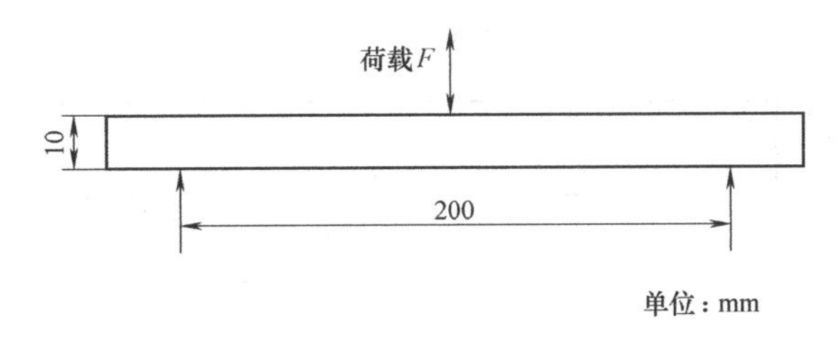

图 3-4　中间加载小梁弯曲疲劳试验示意图

图 3-5　中间加载小梁弯曲疲劳试验实物拍摄

两种跨中加载夹具支承板厚度的混合料疲劳寿命次数　　表 3-7

混合料类型	支承板厚度（mm）	破坏应力（MPa）	应力水平	有效试件数	平均疲劳寿命（次）
ChemCo 环氧沥青	10	12	0.8	4	40122
	35		0.8	4	1224
	10		0.9	4	42212
	35		0.9	4	450

在两个不同的应力水平下，应力水平较高的测出来的疲劳寿命还较大，而且 4 万多次的疲劳寿命显然已经偏离了实际情况，同时在试验过程中能够明显看到夹具的震动，可知压头的力经过小梁已传导至夹具的下面支撑板上，而 10mm 支撑板的刚度小于或者接近混凝土小梁的刚度的时候，就会产生梁未震而板震的现象。现将支承板的厚度改为 35mm（图 3-6、图 3-7），则免去了整个加载夹具晃动的问题。在应力水平 0.8、0.9 之下的疲劳强度集中在 400～2000 之间是比较符合客观规律的。

下面用 ANSYS 做一个挠度分析。由于环氧沥青混合料强度极大，假设混合料抗弯拉模量为 12MPa，破坏时荷载即为 8kN，模具采用 Q235 钢，抗压模量 2E11Pa，泊松比

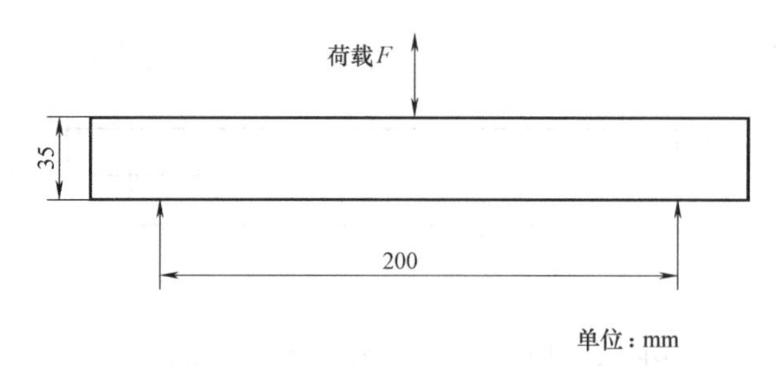

图 3-6　中点加载小梁弯曲疲劳试验改进后夹具示意图

图 3-7　中点加载小梁弯曲疲劳试验改进后夹具实物拍摄

0.3，密度 $7800kg/m^3$，质量阻尼系数 5，接下来对两种夹具进行 ANSYS 力学分析。

当底板为 1cm 厚时：对该夹具进行模态分析，获得其在 Z 方向上的 1 阶、2 阶、3 阶自振频率见表 3-8。

1cm 厚底座夹具模态分析 1 阶、2 阶、3 阶自振频率（Hz）　　表 3-8

阶	频率	加载步骤	子步骤	累计加荷
1	141.40	1	1	1
2	144.26	1	2	2
3	332.38	1	3	3

模态分析得出的各阶频率为其自振频率。当结构受到某种外界干扰后会产生位移或速度，但外界干扰消失后结构将在平衡位置附近继续振动，这种振动称为结构的自由振动。结构自由振动时的频率称为结构的自振频率。模态分析为谐响应分析的基本组成部分。

经比较，10Hz 的荷载频率距底板厚度为 1cm 的夹具自振频率较近，故在加载时产生的振动更加明显；本力学计算采用最不利条件，即支座最上方弧面顶部全部受压，两弧顶均受大小为 4kN、频率为 10Hz 的压力，变形图如图 3-8 所示。最大变形位置位于底板两端，经计算得到纵向位移大小约为 4.60cm。

底板为 3.5cm 厚的夹具：对该夹具进行模态分析，获得其 1 阶、2 阶、3 阶频率见表 3-9。

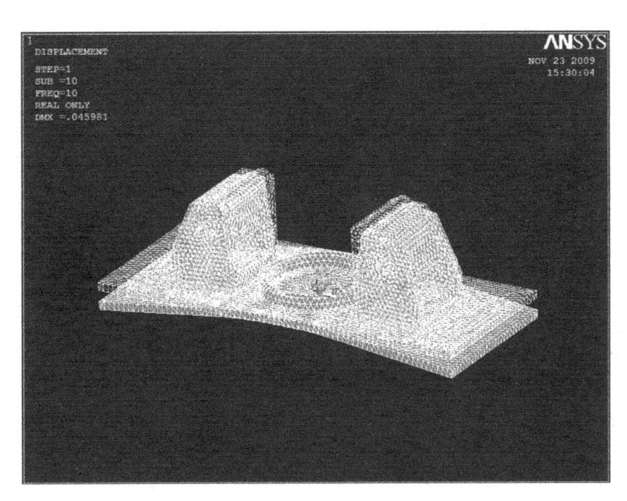

图 3-8 1cm 厚底座模具 ANSYS 分析的挠度

1cm 厚底座夹具模态分析 1 阶、2 阶、3 阶自振频率（Hz） **表 3-9**

阶	频率	加载步骤	子步骤	累计加荷
1	468.64	1	1	1
2	488.61	1	2	2
3	865.96	1	3	3

本力学计算采用最不利条件，即支座最上方弧面顶部全部受压，两弧顶均受大小为 4kN、频率为 10Hz 的压力，变形图如图 3-9 所示。最大变形位置位于底板两端，经计算得到纵向位移大小约为 0.179cm。

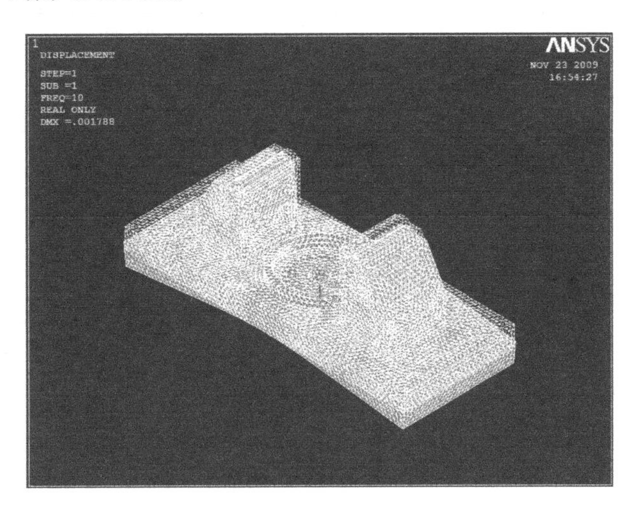

图 3-9 3.5cm 厚底座模具 ANSYS 分析的挠度

从挠度对比结果可以清晰看出，1cm 厚的底板挠度是 3.5cm 底板挠度的 25 倍之多，这也是试验之前试验数据不准确的关键因素。下面的试验均采用 3.5cm 厚底座夹具（图 3-10）。

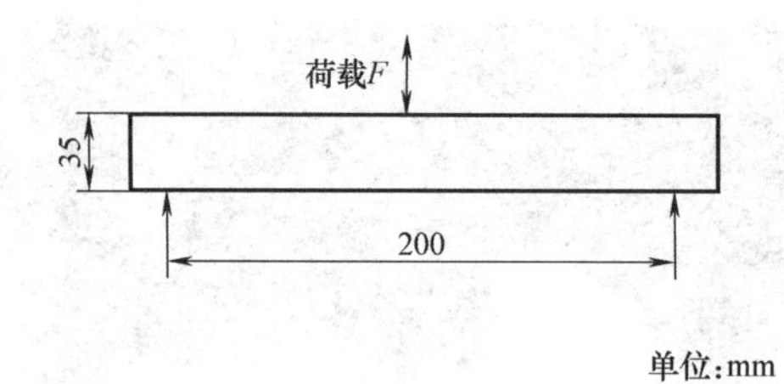

图 3-10 中点加载小梁弯曲疲劳试验改进后夹具示意图

3.3.4 预备性试验数据与回归分析

根据本节以上所述，进行试验，采用三分点加载方式的应变控制疲劳试验数据和35mm 厚度的中点加载夹具应力控制疲劳试验数据见表 3-10。

环氧沥青混合料疲劳试验结果 表 3-10

控制类型	应变水平	微应变(με)	疲劳寿命	有效试件个数
三分点应变控制	0.25	750	1603000	4
			1022300	
			2420200	
			820100	
	0.33	1000	101000	4
			41000	
			72200	
			83100	
	0.42	1250	24100	4
			12200	
			7200	
			12200	
	0.5	1500	8300	4
			1200	
			3300	
			1000	
控制类型	应变水平	应力(MPa)	疲劳寿命	有效试件个数
中点加载应力控制	0.5	6.73	2490	4
			2814	
			2379	
			3010	
	0.6	7.99	1311	4
			1492	
			1201	
			1359	

续表

控制类型	应变水平	应力(MPa)	疲劳寿命	有效试件个数
中点加载应力控制	0.7	9.25	562	4
			768	
			664	
			680	
	0.8	10.53	102	4
			92	
			87	
			94	

以往的研究表明，同一应变下若干试件的对数疲劳寿命表现为正态分布，并且应变大小与疲劳寿命在双对数坐标上表现为直线关系，应变控制的疲劳方程为：

$$\lg N_f = k - n\lg\varepsilon \tag{3-1}$$

式中　N_f——试件破坏时荷载作用次数；

ε——试验时所控制的小梁跨中底面应变水平（微应变），本书中通过控制小梁三分点处最大挠度与试件高度的比值计算得到；

k——回归常数，与材料组成和性质有关；

n——回归常数，与试验条件和材料特性有关。

根据沥青混合料疲劳理论，在应力控制疲劳试验中，应力与疲劳寿命成双对数线性关系，应力控制的疲劳方程为：

$$\lg N_f = a - b\lg\sigma \tag{3-2}$$

式中　N_f——疲劳破坏时的荷载重复作用次数；

σ——弯拉应力；

a、b——根据试验数据确定的回归常数。

对于以上两个方程，a 与 k 值为疲劳曲线在 Y 轴上的截距，反映了混合料疲劳次数对数的理论最大值，a 值越大，表示疲劳曲线能达到的纵值越大，也可以理解为疲劳强度越好；n 与 b 为曲线的斜率，反映的则是该混合料疲劳寿命对荷载水平的敏感性，b 的绝对值越大，疲劳曲线的斜率越大，表明荷载的变化对疲劳寿命的变化影响越大。

根据试验结果做回归，得到如表 3-11 所示疲劳方程。

回归疲劳方程　**表 3-11**

控制类型	疲劳方程	相关系数
应变	$\lg N_f = -9.029\lg\varepsilon + 32.037$	0.945
应力	$\lg N_f = -7.068\lg\sigma + 9.408$	0.885

为了观察更为直观，可以把方程转化为双对数曲线图，如图 3-11、图 3-12 所示。

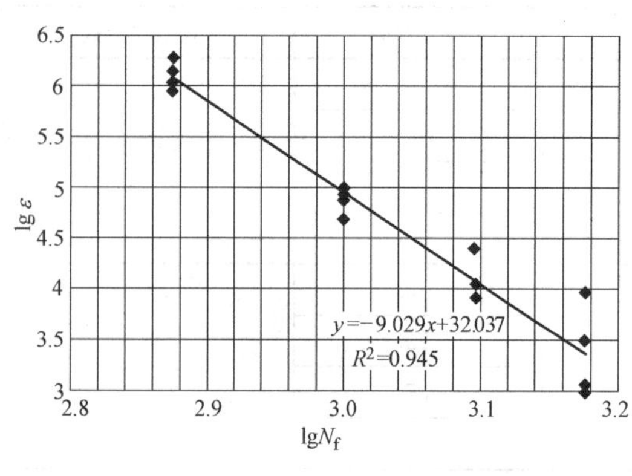

图 3-11　应变控制双对数疲劳曲线

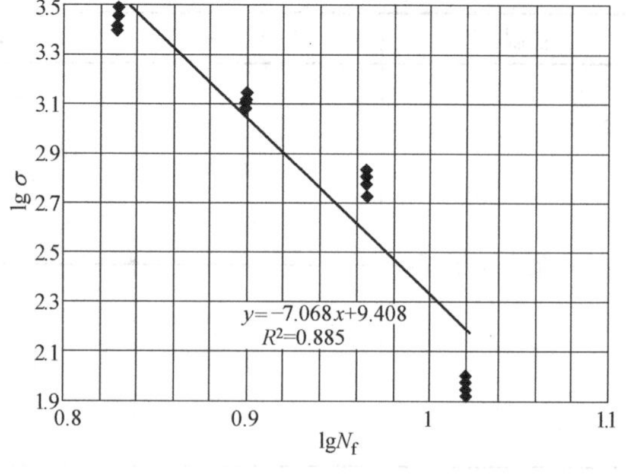

图 3-12　应力控制双对数疲劳曲线

从数据拟合的情况可以看出，以上两种控制方式的疲劳寿命与每个应变（应力）水平在双对数坐标下满足良好的线性关系。

我们采用的环氧沥青面层，大多达到 50mm 的厚度，对于这种较厚的沥青面层，往往很难界定是否达到常应力和常应变的分界线；其次，常应变模式往往会使在层底产生一个很大的拉应力，而环氧沥青混合料是一种热固性、脆性材料，如果拉应力达到其最大抗拉强度，混合料会在没有达到极限疲劳开裂次数前就发生破坏，使得试验无法进行，并且使我们的判断失准；再次，由于常应变控制模式下的疲劳损坏往往以其劲度模量为判断标准，通常假设其劲度模量减小为初始值的 50%即认为破坏，但在这种情况下，环氧沥青混凝土在较小的应变水平下往往很难减小到 50%的初始劲度模量，或者在较大的应变水平下突然断裂，使得尺度很难把握。

这一点从以上试验过程和结果也可以看出，应变控制疲劳次数有很大的离散性，并且在试验过程中，断裂形式各异，30%的梁在无任何征兆的情况下突然断裂，这部分梁都未作为有效数据处理，如果作为有效数据，则应变控制条件下的疲劳次数突变性将会更大。

在应力控制疲劳试验中，沥青混合料疲劳寿命随模量的增大而增加；而在常应变疲劳试验中，沥青混合料的疲劳寿命随模量的增大而降低。SHRP 研究表明：在相同条件下，应变控制模式的疲劳试验所得到的疲劳寿命约等于 2.4 倍应力控制的疲劳寿命，但从表 3-10 可以看出在相同的水平（0.5 倍）下，应变控制模式的疲劳试验所得到的疲劳寿命最高却达到了 2.8 倍应力控制的疲劳寿命，应变控制模式的疲劳试验所得到的疲劳寿命甚至有小于应力控制的疲劳寿命的，最低只有 0.41 倍，这也说明环氧沥青混合料不适宜采用应变控制做疲劳性能检测。

3.3.5　四点弯曲应变控制疲劳试验

试验方案首选目前国内外室内疲劳试验最为常用的四点小梁弯曲试验[8]，此试验方法亦出现在我国最新沥青混合料试验规程中，说明其具有广泛的应用价值。试验机选用了澳大利亚 IPC 公司产 BFA（Beam Fatigue Analyzer），其夹具和力学示意图如图 3-13 所示。

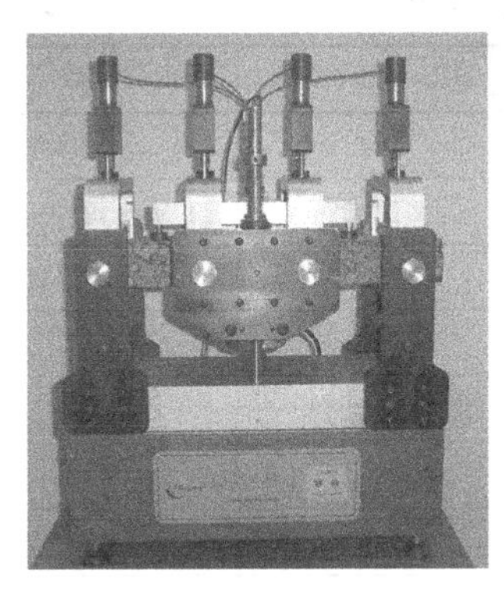
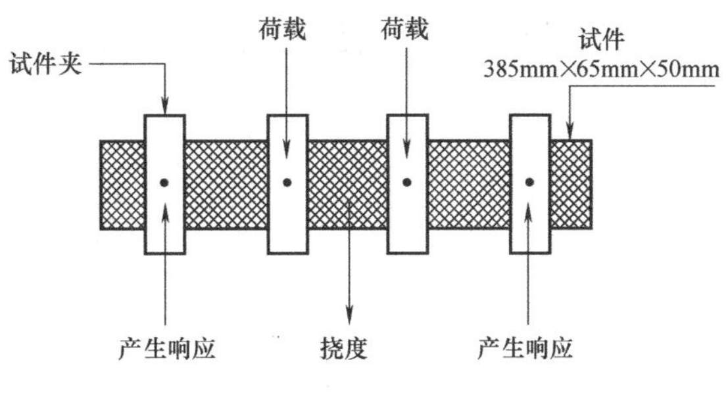

图 3-13 BFA 试验机夹具和力学示意图

1. 成型

试件制作使用自制模具，每次可同时成型混合料大板 2 块，压实采用小型压路机。用图 3-14（左）所示模具成型混合料，模具尺寸为双槽设计，每槽尺寸为 400mm×300mm×80mm，碾压使用小型单钢轮振动压路机进行压实，如图 3-14（中）所示。压路机碾压轮宽 45cm，振动速率 4460 次/min，压实力 896kN，压实深度 22.86cm。通过计算和预压验证，静压 4 次，振动碾压 1 次能达到马歇尔设计目标空隙率（在需要调整空隙率变化时可减少或增加静压和振动次数来实现），在干燥的室内静止 24h，以待切割用，切割成型后的试件如图 3-14（右）所示。

图 3-14 混合料成型模具（左）、小型压路机（中）和成型后的试件（右）

2. 试验设计与结果

选取 5.0%的沥青用量进行试验，每组进行 2 组平行试验。选取 250 和 750 为基准应变量，以达到初始劲度模量的 50%认定为疲劳破坏的标准。试验结果见表 3-12。

结果发现无论是在低应变或是高应变量下，混合料小梁均会发生突然断裂的现象，试验数据的变异性太大，这是因为环氧沥青混合料具有很高的模量（大于 6000MPa，有的甚至达 8000MPa），过高的模量会使得在应变控制的疲劳试验中产生极大的底部弯拉应力而开裂，这种开裂属于一次性破坏，而并非疲劳开裂，数据的离散性较大，无法准确判断其疲劳寿命。四点弯曲疲劳试验的疲劳寿命所用的试验机和试样与前面两种疲劳试验（三分点加载应变控制和中点加载应力控制）所用到的均不一样，因此无法将其数据与前面两种疲劳试验的检测结果进行对比和分析。四点弯曲疲劳试验虽然是一种精度更高、应用范

应变控制四点弯曲小梁疲劳试验结果 表 3-12

平行试验	沥青用量(%)	应变量(με)	空隙率(%)	初始模量(MPa)	疲劳次数 N_{f50}(次)
1	5.0	250	4.41	18212	128900
2			4.41	12432	29890
3			5.27	19315	626310
4			5.27	10230	51010
5			6.05	16310	14670
6			6.05	13237	26290
7		750	4.41	14496	26650
8			4.41	15526	31190
9			5.27	16846	53270
10			5.27	12665	27810
11			6.05	18524	13050
12			6.05	12420	24440

围更广的沥青混合料疲劳试验方法，但由于油性热拌环氧沥青的特殊性，即刚性过大，常应变会带来突变性破坏，导致此方法得到的检测结果稳定性较差，因此并不适用。

3.4 确定的疲劳试验

3.4.1 试件的成型与小梁试件的力学特征

根据上一节的分析和初步试验，可以确定应变控制的两种疲劳试验是不适用的。而中点加载的疲劳试验的数据稳定性最佳[9]。接下来的正式试验选用最常用的跨中加载小梁疲劳试验作为评价几种环氧沥青混合料的疲劳性能的试验方法，设备为 MTS-810 材料测试系统。首先选用轮碾压实成型方法制备 50mm×300mm×300mm 车辙试件，再通过切割机切割成 50mm×50mm×300mm 的小梁试件，试验每个应力水平级位下采用 4 根小梁平行试验，结果按试验数据的离散程度进行弃差处理，弃差的标准为：当一组平行试验测定值中某个数据与平均值之差大于修正标准差的 k 倍时，舍弃该值，并以其余测定值的统计结果作为试验结果，同时保证每组试验的有效试件不少于 3 根。当试件数目 n 为 3、4、5、6 根时，k 值分别为 1.15、1.46、1.67、1.820。

主要控制指标如下：

（1）加载方式：中间加载；

（2）控制方式：应力控制；

（3）加载频率：10Hz；

（4）加载波形：正弦波；

（5）试验温度：15℃；

（6）疲劳破坏判断标准：小梁完全断裂，承载力迅速下降。

在测评每种混合料小梁疲劳强度之前，需根据其强度来制定其各应力水平施加的压应力，通过其抗弯拉强度通过式（3-3）可计算出其抗弯拉应力 R_B。

$$R_B = \frac{3P_BL}{2bh} \tag{3-3}$$

式中 b——跨中受力截面宽度；

h——跨中受力截面高度；

L——跨距；

P_B——破坏时最大压力。

依据公路工程沥青及沥青混合料试验规程选取了轮碾法成型混合料试件，使用车辙试验模具，尺寸为 300mm×300mm×50mm，然后进行切割，切割成小梁尺寸为 200mm×50mm×50mm，误差为±2mm。通过 MTS-810 试验机，使用中点加载模具，图 3-15、图 3-16 为夹具和施加应力示意图。由于不同沥青用量（AC）和不同摊铺等待时间（T_1）下的混合料的性质是不一样的，试验对不同影响因素的小梁进行单次最大弯拉应力测试，试验环境温度为 15℃。

图 3-15　中点加载疲劳试验夹具

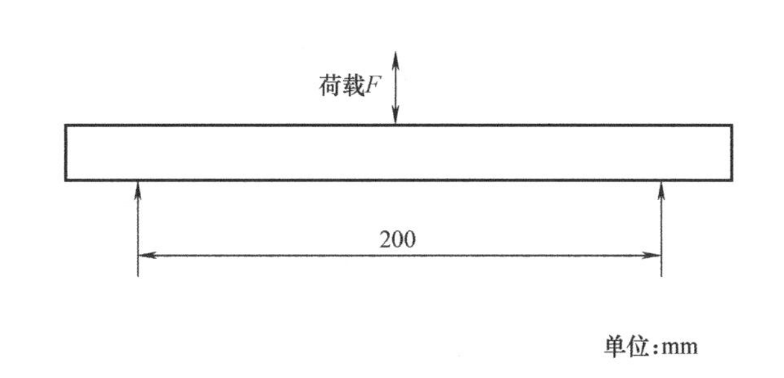

图 3-16　中间加载小梁弯曲疲劳试验示意图

首先通过其抗弯拉强度可计算出其抗弯拉应力 σ，再进行不同应力比下的疲劳试验。除考虑应力比外，还加入沥青用量和摊铺等待时间（从拌合完成到摊铺碾压完成的时间）来表征影响其疲劳性能的变量。其中沥青用量是诸多疲劳试验中所必须考虑的因素，而摊铺等待时间是作为环氧类改性沥青所特有的。原因在于随着摊铺等待时间的延长，环氧沥青混合料内部在发生固化反应，而这一固化反应进行到某一程度就会导致最终混合料无法碾压至设计压实度，因此是一个十分重要的指标[10]。下列数据表中 AC 表示沥青用量，T_w 表示摊铺等待时间。首先进行最大弯拉应力试验，以确定每一组试件直至破坏所能承受的最大弯拉应力，以便确定疲劳试验的应力比。此试验系列力学特征的检测结果见表 3-13。

不同沥青用量和摊铺等待时间因素下的混合料小梁力学特征　　表 3-13

AC(%)	T_w(min)	最大压力 P_B(kN)	抗弯拉应力 σ(MPa)	跨中挠度 d(mm)	最大弯拉应变 ε	弯曲劲度模量 S_B(MPa)
5.0	0	4.34	10.416	0.1752	0.001314	7926.94
	30	4.36	10.464	0.1733	0.00129975	8050.78
	60	4.45	10.68	0.1788	0.001341	7964.21

续表

AC(%)	T_w(min)	最大压力 P_B(kN)	抗弯拉应力 σ(MPa)	跨中挠度 d(mm)	最大弯拉应变 ε	弯曲劲度模量 S_B(MPa)
5.0	90	4.11	9.864	0.1611	0.00120825	8163.87
	120	3.23	7.752	0.1532	0.001149	6746.74
6.0	0	4.55	10.92	0.2122	0.0015915	6861.45
	30	4.53	10.872	0.2328	0.001746	6226.8
	60	4.62	11.088	0.2215	0.00166125	6674.49
	90	4.14	9.936	0.1923	0.00144225	6889.24
	120	3.18	7.632	0.1825	0.00136875	5575.89
7.0	0	4.18	10.032	0.2522	0.0018915	5303.73
	30	4.23	10.152	0.2614	0.0019605	5178.27
	60	4.22	10.128	0.2523	0.00189225	5352.36
	90	4.01	9.624	0.2113	0.00158475	6072.88
	120	3.16	7.584	0.2004	0.001503	5045.91
8.0	0	4.18	10.14	0.2766	0.0018915	4303.73
	30	4.23	10.32	0.2714	0.0019605	4278.27
	60	4.22	10.42	0.2713	0.00189225	4252.36
	90	4.01	9.38	0.2523	0.00158475	4572.88
	120	3.16	7.18	0.2251	0.001503	4145.53

分析表 3-13 中的弯曲劲度与沥青用量、摊铺等待时间的关系，可绘制出图 3-17、图 3-18 的关系图。

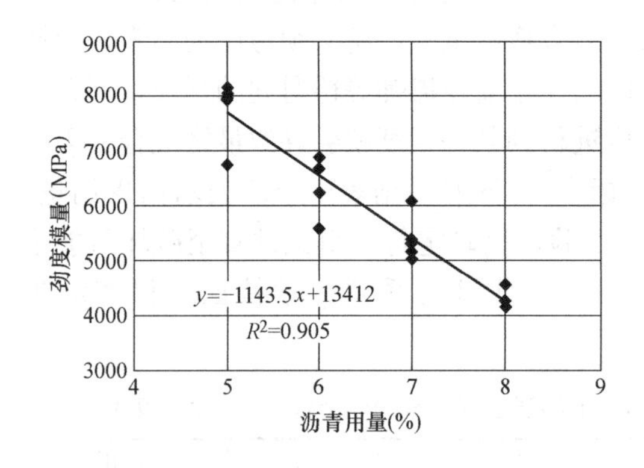

图 3-17　劲度模量随沥青用量变化图

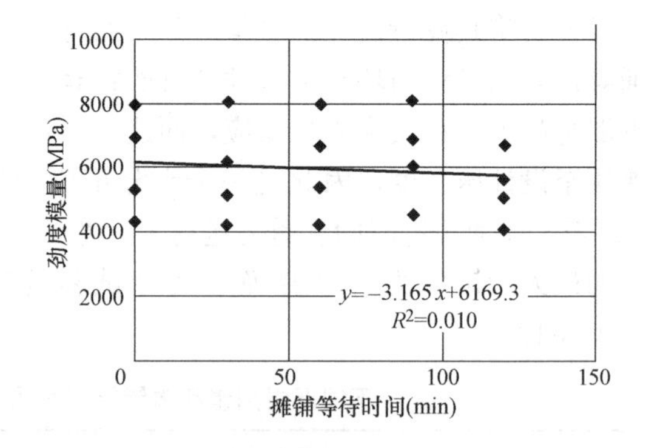

图 3-18　劲度模量随摊铺等待时间变化图

从图 3-17 可以看出，劲度模量 S_B 与沥青用量有着很好的线性关系，但与摊铺等待时间的变化的关系并不是很明显，总体略呈下降趋势。

3.4.2 疲劳试验方案

我国《公路沥青路面设计规范》JTG D50—2017 中容许拉应力指标采用的是 15℃的参考值，参照国内外的研究成果，本次小梁弯曲疲劳试验采用 15℃作为试验温度；加载频率为 10Hz，半正弦波。荷载大小选取 0.3、0.5、0.7 三个倍数作为试验变量，即指σ_t/σ。

选取四种沥青用量，即 5%，6%，7%和 8%；另外对于环氧沥青，摊铺等待时间是特别需要重视的因素，它影响着环氧沥青混合料的路用性能，也是一个综合指标。另外空隙率在许多研究中都被列为一个影响因素，但在矿料级配一定的情况下，空隙率的形成主要由沥青用量和施工质量决定，摊铺等待时间能够综合反映施工质量[11]，所以在本次环氧沥青混合料的研究中不单列空隙率作为一个影响因素。

试验采用全面设计，全面设计表见表 3-14。在本书接下来的叙述中，将应力比范围 0.3～0.7 倍，沥青用量范围 5%～8%，以及摊铺等待时间范围 0～120min，总称为“既定条件范围”。

全面设计表 表 3-14

	因素	变化程度				
内部因素	T_w(min)	0	30	60	90	120
	AC(%)	5.0	6.0	7.0	8.0	—
外部因素	σ_t/σ	0.3	0.5	0.7	—	—

疲劳破坏判断标准为：小梁完全断裂，MTS 传感器中力的数值出现大幅下降的时刻为止。值得注意的是在试验结束时，需设定 MTS 压头下降自动停止程序，以保护夹具与仪器。

3.4.3 疲劳试验结果

由于采用的是应力控制，再者混合料小梁的稳定度很高，说明其具有很大的刚度，故疲劳试验结束条件选取以梁的完全断裂为标准。从图 3-19 可以清晰地看出，试验结束后小梁已完全破坏，并且表现出十分刚性的破坏。

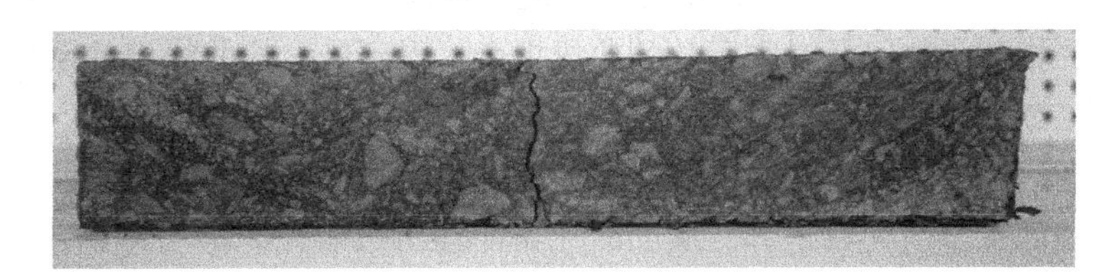

图 3-19 小梁疲劳破坏正面图

根据既定设置，记录整个试验过程的混合料疲劳破坏次数，试验数据如表 3-15 所示（其中部分数据取自上一节中的预备性试验的有效数据部分）。

不同应力比、沥青用量和摊铺等待时间下的疲劳试验结果　　表 3-15

编号	σ_t/σ	AC	T_w	疲劳次数	编号	σ_t/σ	AC	T_w	疲劳次数	编号	σ_t/σ	AC	T_w	疲劳次数
1	0.3	5.0	0	13330	21	0.5	5.0	0	5420	41	0.7	5.0	0	1180
2			30	13240	22			30	5330	42			30	1100
3			60	13020	23			60	5420	43			60	980
4			90	7630	24			90	4430	44			90	410
5			120	3330	25			120	3210	45			120	170
6		6.0	0	16230	26		6.0	0	7270	46		6.0	0	1490
7			30	16290	27			30	7390	47			30	1590
8			60	16280	28			60	7560	48			60	1550
9			90	8880	29			90	5280	49			90	860
10			120	4130	30			120	2370	50			120	230
11		7.0	0	20350	31		7.0	0	7020	51		7.0	0	1710
12			30	20830	32			30	7530	52			30	1610
13			60	20880	33			60	7580	53			60	1640
14			90	11210	34			90	6210	54			90	1020
15			120	4720	35			120	4320	55			120	250
16		8.0	0	20350	36		8.0	0	8020	56		8.0	0	1890
17			30	20830	37			30	8530	57			30	1860
18			60	20880	38			60	8580	58			60	1810
19			90	11210	39			90	7210	59			90	920
20			120	5820	40			120	3510	60			120	300

3.5 试验结果的分析与疲劳行为方程

3.5.1 单一因素的影响

根据试验结果，分别按三个应力比、四个沥青用量和五个摊铺等待时间与疲劳次数（N_f）的单对数做散点关系图，并采用最小二乘法对各个指标与疲劳次数的关系进行了多项式、幂函数、指数函数以及对数函数的曲线拟合，得到最大的曲线相关系数的曲线分别如图 3-20～图 3-22 所示。

虽然三个曲线的相关系数并不是很高，但这是由于同一横坐标下的变量过多造成，故这并不影响曲线的拟合的大致走势。从上面三条曲线可以看出，疲劳寿命的以 10 为底的对数与应力比呈幂函数关系，与沥青用量、摊铺等待时间都呈指数关系，则疲劳寿命也与之呈相应的关系，则可初步判断其疲劳寿命随应力比增大而减小，随沥青用量的增大而增大。值得注意的是，图 3-22 中，存在一个最佳的摊铺等待时间 t_X，在这个时间点之前，疲劳寿命基本变化不大，越过某个特定的时间点 t_X 之后随摊铺等待时间的增大而减小。

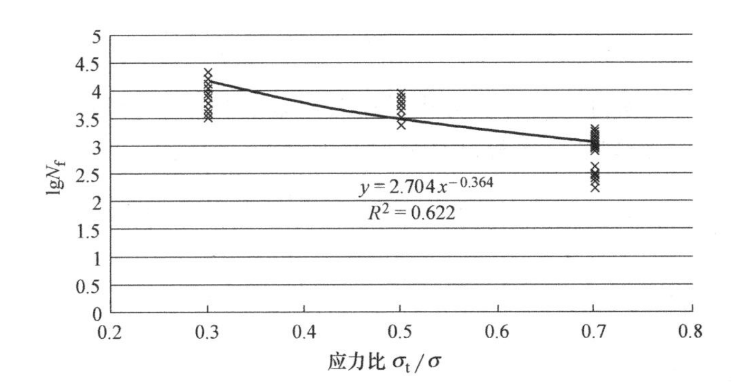

图 3-20　疲劳寿命（对数）随应力比变化曲线

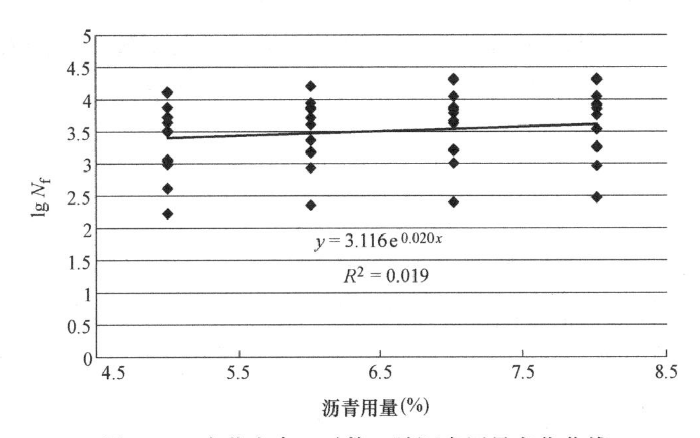

图 3-21　疲劳寿命（对数）随沥青用量变化曲线

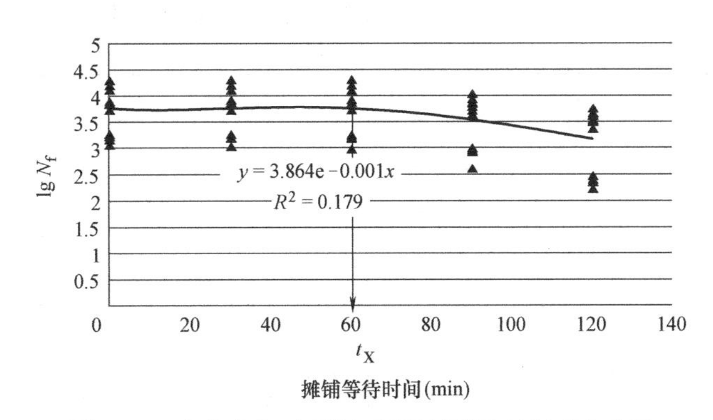

图 3-22　疲劳寿命（对数）随摊铺等待时间变化曲线

关于 t_X 的研究，研究者在文献［8］中有较为详细的论述。

3.5.2　疲劳方程的回归

对比 Harvey 等对控制应变疲劳试验结果得到的回归方程，其方程在单因素（沥青用量、空隙率和应变大小）下的拟合关系分别为指数、指数、幂的关系，与本次研究得到的关系类似，基于此将由本次研究的三种单因素整合到一个公式中进行多维拟合，建立回归方程：

$$N_f = a \cdot 10^b e^{cAC - dT_1} \left(\frac{\sigma_t}{\sigma}\right)^e \tag{3-4}$$

在后来的研究中，实施证明此类方程是比较有效的预估混合料疲劳寿命的方程形式，经过 1stOpt 编程拟合得到各个参数，结果如下：

$$N_f = 2.412 \times 10^{2.442} e^{0.144AC - 0.007T_w} \left(\frac{\sigma_t}{\sigma}\right)^{-2.044} (R^2 = 0.931) \tag{3-5}$$

式中 N_f——疲劳寿命（次）；

σ_t/σ——应力比，无量纲；

AC——沥青用量（%）；

T_w——摊铺等待时间（min）；

e——自然对数。

可见沥青混合料疲劳寿命与应变水平、沥青用量以及摊铺等待时间有较好的相关性，总体而言，在“既定条件范围”内，应力比越小，沥青用量越大，摊铺等待时间不超过某个特定的值则疲劳寿命越长。

3.5.3 行为方程的验证

作为疲劳行为方程，就应该具有预估疲劳的功能。以下按同样的方法成型小梁，设计了 12 组非常规点（其中包括 7 组超出“既定条件范围”）作为疲劳方程的验证试验，试验条件、参数和验证结果见表 3-16。

验证试验结果 **表 3-16**

编号	超出方程验证范围	σ_t/σ	AC(%)	T_w (min)	弯曲劲度模量 S_B(MPa)	计算疲劳次数 N_{fC}	实测疲劳次数 N_{fT}	计算值与实测值之差 $\delta = N_{fC} - N_{fT}$	差率 $V = \delta / N_{fC}$
A1	超出	0.06	4.1	12	6926.94	348147.1	$>10^6$	—	—
A2	超出	0.1	4.3	25	8050.78	115157.1	$>10^6$	—	—
A3	超出	**0.23**	4.8	35	7964.21	21027.5	25260	4232.49	0.17
A4	未超	0.35	5.8	55	6363.87	8949.9	6230	−2719.97	−0.43
A5	未超	0.42	6.4	61	6146.74	6445.5	6240	−205.52	−0.03
A6	未超	0.48	6.2	68	6461.45	4538.7	4720	181.28	0.04
A7	未超	0.55	6.3	70	6226.8	3437.6	3560	122.33	0.03
A8	未超	0.67	7.2	85	5374.49	2353.7	2100	−253.7	−0.12
A9	超出	0.82	9.2	105	3189.24	1805.8	560	−1245.88	−2.22
A10	超出	0.93	9.4	115	3275.89	1339.8	10	−1329.83	−132.98
A11	超出	0.9	7.8	76	4303.73	1495.0	120	−1375.06	−11.45
A12	超出	0.17	7.7	56	4926.94	51126.0	$>10^6$	—	—

从表中的差率值可以看出，大部分超出了“既定条件范围”的小梁疲劳寿命与计算值相差很远，仅有黑体字表示的 A3 号试件验算结果尚可接受。这是由于在很低（小于 0.2）的应力比和较高的沥青用量的情况下，环氧沥青混合料的疲劳性能十分优异，MTS 试验

机极限疲劳加载次数为保护仪器而不允许过高的数值，使得环氧沥青混合料的室内疲劳寿命根本无法测得，并且沥青用量如果太高也会超出混合料的空隙率下限；其次，在应力比很高（大于0.8）的情况下，试验机与夹具之间的应力集中会导致具有高模量的环氧沥青混合料发生瞬间脆断，而这种脆断不属于疲劳破坏的范畴；相反，没有超出“既定条件范围”的小梁试件的疲劳试验具有很好的复现性。

综合以上验证的情况可以看出，式（3-5）仍只适用于“既定条件范围”之内的疲劳次数预估。

3.6 小结

（1）环氧沥青混合料具有很高的劲度模量，经过初步试验亦验证了应变控制疲劳试验是不可取的；

（2）环氧沥青混合料小梁的力学性质方面，抗弯拉应力与沥青用量的变化的关系不显著，劲度模量 S_B 与沥青用量有着很好的线性关系；

（3）提出了三个影响疲劳性能的因素，疲劳寿命与应力比、沥青用量以及摊铺等待时间，它们与疲劳性能的关系分别为：随应力比增大而减小，随沥青用量的增大而增大，越过某个特定的时间点 t_X 之后随摊铺等待时间的增大而减小，其10为底的对数与三个因素分别呈幂函数、指数和指数关系；

（4）多维拟合后的疲劳行为方程为 $N_f=2.412\times10^{2.442}e^{0.144AC-0.007T_w}\left(\frac{\sigma_t}{\sigma}\right)^{-2.044}$，并经过验证，此方程的适用范围为应力比在0.3～0.7以内，沥青用量在5%～8%以内，以及摊铺等待时间在0～120min以内。

参考文献

[1] 黄卫，刘振清．大跨径钢桥面铺装设计理论与方法研究［J］．土木工程学报，2005，38（1）．51-59.

[2] 黄明，黄卫东．环氧沥青固化剂的一些相关问题研究［J］．重庆交通大学学报（自然科学版），2009，28（5）：883-886.

[3] Lay，Mag G，Metcalf，John B．Research into Practice-The ARRB View［C］．Conference Papers-5th International Asphalt Conference．1983：C1.1-C1.10.

[4] Fondriest F F，Snyder M J．Paving Practices for Wearing Surfaces on Orthotropic Steel Bridge Decks-Addendum Report［J］．Bond Strength，1971，10（20）：19-44.

[5] W．Haifang．Fatigue performance evaluation of WesTrack asphalt mixtures based on viscoelastic analysis of indirect tensile test［D］．North Carolina State University，2002.

[6] K．A．Ghuzlan．Fatigue damage analysis in asphalt concrete mixtures based upon dissipated energy concepts［D］．University of Illinois at Urbana-Champaign，2001.

[7] Read J．Whiteoak D．The Shell Bitumen Handbook-5th edition［M］．London：Thomas Telford Ltd，2003.

[8] 黄卫，钱振东，程刚．大跨径钢桥面环氧沥青混凝土铺装研究［J］．科学通报，2002，47（24）：

56-59.

[9] 高川. 橡胶沥青混合料疲劳性能的研究 [D]. 上海：同济大学，2008.

[10] 黄明，黄卫东. 摊铺等待时间对环氧沥青混合料性能的影响 [J]. 建筑材料学报，2012，2 (1)：126-129.

[11] 黄明. 考虑多因素的沥青混合料疲劳性能评价与对比 [D]. 上海：同济大学，2013.

第4章　改进型的多功能油性环氧沥青的研发过程与性能检测指标

4.1　环氧沥青固化机理

对当前稳定的产品型环氧沥青进行改进，需要在保证其性能不下降（或少下降）的同时提高其施工可操作性，或是降低其成本，拓展其用途和使用范围。在改进的过程中，首先需要的即是环氧沥青中固化体系的发生过程。沥青的化学结构一直是石油化学领域中的一个谜，沥青中结构最为复杂、性质最为活泼的是沥青质，数个研究沥青质的著名学者对各阶段沥青质结构研究的结果进行了精彩的概括和评论[1]。虽然利用各种物理和化学的方法进行了大量的研究，结果却是至今仍不清楚沥青质的确切分子结构，大多数的结果都是推测性的。考虑到为了用到沥青里有效提高沥青及混合料的路用性能，就必须对复杂的固化过程做细致的了解。

以环氧树脂和固化剂为主要成分，经配方设计而组成的未固化体系称为环氧树脂固化体系，该体系内可含有或不含其他添加剂（助剂）。环氧树脂固化体系经交联固化而形成的三维网络结构的宏观固体物质（或交联网状结构固体物），称为环氧树脂固化物（简称固化物）[2]。

（1）环氧基的反应活性

环氧基是分子链末端由两个碳原子和一个氧原子组成的三元环。环氧基三元环的两个碳原子和一个氧原子在同一平面上，使环氧基有共振性。反应性相当活泼，C—O 键极易断裂，使环氧基开环，使环氧树脂分子进行纵向连接。

（2）羟基的反应活性

羟基即环氧树脂结构式中的—OH 基团，羟基的存在对环氧树脂的固化反应和环氧树脂的化学改性起着重要作用。羟基进行的醚化共缩聚反应、仲羟基与羧基进行酯化共缩聚反应、仲羟基与异氰酸酯化合加成反应都会形成空间网状结构，产生不断的横向连接，从而形成超级大分子。

上述的两种反应基团即是环氧树脂的交联键，环氧树脂分子与分子可以延长交联，还可以分子链之间纵向交联，也可以分子链之间横向交联，形成纵横交错的网状结构。环氧树脂分子之间的交联，是以一种不规则的形式存在，为了便于分析，可将其理想化，以图 4-1 所示的规则形式来表示，它是在平面内的环氧树脂分子交联网。

分子的交联网进一步立体发展，环氧树脂分子中的环氧基和羟基固化反应的活性节点继续反应。所以，以图 4-2 所示的形式表示理想化的环氧树脂分子交联空间网络。

交联后的环氧树脂状态将发生变化。交联环氧树脂比未交联的环氧树脂抗张强度大，定伸强度高，而伸长率小，并失去了可溶性而只有有限的溶胀。交联后的物质宏观表现出很强的韧性。

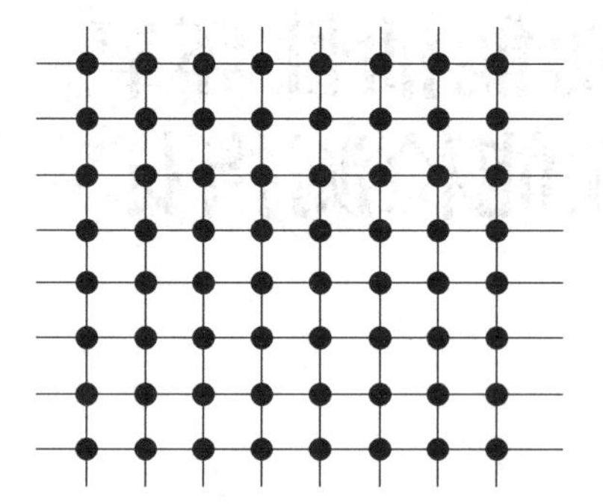

图 4-1 环氧树脂分子交联网示意图

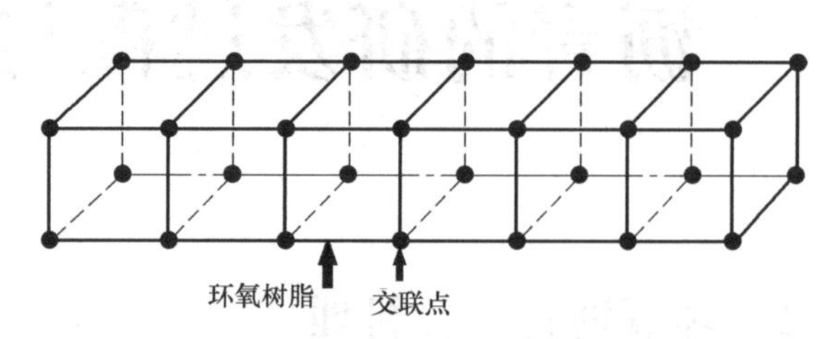

图 4-2 理想化环氧树脂分子交联空间网示意图

从分子式的角度，可以推断环氧固化物具有的特点：

(1) 形式多样——选用不同类型的环氧树脂，可以适合各种场合的要求；

(2) 固化体系范围广——环氧树脂种类丰富，固化温度范围较宽，使环氧树脂体系选择自由度很大；

(3) 粘结力强——一方面，环氧树脂固有的极性基团，如羟基（—OH）、醚键（—O—）等，以及固化剂、添加剂中的某些有益基团对粘结性能有巨大贡献；另一方面，环氧树脂固化时没有副产物放出，收缩率小，体系残余应力小，对环氧树脂的粘接性能也有一定的贡献，从而使环氧树脂具有较高的粘接强度；

(4) 力学性能好——环氧树脂体系内聚力很高，表现为宏观的力学性能很好，常常被用作结构材料；

(5) 电性能好——环氧树脂在较宽的频率范围和温度范围内具有高的介电性能，耐表面漏电性能和耐电弧性能，常用作电器、高压电容的绝缘材料，在通信材料方面也有一定的应用；

(6) 耐化学介质和耐霉菌性能——适当选择环氧树脂品种和固化剂，使得环氧树脂固化体系具有优良的耐化学介质和耐霉菌性能，在汽车、船舶、飞机底漆方面广泛用作涂料；

(7) 原料来源广泛——生产环氧树脂及固化剂的原材料是石油化工工业中的常见产品。

虽然环氧树脂的固化过程十分复杂，但大致可以分为两类：一类是与含活泼氢原子的化合物即固化剂按加成聚合反应形成固化结构；另一类是在催化剂的作用下，按离子反应机理使环氧基连锁开环聚成固化结构。含活泼氢固化剂又可分为碱性化合物（如伯胺、仲胺、酰胺等）和酸性化合物（如羧酸及酐、酚、醇等）。催化型固化剂又可分为叔胺类路易斯碱和 BF_3 类路易斯碱。下面就具体介绍下含活泼氢的化合物固化剂的加成聚合反应过程。

环氧树脂的固化过程都是液体低聚物先胶凝化，接着玻璃化，最后形成交联结构固化物。中间过程是分子链首先呈直链状增长，后产生支链，再发生交联出现的胶凝。我们通常使用的都是环氧固化物在玻璃态时的性能。

沥青质是根据溶解度定义和分离的一类物质，在组成上没有选择性。不同来源的沥青质在组成上可能相差无几，也可能大相径庭，这就是沥青性质跟产地有着密切关系的原因。显然这种操作性的定义决定了沥青质的组成、结构和存在的形态的复杂性。

作者参阅文献对沥青进行了顺酐化处理。所谓顺酐化即用顺丁烯二酸酐作为改性剂添加到沥青里。顺酐就是一种与沥青有很好相容性的酸酐固化剂，是非常具有代表性的一种酸酐，固化过程是大多数加成聚合反应过程所共有的，下面就用沥青的顺酐化为代表来简单说明一下本书采用的酸酐类固化剂的整个固化过程。在一些文献里，顺酐化也被称为马来酸化，顺酐改性沥青的化学原理，反应机理如下所述：

马来酸酐一方面有碳碳双键，具有参与自由基和光化学反应的能力；另一方面其酸酐基团可以和含有活泼氢的一些分子反应等。所以，马来酸酐化在聚合物设计中有着广泛的应用。一些研究者利用顺酐改性沥青来提高普通沥青的软化点、降低温度敏感性等。虽然其反应机理尚不明确，但是一般来说趋向于认为是二者之间发生了 Diels-Alder 反应，如图 4-3 所示。

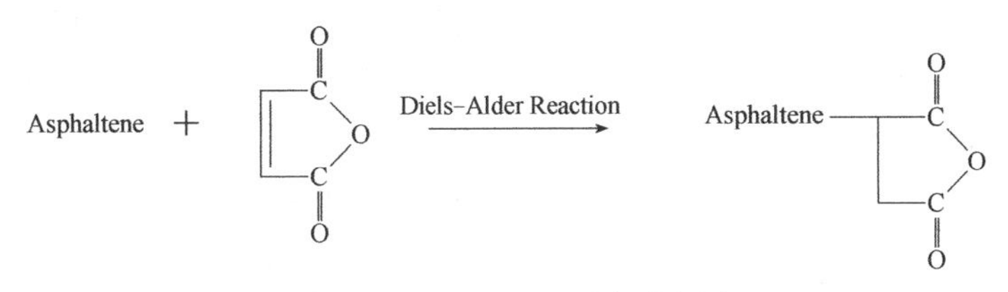

图 4-3 Diels-Alder 反应示意图

从反应式可以看到，沥青质作为一个基团加入到不饱和碳链上，顺酐中的酸酐键始终不会消失，前后所处环境不同，反应在各种图谱上就会有一定的偏移，加成后的酸酐基团与沥青质一起与环氧树脂反应，这样形成的结构就具有很强的内聚力。但 Diels-Alder 反应温度要求很高，而沥青的加温却只能在 100～230℃之间，综合考虑我们将基质沥青与顺酐在 150℃条件反应 6h 进行顺酐化处理。

顺酐化后的沥青与环氧树脂反应，首先是顺酐化的沥青和其他的酸酐固化剂在路易斯碱（叔胺类化合物）的催化下，酸酐键打开形成羧酸负离子，而后环氧基被该负离子打开，形成氧负离子，氧负离子继续同环氧基反应，最终因为这两种反应几乎同时发生，产物相互叠加、纠缠，所以最终形成的实际上是一种立体互穿的聚合物网络。不仅形成了三维的互穿网络结构，而且最终固化物的分子主链上含有较多的芳环，所以可以提供较大的强度，可以通过改变顺酐化的程度和配方调节来控制交联程度，以形成强度和弹性都满足要求的环氧沥青。

从以上的固化机理可以看出，顺酐本身是可以做固化剂使用的，但其作为固化剂使用效果不甚良好。其混合料的拌合温度、劈裂强度、马歇尔稳定度与美国专利的环氧沥青混合料强度值对比见表 4-1。

顺酐化沥青与 ChemCo 环氧沥青混合料强度对比表　　　表 4-1

	反应温度(℃)	劈裂强度(kN)	马歇尔稳定度(kN)
顺酐化沥青	165	15	12
ChemCo	118	34	44

虽然顺酐能够与环氧树脂反应并在沥青体系中形成空间网状固化结构，但其强度很

低，也就是说，仅仅是顺酐是不够的，所以试验需根据工程经验和化工理论选取另外的固化剂以及必要的其他添加剂。

4.2 环氧沥青结合料设计与施工（改进型的多功能油性环氧沥青）

常见的环氧沥青是由沥青、环氧树脂、固化剂以及其他添加剂等多种材料配合而成，因而影响环氧沥青性能的因素很多，采用不同的材料所得到的环氧沥青性能相差较大。而环氧沥青的性能很大程度上受固化剂选择的影响，由于采用一般的固化剂固化后环氧树脂在力学性能上表现为明显的脆性，韧性较差，因此需要对环氧树脂体系采取柔化措施。此外，选择的固化剂还要满足拌合、运输、摊铺和碾压等施工工艺要求。

本次研究首先是确定环氧沥青中环氧树脂与沥青的选择，再分析不同的固化剂与沥青的适用性，在众多环氧固化剂中选取较为合适的几种作为接下来研发的对象，并根据不同的施工条件进行细化研究，确定其最佳拌合温度、最佳用量、施工可操作时间。由于可用于固化反应的化合物众多，本次研究采用种类穷举法的原则，将在众多的固化体系中选取适合道路建设铺面用的种类，并对其重点种类固化剂进行深入研究。从以上诸多问题出发考虑，最终将本次试验的结合料设计思路分为以下五个步骤：

（1）根据固化剂甄选原则，选取多种固化体系加入沥青内进行试验；

（2）淘汰不适宜用在沥青混合料的固化剂，选出适合的几种继续下一步试验；

（3）用差热分析法测算出甄选后的几种固化剂的最佳固化温度；

（4）用黏度评价结合化学计算的方法测算固化剂与添加剂的最佳用量；

（5）找出合理的方法评价整个固化过程的固化效果以找准最佳固化时间。

4.2.1 沥青选择

沥青是结合料中分量最多的一部分，与环氧树脂拌合需考虑其相容性问题[3]。各种沥青的极性相差不大，鉴于研发产品中要加入介质与一些活性稀释剂作为中间材料，所以沥青的选择仅限于为了维持成本与保证试验的普适性，一般采用 70 号沥青即可。

4.2.2 环氧树脂选择

环氧沥青作为结合料，和规定级配的矿料在一定温度下进行搅拌而成的环氧沥青混合料，经过摊铺和压实而形成道面或桥面的铺装层[4]。因此，这种铺装材料首先要满足道面或桥面路用性能，即满足高温稳定性能、疲劳性能、水稳定性以及耐老化性能等，这些路用性能与作为结合料的环氧沥青的性能是密不可分的。此外，为了保证材料能够和矿料较为均匀地拌合，并能够顺利地进行运输、卸料、摊铺和碾压，因此环氧沥青混合料还要保证具有较好的施工性能。最后，价格低廉也是开发材料需要考虑的因素。因此，环氧乳化沥青的研制开发需要考虑路用性能、施工和易性能及经济等方面因素。

路用性能中的高温稳定性能，要求作为结合料的环氧沥青应该具有一定的强度和温度稳定性。为防止路面的开裂，要求环氧沥青混凝土有一定的抗裂能力，也即环氧乳化沥青应该有适当的韧性，因此应该保证环氧沥青和矿料具有良好的粘结性能。此外，环氧沥青的抗老化性能对延长沥青混凝土的使用性能和寿命也有着很大的影响。

施工和易性能中的拌合、运输、摊铺和碾压等一系列工序都要求环氧沥青具有适当的黏度，黏度过高，混合料不易搅拌均匀，同时摊铺、碾压后也难以保证路面的压实度达到要求；黏度太小，则会导致沥青与矿料粘附性差，产生离析现象。此外，由于环氧沥青混合料是热固性材料，在沥青中固化剂与环氧树脂混合以后，必须在规定时间内完成拌合、运输、摊铺和碾压全过程，否则混合料一旦固化，同样将无法压实，材料将完全报废。因此，适当的固化反应时间也非常重要。

环氧沥青铺面具有较高的强度源自环氧沥青中的环氧固化物成分，固化物是环氧树脂与固化剂在特定的环境、温度、催化等条件下产生化学变化所形成的。环氧乳化沥青中的环氧树脂要求在成本适中且可控的情况下，考虑到施工和易性做到常温黏度越低越好。目前缩水甘油醚类中的双酚 A 型环氧树脂是环氧树脂家族中应用较广的一个产品[5]。双酚 A 型环氧树脂通式如图 4-4 所示。

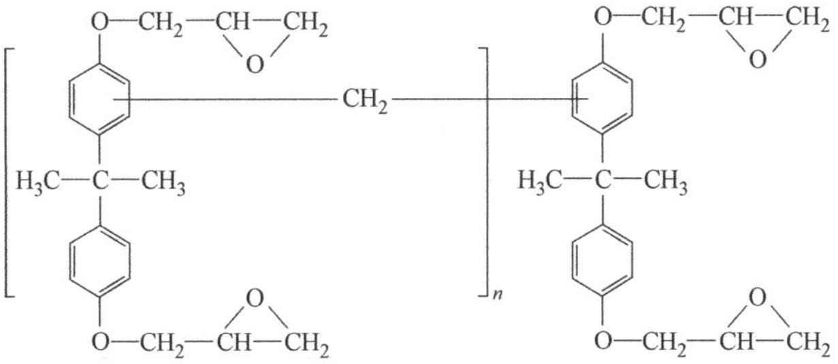

图 4-4 双酚 A 型环氧树脂

双酚 A 型环氧树脂，又名二酚基丙烷缩水甘油醚。因为它的原材料易得，成本最低，产量最大，在我国约占环氧树脂总产量的 90%，在世界约占环氧树脂总产量的 75%～80%。双酚 A 型环氧树脂也有多种型号，其中一种型号为 E-51，它是二步法生产，副反应少，质量好且稳定，产率高，本书中自主研发过程首选了 E-51。图 4-4 的环氧树脂结构式即为 E-51 的结构式，从图中可以分析出 E-51 中各官能团所具有的大致特性：

（1）大分子的两端是有反应性很强的环氧基；

（2）主链上有许多醚键，随着 n 值的增大形成线性聚醚结构，由醚键的性能可知 E-51 也具有很强的耐药品腐蚀性；

（3）长链上有规律、相距较远地出现许多仲羟基，是一种长链多元醇结构，这使得 E-51 能够有很强的反应接著性；

（4）主链上大量的苯环、次甲基和异丙基使得 E-51 具有很强的耐热性与韧性。

除了具有以上化学性能之外，E-51 环氧树脂在常温下具有很好的流动性，实测 25℃ 黏度为 2.2Pa・s，可操作性强，且透明、无毒性。表 4-2～表 4-4 为我国国产 E-51 环氧树脂的物理和化学性能，图 4-5 中展示了本次研究所采用的 E-51 环氧树脂的外观。

图 4-5 本次试验用 E-51 牌号环氧树脂外观

在一般的双组分环氧沥青中，环氧树脂将作为 A 组分，沥青与固化剂及其他添加剂作为 B 组分，两者在拌合时添加在一起。环氧树脂的可选择范围实际不大，主要的选取原则为具有较高的纯度，耐存储，施工和易性和最终强度满足要求。

E-51 型环氧树脂的主要化学性能 **表 4-2**

黏度(23℃)(mPa·s)	环氧当量(g/eq)*	密度(23℃)(g/cm^3)	有机改性剂或溶剂
11000～14000	211～290	≤1.10	含活性剂和有机溶剂

* 环氧当量是指含有一当量环氧基的环氧树脂克数，即环氧树脂的平均分子量除以每一分子所含环氧基数量的值，由此可计算出环氧树脂所需固化剂的用量。

E-51 型环氧树脂的次要性能 **表 4-3**

密度(23℃)(g/cm^3)	添加剂	特征
≤1.10	无	具有规定燃烧性的材料

我国 E-51 型环氧树脂的企业通用质量标准 **表 4-4**

型号	企业型号	环氧当量(g/eq)	环氧值(eq/100g)	黏度(25℃)(Pa·s)
E-51	618	185～208	0.48～0.54	≤2.5
软化点(℃)	色泽号	有机氯值(eq/100g)	挥发分(%)	无机氯值(eq/100g)
—	≤2	0.02	≤2	0.001

4.2.3 固化剂与助剂选择

除了环氧树脂之外，固化体系中更为重要的是固化剂，且固化剂的种类繁多，由上文可知，按分子结构环氧树脂固化剂可分为碱性固化剂，如多元胺、改性脂肪胺、胺类加成物；酸性固化剂，如酸酐类；合成树脂类，如含活性基因的聚酰胺、聚酯树脂、酚醛树脂等[6]。各种固化剂的固化温度不同，形成的固化物耐热性也有很大不同，故固化剂的选取首先要考虑固化温度。对于加成聚合型固化剂，固化温度和耐热性按下列顺序：

脂肪族多胺<脂环族多胺<芳香族多胺≈酚醛<酸酐

另外，酸酐类固化剂的黏度较低，在常温下多为液态，更加适宜与沥青拌合[7]。固化剂的黏度关系到固化剂占 B 组分的比重（市面上常见的环氧沥青称沥青与固化剂混合物称为 B 组分，双酚 A 型环氧树脂单独作为 A 组分）。

因为固化剂在 B 组分中不仅起到与树脂反应生产固化物的作用，也起到了降黏的作用。因为有固化剂的存在，沥青-固化剂 B 组分混合物的黏度降低，沥青的软化点随之降低，针入度降低，最佳拌合温度也随之降低。

为了得到 A、B 组分的最佳拌合温度，通过大量的试验作出各类 B 组分的黏温曲线图，以 0.28Pa·s 作为最佳拌合黏度，表 4-5 为根据 B 组分的黏温曲线得到的最佳拌合温度。

三种固化剂的对比　　表 4-5

固化剂	室温黏度(mPa・s)	固化剂最佳固化温度(℃)	最佳拌合温度(℃)	前面两者温度差值(绝对值)(℃)
酸酐类	0.0023	120	105	15
聚酰胺类	130.22	45	150	105
潜伏性改性胺类	12.33	80	128	48

从最佳固化温度与最佳拌合温度的差值来看，酸酐类是最佳的选择。

值得一提的是，本书将会用大量的篇幅区分油性环氧沥青和水性环氧沥青，这里对它们进行区分的最重要依据就是固化剂是否能溶在水包围的环境中。在沥青和混合料的试验中，通常是无法区分高分子材料的极性，我们将可以与通过乳化或是发泡的方式最终能在有水的环境中稳定存在、强度增长的固化剂称为水性固化剂，反之则称为油性固化剂。

本书中涉及改进型的多功能油性环氧沥青包括了油性环氧沥青混合料和水性环氧沥青混合料，不同的试验研究所需的固化体系也不相同，因此要通过试验选择合适的固化剂，并通过采用马歇尔试验表征混合料试件的强度和变形能力，和试件成型或者拌合过程评价固化剂的优劣，同时确定其是属于油性还是水性。

1. 试验 1

根据固化剂选择原则，本书在碱性固化剂里选了一种 G1、中温油性胺，合成树脂里选用了聚酰胺三种，J1、J2、J3，酸性固化剂高温酸酐 1、高温酸酐 2，还选了改性胺常温型某胺与潜伏性改性胺 Q1，一共 9 种固化剂。具体指标见表 4-6～表 4-8。

聚酰胺类　　表 4-6

技术指标		胺值(mgKOH/g)	黏度(mPa・s/75℃)	色号(号)	活泼氢当量
固化剂类型	J1	230～260	3000～4000	≤10	200
	J2	330～360	700～1000	≤10	200
	J3	230～260	4000～5000	≤10	200

胺类　　表 4-7

技术指标		胺值(mgKOH/g)	黏度(mPa・s/25℃)	色泽
固化剂类型	常温型某胺	230～260	1000～4000	深红
	中温油性胺	120～140	600～1300	无色
	Q1	250～280	2000～3500	无色
	G1	430～460	1500～1900	无色

酸酐类　　表 4-8

技术指标		酸值(mgKOH/g)	黏度(mPa・s/25℃)	外观
固化剂类型	高温酸酐 1	330～340	1000～4000	无色
	高温酸酐 2	360～380	1000～3400	无色

为了做一个简单快捷的评价，笔者根据提供的拌合温度和条件，将 9 种固化剂与 E-51、70 号沥青作为结合料加入适当级配的集料制作成马歇尔试件，每种固化体系做 4 个

马歇尔试件，记录试验过程，目测其固化效果，并检测马歇尔稳定度和流值。

表 4-9 是马歇尔试验结果，图 4-6 中标出了稳定度的数值。

各固化剂按混合料的马歇尔试验结果　　表 4-9

试件编号	胺类				酸酐类		聚酰胺		
	常温型某胺	中温油性胺	Q1	G1	高温酸酐 1	高温酸酐 2	J1	J2	J3
	稳定度(kN)								
1	34.21	9.22	11.20	32.12	28.23	40.72	10.22	10.98	7.43
2	32.33	10.32	12.26	34.23	24.45	48.56	8.86	8.45	7.11
3	35.12	8.39	10.52	35.92	26.78	38.61	14.08	13.66	16.43
4	31.59	8.22	14.51	36.20	30.45	44.86	10.48	13.45	12.45
均值	33.31	9.04	12.12	34.61	27.48	43.19	10.91	11.64	10.86
	流值(0.1mm)								
1	21.4	23.2	31.2	34.5	20.2	24.0	24.2	15.3	16.9
2	25.3	17.2	33.4	39.3	29.2	23.7	18.8	30.2	20.4
3	26.4	19.8	32.9	35.2	23.4	23.8	20.8	25.5	24.3
4	24.9	20.2	33.6	36.2	25.2	24.3	30.8	26.4	30.4
均值	24.5	20.1	32.8	36.3	24.5	23.9	23.7	24.3	23.0

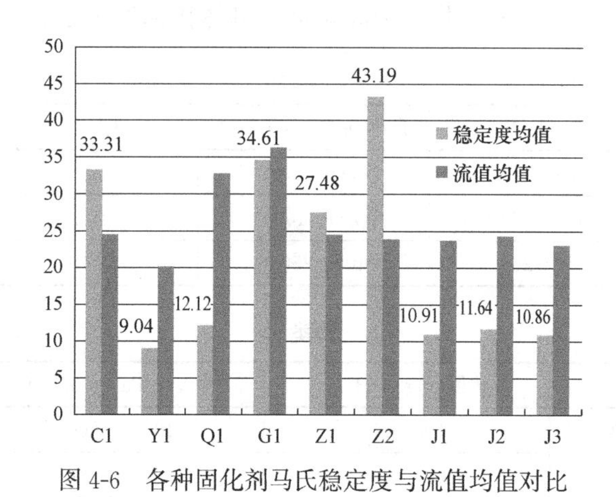

图 4-6　各种固化剂马氏稳定度与流值均值对比

试验过程中，潜伏性改性胺 Q1 混合料反应速度极慢，测得的马歇尔稳定度和流值是在 1 个月之后，且拌合过程中烟雾极大，伴随很大的臭味，虽然其稳定度能够达到 12.12kN，但考虑到环境污染和施工人员身体健康问题，放弃潜伏性改性胺 Q1；胺类固化剂 G1 混合料的反应速度过快，强度在 10min 内已经形成，从拌合到击实成型时间上衔接不好，拌合完成后出的料呈现出干涩状，并且还会在很短的时间内有出现混合料结块的情况，又由于 G1 固化体系必须是在高温固化，所以只能放弃这条思路；聚酰胺类 J1、J2、J3 固化剂固化现象大同小异，其固化温度要求在 40～60℃，而沥青软化至少都需要 135℃，在拌合过程中，只能将固化剂先加温降黏，再另加入拌锅内，不能与沥青搅拌在一起，而且固化反应过程也是很快，最终其马氏试件虽较普通沥青有不同程度的增加，但其拌合和击实过程是施工中不能达到的，与G1情况一样，最终也放弃。

最终剩余酸酐类的高温酸酐1、高温酸酐2和胺类的常温型某胺、中温油性胺四种固化剂。

在拌合、击实和检测整个过程中，高温酸酐1固化时间达到1h，且烟雾不大，常温下呈流淌状，有很好的施工特性，马歇尔稳定度能达到27kN左右，说明其固化效果很好；高温酸酐2固化时间也在1h左右，且烟雾不大，高温酸酐2固化剂常温下为液态，流淌性好，其混合料马氏稳定度达到43kN左右，是很好的热固性材料；常温型某胺是常温拌合，但不像聚酰胺J1、J2、J3那样常温下是固态，常温型某胺常温下是流淌状，搅拌过程中是将常温型某胺通过溶剂拌入沥青中，再在0～40℃的状态下拌合击实成型，中温油性胺在常温下也是流淌状，它最大的特点是拌合加温仅需80～110℃，拌合后施工可操作时间很长，虽然马氏稳定度不是很高（9.04kN），这是由于固化反应有快有慢，但48h固化后的稳定度可达14.68kN，拟作为温拌环氧沥青。

高温酸酐1、高温酸酐2为酸酐类的，常温型某胺与中温油性胺为胺类，且四种固化剂均无毒。高温酸酐1、高温酸酐2的室温黏度在100～400mPa·s之间，固化条件均为120℃，2～4h。常温型某胺，中温油性胺为胺类固化剂，常温下都是液体，黏度在100～500mPa·s之间。另一方面，从分子结构上说，高温酸酐1、高温酸酐2具有很好的非极性，既有很好的与沥青相容的性能，又增强了固化物的耐候性。

差热分析（Differential Thermal Analysis，简称DTA）是材料学研究中测定物质加热（或冷却）时伴随其物理、化学变化的同时所产生热效应的一种方法。环氧树脂固化过程中的三大要素：温度、时间、压力均可通过差热分析仪选择和控制，为了准确掌握整个固化过程，本书还将选用的四种固化剂做了差热分析试验，加温速度为10℃/min，表4-10为试验结果。

固化温度与固化时间 **表4-10**

固化剂	反应温度	反应时间	停止固化时间	最佳固化范围	固化效果
高温酸酐1	80～126℃	4min 37s	9min	100～120℃	较好
高温酸酐2	90～133℃	4min 15s	8min	110～130℃	很好
常温型某胺	0～65℃	6min 30s	7min	20～45℃	很好
中温油性胺	50～112℃	6min 25s	11min	70～100℃	较好

从试验结果可以看出，酸酐类的高温酸酐1、高温酸酐2是高温固化剂，适合用于热拌沥青混凝土，沥青拌合的温度选取为120℃，常温型某胺属于常温固化剂，适合用于冷铺沥青，沥青拌合温度为即时常温；中温油性胺属于中温固化剂，适合用于温拌沥青，推荐拌合温度为80℃。

2. 试验2

本研究将遴选一种固化后能够达到一定强度而又有较长的适用期（固化时间）的固化剂，在市面上选择了一部分固化剂，经过筛选，满足一定强度和适用期要求的固化剂有：125、115、115-70、650（上海嘉定）、F100、J55、2053（江苏徐州）、D126（6005）（江苏连云港）、HO0023（辽宁沈阳）、未知某种油胺（江苏无锡）、粘结层固化剂（江苏句容）、水溶固化剂5、水溶固化剂7、水溶固化剂9（上海金山）、酸酐A和B。根据固化试验并结合厂家提供的信息得出表 4-11。

所用固化剂牌号与性质 **表 4-11**

所属固化剂类型	商品牌号	室温黏度(mPa·s)	胺值	常规用途	固化温度	固化时间	添加量(%)
聚酰胺	125	7000～12000	305～325	电子元件的粘接	常温	2.5h	10～20
	115	53000～14000	210～230	电子元件的粘接	常温	20h 左右	10～20
	115～70	5800～11800	140～160	—	常温	36h 左右	15～25
	650	5000～11000	180～220	—	常温	14h	10～20
	福斯乐固化剂	室温黏稠	—	地坪胶水	常温	30～60min	10～30
低温固化型多胺	F100	400～1000	170～250	地坪中底涂、灌封、防腐、胶粘剂	常温	40min	10～20
	J55	1000～4000	190～280	同上	常温	1h	15～25
	2053	300～800	200～280	地坪中底涂、灌封、胶粘剂	常温	1h	10～20
	HO0023	室温液态	—	—	常温	—	10～40
中温固化型多元胺	D126(6005)	室温液态	—	—	60℃	3h	—
	油胺	室温液态	104～210	—	90℃	24h 以上	20～40
酸酐	酸酐 A	固体	—	增韧固化剂	80～140℃	1～2h	0～10
	酸酐 B	固体	—	塑料工业-增塑	80～140℃	不单独使用	0～10

经过固化试验和黏度的判别试验可以得知，为获得较长的固化时间和使得固化物达到较高强度，比较适用的固化剂有多元胺类，可进一步研究的固化体系有 650、115、油胺的改性类等。常见的环氧改性方法是将固化剂及其他添加剂加入基质沥青中进行搅拌，混合物称为环氧沥青 B 组分，A 组分为环氧树脂，一般为双酚 A 型环氧树脂。图 4-7 展示了几种选用的固化剂。总体而言，固化剂种类繁多，而且合成的方法也在增多，研制的核

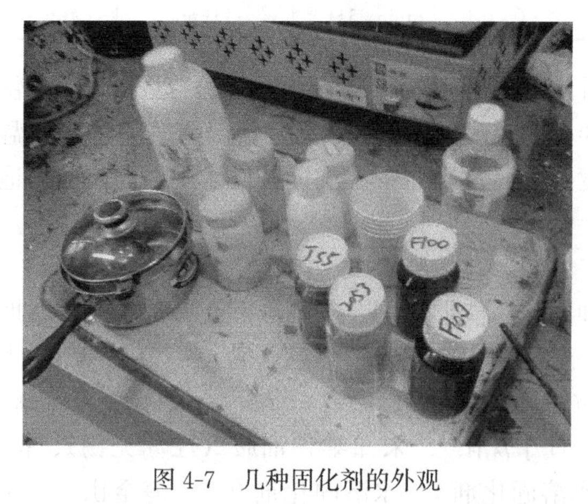

图 4-7　几种固化剂的外观

心即是一个不断寻找固化剂的过程，因此目前所找寻到的固化剂并非完美无缺，不排除随着化学工艺的发展，有更佳的固化体系适用于环氧沥青。

根据固化试验提供的拌合温度和条件，将 14 种固化剂与 E-51、沥青按文献提供方法制作马歇尔试件，每种固化体系制作 4 个马歇尔试件，记录试验过程，目测其固化效果，并检测马歇尔稳定度。目标空隙率为 4%，首先进行试击实确定材料的总用量，然后进行马歇尔试验。环氧沥青宜选用连续型级配，本次试验用级配选用 AC-13 型密级配中值，见表 4-12。

AC-13 混合料配合比 **表 4-12**

粒径(mm)	16	13.2	9.5	4.75	2.36	1.18	0.6	0.3	0.15	0.075
通过率(%)	100	92	71	50	33	20	14	9	7	5

前期性能试验亦采用马歇尔稳定度试验，如图 4-8 所示，图 4-9 中标出了环氧固化剂固化的沥青混合料马歇尔试件的稳定度的均值。

图 4-8 马歇尔稳定度试验

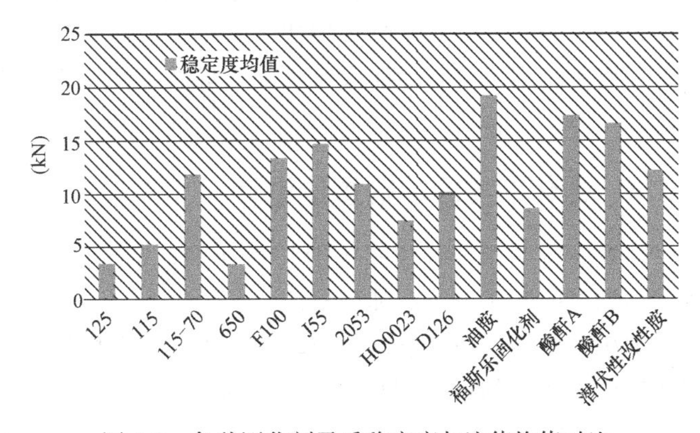

图 4-9 各种固化剂马氏稳定度与流值均值对比

低温多胺类固化剂混合料的反应速度过快，强度在 10min 内已经形成，从拌合到击实成型时间无法衔接，拌合完成后出的料呈现出干涩状，并且还会在很短的时间内有出现混合料结块的情况，因此低温类的固化剂不适用；聚酰胺类固化剂固化现象大同小异，其固化温度要求在 40～60℃，而沥青软化至少都需要 135℃，在拌合过程中，只能将固化剂先加温降黏，再另加入拌锅内，不能与沥青搅拌在一起，而且固化反应过程也是很快，最终其马氏试件虽较普通沥青有不同程度的增加，但并不能达到增加施工可操作时间的目标，最终也只能放弃。

另外值得一提的是，试验过程中还选取了一种隶属于路易斯碱的潜伏性改性胺 Q1，它是一种常温下黏度很低的液体，这点与发泡所需特性较为贴合，但最终成型的混合料强度上升极慢，测得的马歇尔稳定度和流值是在 1 个月之后，且拌合过程中烟雾极大，伴随很大的刺激性气味，虽然其稳定度能够达到 12.12kN，但考虑到环境污染和施工人员身体健康问题，且此类潜伏性改性胺的强度达到最高需要半年以上的时间，且受环境影响较多，放弃采用潜伏性改性胺 Q1。

根据马歇尔试验结果，可以看到油胺、酸酐 A 和酸酐 B 固化之后的混合料具有较高的强度，然而油胺不溶于水，较难应用于发泡沥青和乳化沥青，酸酐 A 和酸酐 B 多为增韧剂，与环氧树脂的反应程度较低，虽有一定的增强效果，但强度的上升有限。

因此，我们可以在环氧沥青固化试验前，用酸酐对沥青进行酐化处理，由于其能够有效增强环氧树脂的可塑形，同时也可与环氧键产生开环反应，在初期即达到一定的固化效果。不过这种固化反应过程十分缓慢，可以在使用期内逐渐加强沥青混合料的使用性能。在接下来的试验中，均将此产品加入到基质沥青中，将沥青进行一定程度的酸酐化处理。

3. 助剂

助剂包括促进剂、增韧剂、相容剂等，不同类型的环氧沥青需要的助剂不同，随着科研的深入发现还会有其他助剂的应用。可根据固化反应原理添加相应助剂，根据实验确定助剂掺量。

本书选用了一种脂肪胺作为高温酸酐 1、高温酸酐 2 及中温油性胺的增韧剂。

本书选用了某种叔胺固化剂作为高温酸酐 2 的促进剂，叔胺固化剂本身可单独作为环氧树脂固化剂，还是脂肪多元胺、芳香族多元胺、聚酰胺及酸酐等固化剂的反应促进剂。叔胺类化合物胺值较高，固化时放热量较大，放热反过来又促进固化进行。随着加入量的增加，环氧树脂凝胶时间缩短较快。若环境温度较高、配胶量较大时，凝胶时间就会变得更短。用量过多，凝胶时间太短，就会导致无法正常施工，所以其用量要严格通过试验来确定。

4.2.4 固化剂与添加剂掺量设计

环氧沥青 B 组分包括固化剂与添加剂，本书的设想是根据其流动性对加入沥青中后对整体黏度的变化来决定其用量。

本次试验的设想是根据其流动性对加入沥青中后对整体黏度的变化来决定其用量。采用的三种固化剂的最佳固化温度分别为 120℃与 80℃，故 B 组分与 A 组分拌合时的温度也应为 120℃与 80℃，根据交通部《公路工程沥青及沥青混合料试验规程》JTG E20—2011 中 T0722—2000 要求的施工要求拌合黏度为 0.28Pa·s，因此通过固化体系掺量的调整使其在最佳固化温度时达到最佳拌合黏度，固化剂使用上节中提到的高温酸酐 1、高温酸酐 2 与中温油性胺这三种固化剂。

试验仪器是 Brookfield 旋转黏度仪，试验数据见表 4-13～表 4-15。图 4-10 直观展示了 120℃酸酐掺量与 B 组分黏度变化情况。由于图片格式限制，图中分别以 Z1、Z2 和 Y1 代表高温酸酐 1、高温酸酐 2、中温油性胺三种与环氧树脂混合后的环氧沥青结合料。

120℃高温酸酐 1 号酸酐固化体系掺量与 B 组分黏度变化 **表 4-13**

B 组分中酸酐含量	120℃黏度(mPa·s)	马氏稳定度均值(kN)	流值均值(0.1mm)
10%	462	13.8	25.2
12%	123	22.2	24.1
14%	110	23.4	23.8
16%	92	20.5	21.1

120℃高温酸酐 2 号酸酐固化体系掺量与 B 组分黏度变化　　表 4-14

B 组分中酸酐含量	120℃黏度(mPa・s)	马氏稳定度均值(kN)	流值均值(0.1mm)
10%	644	8.4	32.6
12%	184	20.6	24.3
14%	177	22.1	24.4
16%	165	21.5	24.8

80℃中温油性胺固化体系掺量与 B 组分黏度变化　　表 4-15

B 组分中酸酐含量	80℃黏度(mPa・s)	马氏稳定度均值(kN)	流值均值(0.1mm)
10%	331	13.5	22.6
12%	257	20.6	21.6
14%	172	25.0	24.1
16%	155	21.5	25.5

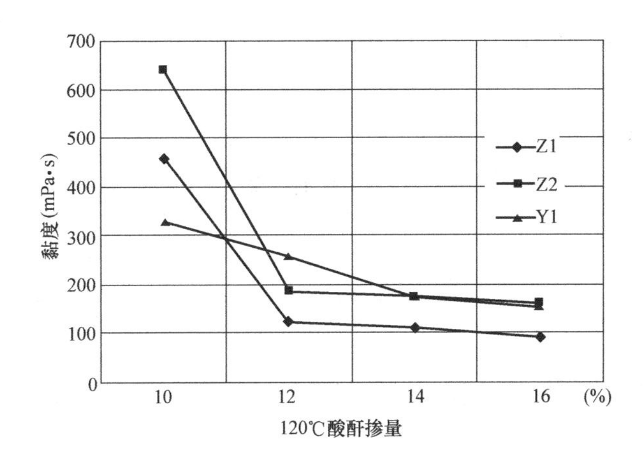

图 4-10　120℃酸酐掺量与 B 组分黏度变化

从试验结果可以得知，随着固化体系的增加以高温酸酐 1、高温酸酐 2 为 B 组分的沥青体系黏度不断下降，但 12%是一个拐点，过了 12%后黏度降低不是很明显，从节省成本的角度出发，高温酸酐 1、高温酸酐 2 固化体系的最佳掺量为 12%，同理，中温油性胺体系掺量为 14%。

固化剂最佳用量

固化剂最佳用量就是指使环氧树脂固化物性能达到最好的固化剂用量。这是由固化剂本身结构和形成网状结构的反应历程所决定的。所用固化剂种类不同，最佳用量自然也不同。使用的量偏多或是偏少，都会影响到固化物的性质，其使用性能均比在最佳用量下达到的要差。之前通过黏度评价已经测算出固化体系中最佳固化剂与添加剂的综合用量，现在仅需通过根据固化剂与树脂反应的化学式利用化工原理计算出其固化剂的最佳用量后，即可算出剩余的添加剂的用量。

固化体系中涉及胺类和酸酐类固化剂，计算公式如下，由于反应历程是环氧基与酸酐的羧酸阴离子交替加成聚合，同时还有环氧基与反应中生成的羧基的并行反应，所以从经验出发，最佳用量一般为理论计算的 0.85 倍。

$$W_{ad}=\frac{M}{n}\cdot K\cdot E \tag{4-1}$$

式中 W_{ad}——100g 环氧树脂对应的酸酐用量（g）；

M——酸酐分子质量；

n——一个分子上的酸酐单元数；

E——环氧值（本书用 E-51 的环氧值为 0.526）；

K——经验系数（0.7～1，本书取 0.85）。

胺类固化剂，用量计算公式如下：

$$W_{am}=\frac{M}{n\times a\%}\cdot E \tag{4-2}$$

式中 W_{am}——100g 环氧树脂对应的胺用量（g）；

M——酸酐分子质量；

n——一个分子上的活泼氢原子数；

E——环氧值（本书用 E-51 的环氧值为 0.526）；

$a\%$——胺的纯度。

计算结果如表 4-16 所示。

四种固化剂掺量 **表 4-16**

固化剂	高温酸酐 1	高温酸酐 2	中温油性胺
W(g)	80	70	130

注：W—100g 环氧树脂所需固化剂的量。

4.2.5 结合料固化过程的评价

1. 针入度评价

美国的环氧沥青技术规范要求在 100℃且不断搅拌的情况下环氧沥青结合料的黏度增加到 1000mPa·s 的时间要大于 50min[8]，图 4-11 给出了油性热拌工艺的环氧沥青 A、B 组分拌合后黏度增加情况。从这个图中还可以看出，ChemCo 环氧沥青前 50min 的黏度变化很小，超过 50min 后的黏度随时间增加较大，当环氧沥青的黏度增加到 1000mPa·s 后，黏度随时间的变化增加更快，说明该环氧沥青的性能在超过这一时间段后变化较快，在化工原理上称黏度变化不明显的这个时间段为适用期，在道路沥青上称为施工可操作时

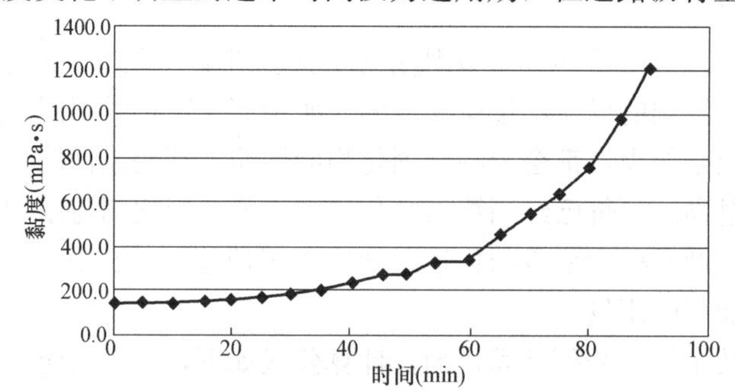

图 4-11 油性热拌工艺的环氧沥青黏度变化曲线

间[9]，过了这段时间之后，环氧沥青混合物就开始固化，这也是环氧沥青混合料时间和温度要求严格的原因。不同的固化剂固化速度不一样，为了找到适合桥面铺装的固化剂，首先就是要找到适用期足够长，拌合到摊铺中不会硬化结块的混合料。故而在拌合以及运输过程中黏度的变化就显得尤为重要。

本节的目的是想通过测黏度来测出固化过程中强度形成及最终达到完全固化的时间，即施工可操作时间。

此前尝试将各掺量的固化剂的沥青与环氧树脂拌合后通过 5℃、10℃的延度做研究，由于延度的测试要求在低温水浴里完成，拉拔刚开始的时候由于环氧沥青具有很大的脆性，很容易在一开始拉断；另外，浇好的模具难以清洗，会影响之后的使用，几方面的误差很大，基本看不出规律。也曾采用了 DSR（动态剪切流变）仪器，但在应用中发现用 DSR 时要求沥青先凝固后再放入仪器进行试验，而凝固后的环氧沥青基本上是耐高温的，根本无法再测其黏度或者模量的变化。所以最后决定采用针入度法测其最佳固化时间。

为了试验的方便及排除其他因素的影响，本次试验仅仅做了结合料的黏度变化，除去了石料的裹附性，即考察 B 组分与 A 组分拌合过程中黏度的变化。

黏度试验常用布洛克菲尔德黏度仪测量，但环氧沥青的特殊性是不适宜用布氏黏度测量的，因为布氏黏度测量需要将沥青浇到试验筒内，而环氧沥青会在高温保温的过程中与环氧树脂发生不可逆过程的环氧固化物，不仅毁坏了试模，还导致无法精确测出其黏度。所以在考虑黏度与针入度有很好的相关性后，试验采用了测针入度的方法，以达到把握和控制胶凝速度的目的。ChemCo 环氧沥青在 120℃混溶固化过程的针入度如图 4-12 所示。

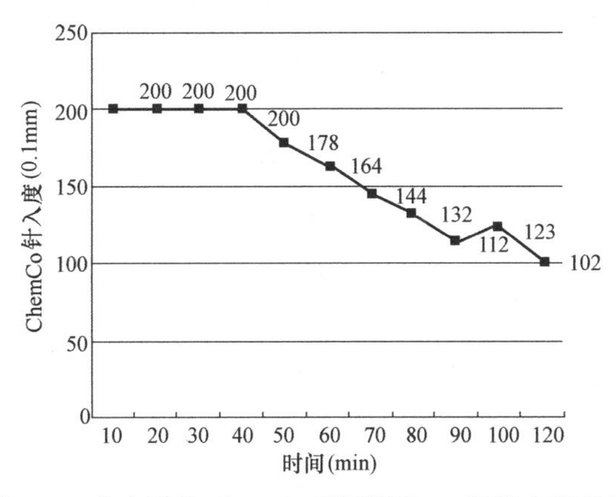

图 4-12 本次试验 ChemCo 环氧沥青 120℃针入度变化图

根据针入度-黏度指数，我们有

$$PVN_{25\text{-}135}=\frac{\lg L-\lg B}{\lg L-\lg M}\times(-1.5) \tag{4-3}$$

式中 $\lg L=4.25800-0.79674\lg P_{25}$，$\lg M=3.4289-0.61094P_{25}$

可以推出：

$$\lg B=4.258+0.53PNV-0.53116\lg P_{25}\cdot PVN-0.40729P_{25}\cdot PVN-0.79674\lg P_{25} \tag{4-4}$$

设 B' 为 120℃黏度（单位：mPa·s），$T_2=25$，$T_1=120$（单位℃），又根据黏温曲线有：

$$VTI_1=\frac{\lg B-\lg B'}{T_2-T_1} \tag{4-5}$$

可得：

$$\lg B'=4.258+0.53PNV-0.53116\lg P_{25}\cdot PVN-0.40729P_{25}\cdot PVN-0.79674\lg P_{25}-15VTI_1 \tag{4-6}$$

根据针入度指数的公式：

$$\lg P=AT+B \tag{4-7}$$

有：

$$PI=\frac{\lg P_{120}-\lg P_{25}}{120-25} \tag{4-8}$$

$$\rightarrow \lg P_{25}=\lg P_{120}-95PI \tag{4-9}$$

$$\rightarrow P_{25}=e^{\lg P_{120}-95PI} \tag{4-10}$$

将式（4-7）、式（4-8）代入式（4-4）中有：

$$\lg B'=(4.258+0.53PVN-15VTI_1-0.5311PVN\cdot 95PI-0.79674\cdot 95PI)-(0.53116PVN+0.79674)\lg P_{120}-0.40729PVN\cdot e^{\lg P_{120}-95PI} \tag{4-11}$$

用 a、b、c、d 取代上式的常数部分，得到：

$$\lg B'=a-b\lg P_{120}-c\cdot e^{\lg P_{120}} \tag{4-12}$$

令 $\lg B'=y$，$\lg P_{120}=x$，可以得到 120℃针入度与 120℃黏度的双对数方程为：

$$y=a-bx-c\cdot e^{x} \tag{4-13}$$

将图 4-11 与图 4-12 相同时间的黏度与针入度三对值（178，300）（144，590）（132，790）分别取对数后作为 y、x 的实际值代入式，回归分析计算得到 $a=12.78777$，$b=5.791225$，$c=-0.28678$。

最终得到 120℃黏度与 120℃针入度的关系为：

$$\lg B'=12.78777-5.791225\lg P_{120}+0.28678e^{\lg P_{120}} \tag{4-14}$$

图 4-13 列出了本次试验高温酸酐 1、高温酸酐 2、中温油性胺三种环氧沥青的针入度变化。其中高温酸酐 1、高温酸酐 2 的保温温度为 120℃，中温油性胺的保温温度为 80℃。由于图片格式限制，图中分别以 Z1、Z2 和 Y1 代表高温酸酐 1、高温酸酐 2、中温

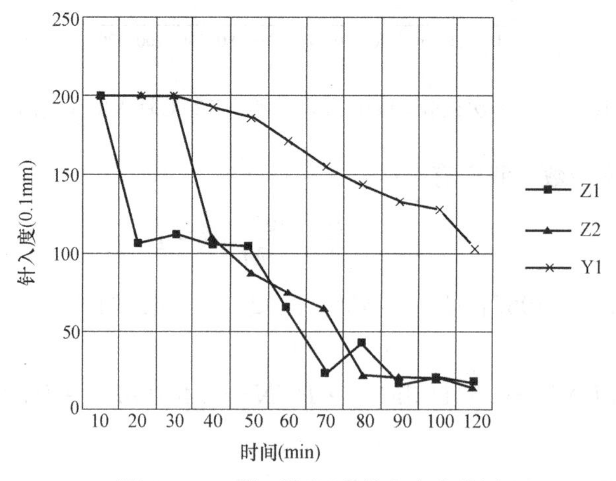

图 4-13　三种环氧沥青针入度变化图

油性胺三种与环氧树脂混合后的环氧沥青结合料。

根据《公路沥青路面施工技术规范》JTG F40—2004，当使用石油沥青时，宜以黏度为 0.17±0.02Pa·s时的温度作为拌合温度范围；以 0.28±0.03Pa·s时的温度作为压实成型温度范围。

图 4-13 的 200（0.1mm）针入度是为了绘图方便假设的，但并不是真正的 200，三条线的针入度测试值基本上都是 20min 之后才有效。

由图 4-13 基本可以看出，高温酸酐 1 与高温酸酐 2 分别在 50min 与 30min 时产生了突变，基本在一个小时内胶凝完毕；中温油性胺的针入度没有发生突变，一直相对平稳而且针入度很高。根据钢桥面铺装施工的经验与一些技术规范——黏度增至 1Pa·s（121℃）的时间大于等于 50min，从公式（4-12）可以计算得出，$B'=1000$ 时的针入度 $P_{120}=115.4$，由于针入度测量的误差性的存在，黏度为 1000mPa·s 时，真正的针入度在 115.4±15 都是可取的范围。故高温酸酐 1 在 50min 左右胶凝时间是可以基本满足要求的，拟将高温酸酐 1 作为钢桥面铺装用环氧沥青；高温酸酐 2 在这个规范下只能是勉强满足规范，一旦控制不好，就会造成大面积浪费，所以高温酸酐 2 的推荐用途不是在钢桥面铺装；中温油性胺的固化温度不仅较低，而且施工可操作时间也比较宽松，但它不适合桥面铺装，适用于其他用途。常温型某胺沥青由于其特殊性，不能用该法测出针入度变化，关于常温型某胺环氧沥青的性质将在下面内容介绍。

2. 黏度评价

本小节将对四种水性环氧沥青固化过程进行 Brookfield 旋转黏度评价，通过测黏度来测出固化过程中强度形成及最终达到完全固化的时间，即施工可操作时间。

美国的环氧沥青技术规范要求在 100℃情况下环氧沥青结合料的黏度增加到 1Pa·s 的时间要大于 50min（我国规范中虽尚无此标准，但此指标十分重要，因为此时间与产品的施工可操作时间息息相关），图 4-14 展示了四种水性环氧沥青的 A、B 组分混合后黏度增加的实测情况。

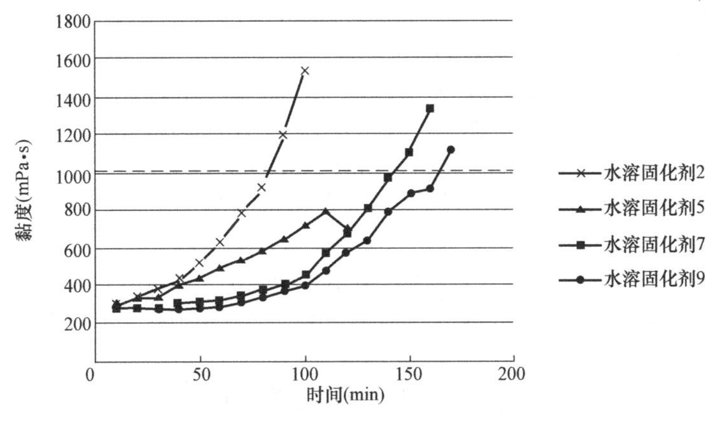

图 4-14 四种环氧沥青黏度变化曲线

从图 4-14 可以看出，水溶固化剂 2 的黏度上升至 1Pa·s 速度最快，水溶固化剂 5 与水溶固化剂 7 相当，水溶固化剂 9 最慢，且 4 种固化体系固化时间均大于 50min，具有满足要求的施工可操作时间，接下来需要进行发泡和拌合试验进一步确定固化体系的优劣。

在实际铺装工艺控制过程中，温度和时间都会对黏度造成影响，随着反应的进行，环氧沥青分子量逐步增加，从线型分子向体型分子转变，化学反应过程持续放热，物质内部温度会升高，进一步加剧固化反应。这是图中黏度增长曲线的斜率会随时间变大的缘故。无论是结合料或是混合料，其固化过程带来的放热无法用道路工程手段进行评价，研究者所需要做到的是对特定固化体系进行反复试验，对固化过程进行经验性掌握，以期在后续研究中对环氧沥青混合料适用期的调整。

4.3 环氧沥青混合料路用性能检测方法与指标（改进型的多功能油性环氧沥青）

根据一些重要的基础性参考文献[10,11]，推荐以下指标作为环氧沥青混合料的路用性能指标：

（1）静态模量；

（2）高温性能；

（3）水稳定性；

（4）愈合性能；

（5）疲劳性能。

热拌沥青混合料一般性能检测指标有：高温性能、水稳定性、疲劳性能；根据环氧沥青的用途的不同，路用性能检测的指标也不相同。文中热拌沥青混合料性能检测指标主要是：高温性能、疲劳性能、水稳定性；文中冷拌沥青混合料性能检测指标主要是：水稳定性；文中温拌沥青混合料性能检测指标主要是：水稳定性和高温性能。

参考文献

[1] 孙曼灵．环氧树脂应用原理与技术［M］．北京：机械工业出版社，2002.

[2] 李桂林．环氧树脂与环氧涂料［M］．北京：化学工业出版社，2003.

[3] 亢阳．环氧树脂改性沥青材料的制备与性能表征［D］．南京：东南大学，2006.

[4] 朱吉鹏．环氧改性沥青的制备与性能检测［D］．南京：东南大学，2004.

[5] 耿耀宗．涂料树脂化学及应用［M］．北京：中国轻工业出版社，1993.

[6] 朱吉鹏，陈志明，闵召辉，等．环氧树脂改性沥青材料研究［J］．东南大学学报（自然科学版），2004，034（004）：515-517.

[7] 黄卫，钱振东，张磊．钢桥面铺装局部修复方案试验研究［J］．土木工程学报，2006（08）：90-93.

[8] 陈晨，陈志明，翟洪金．环氧沥青混合料铺装最佳容留时间的确定［J］．公路，2008，6（06）：188-191.

[9] 韩振勇，蒋学奎，刘跃，徐凤亮．天津富民桥钢桥面国产环氧沥青混凝土铺装技术［J］．桥梁建设，2008（5）：71-74，81.

[10] A. J. Hoibery. Bituminous materials［M］. London：Thomas Telford Ltd，1980.

[11] Scherocman J A . Asphalt pavement construction：new materials and techniquesn［C］// Asphalt Pavement Construction：New Materials & Techniques Symposium，1980.

第5章 改进型的多功能油性环氧沥青热拌混合料开发研究

本章主要针对原钢桥面铺装和应力吸收层用环氧沥青混合料的疲劳性能不足，施工可操作时间不够长等问题，提出了新型环氧沥青混合料的设计思路，结合第4章中新型油性环氧沥青、高温酸酐1型环氧沥青、高温酸酐2型环氧沥青，研发了两种适用于钢桥面铺装和应力吸收层的油性环氧沥青热拌混合料，研究了其路用性能，并给出了一些施工建议。

5.1 钢桥面铺装用环氧沥青混凝土的应用

5.1.1 钢桥面铺装用环氧沥青路用要求与设计思路

有关环氧的级配设计尚未有规范出台，大多是各个国家或是各个铺装科研单位自行制定的一些技术要求[1]，对沥青与沥青混合料的指标要求也不尽相同，检测的项目也参差不齐，在试验之前先提出两种具有一般性的钢桥面铺装混合料的技术要求，综合本次试验的配合比设计提出适合自身的规范技术要求。总结一般性规范后，本次试验提出日本与加拿大的两种关于改性沥青与环氧沥青钢桥面铺装规范，它们具有很强的代表性，相对其他规范较为全面[2]。

图5-1是当前多种油性环氧沥青热拌混合料用于钢桥面铺装的某种结构（具有普遍性）[3]。表5-1是日本钢桥面铺装规范中对改性沥青混合料采用马歇尔设计方法所规定的技术指标[4]，表5-2是加拿大狮门大桥钢桥面铺装规范的技术指标。

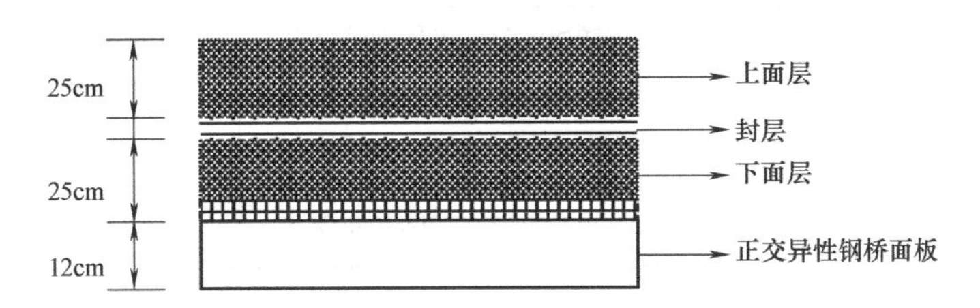

图5-1 环氧沥青混合料桥面铺装的典型结构

日本钢桥面铺装规范中改性沥青混合料技术要求 表5-1

试验类别	技术指标	技术要求
马歇尔试验	空隙率(%)	3～5
	饱和度(%)	75～85
	稳定度(kN)	10
	流值(0.1mm)	20～40
	残留稳定度(%)	80
车辙试验	动稳定度(60℃)(次/mm)	1500

加拿大狮门大桥混合料基本性能要求 表 5-2

性质	试验值	
马歇尔稳定度	固化试件(60℃)	2.0mm
	未固化	2.0mm
流值	固化试件(60℃)	40.4kN
	未固化	5.34kN
马歇尔恢复率	固化试件(60℃)	60%
密度	2240kg/m^3	
空隙率	4%	
黏度强度	室温	2.75MPa
	0℃	2.75MPa
	60℃	1.75MPa
膨胀系数(室温)	尽可能接近钢板膨胀系数	
浸泡(汽油或柴油)	质量损失小于 8g	
可燃性	不支持燃烧,凹坑深度小于 3mm	
摩擦力试验	新干摩擦系数	50
	新湿摩擦系数	45
	磨损后干摩擦系数	45
	磨损后湿摩擦系数	40
拉压弹性模量(室温)	记录试验值	
极限加载模量(室温)	尽可能大	
拉压状态下,30min 时的蠕变百分比(室温)	5%	
劈裂强度(8~10Hz,正弦)	荷载作用次数尽可能大	
弯曲疲劳	室温,最大频率为 8~10Hz,半正弦波	荷载作用次数尽可能大
	0℃,最大频率为 10Hz,半正弦波	荷载作用次数尽可能大
	60℃,最大频率为 10Hz,半正弦波	荷载作用次数尽可能大
超载弯曲疲劳	室温,最大频率为 8~10Hz,半正弦波	荷载作用次数尽可能大

结合两种钢桥面铺装面层材料的规范可以大致看出环氧沥青混合料具有超强的抵抗外力作用，它的马歇尔稳定度一般为 50kN 左右，最高可达 60kN。通常的沥青混合料的马歇尔稳定度为 10kN 左右，改性沥青的马歇尔稳定度基本上在 15kN 左右。但现在的一些环氧沥青往往存在疲劳性能不足，施工可操作时间不够长等缺点。

综合考虑改性沥青桥面铺装与环氧沥青桥面铺装的技术规范与本次试验的高温酸酐 1 环氧沥青研发与检测，高温酸酐 1 基本满足以上条件，并且高温酸酐 1 有着优秀的疲劳性能，能够有效解决现存环氧沥青疲劳性能不足的问题，而且高温酸酐 1 具有接近一个小时的施工可操作时间，故拟将高温酸酐 1 用于钢桥面铺装上面。

由于现行规范中尚无可遵循的级配设计标准，在级配设计方面先大再小，提出几种不同类型的级配，再进行优化。最后进行理论计算对比细化后的级配。

矿料级配确定后，采用马歇尔试验方法确定环氧沥青混合料的最佳油石比，并综合考虑其马歇尔稳定度、水稳定性、间隙率检验，使混合料各性能指标均达到设计要求。

最后检验其各种路用性能，并根据试验情况提出施工注意事项。

5.1.2 配合比设计

1. 级配设计

除了结合料，沥青混合料中最重要的就是骨料了，而不同级配的骨料又会对高温性能造成很大的影响[5]。本章首先从矿料的级配研究入手，通过比较一些国家钢桥面铺装所采用的级配，结合我国的具体气候、地理等条件，提出本书研究所采用的测评级配。

首先要选取三种常见级配，然后根据 ChemCo 环氧沥青以及所选用矿料的性能指标参数，从理论与试验结果两方面分析并选定合适的级配，以保证后续车辙试验中环氧沥青混合料设计能够达到满足钢桥面铺装性能的要求。

为使本试验具有一般性，本次试验的集料采用的是市场上较为常见的几种路用材料。粗集料（>2.36mm）采用花岗岩，细集料（0.075～1.18mm）采用玄武岩。

试验材料的性能指标见表 5-3～表 5-5。

集料密度　　表 5-3

粒径(mm)	0～3	3～5	5～10	10～13
密度(g/cm^3)	2.875	2.882	2.891	2.910

集料性能指标　　表 5-4

<table>
<tr><th colspan="2">试验项目</th><th>指标</th><th>玄武岩</th></tr>
<tr><td colspan="2">石料压碎值(%)</td><td><28</td><td>15.6</td></tr>
<tr><td colspan="2">洛杉矶磨耗率(%)</td><td><30</td><td>16.5</td></tr>
<tr><td colspan="2">针片状含量(%)
(粒径在 4.75～13.2mm 之间)</td><td><20</td><td>8.8</td></tr>
<tr><td colspan="2">砂当量(%)(粒径小于 2.36mm)</td><td>>60</td><td>87</td></tr>
<tr><td rowspan="2">棱角性
(%)</td><td>粒径在 2.36～4.75mm 之间</td><td rowspan="2">>30</td><td>55.8</td></tr>
<tr><td>粒径小于 2.36mm</td><td>45.6</td></tr>
</table>

基质沥青的常规指标　　表 5-5

<table>
<tr><th rowspan="2">沥青种类</th><th colspan="2">针入度
(25℃,100g,5s)</th><th colspan="2">软化点(℃)</th><th colspan="2">15℃延度(cm)</th></tr>
<tr><th>实测值</th><th>规范要求</th><th>实测值</th><th>规范要求</th><th>实测值</th><th>规范要求</th></tr>
<tr><td>加德士 70 号</td><td>68</td><td>60-80</td><td>49</td><td>≥46</td><td>>100</td><td>≥100</td></tr>
</table>

作为对比，本书选取了三种级配，SMA、AC 和一种施工用的按大档配的测评级配，分别属于骨架密实型、悬浮密实型的混合料，具有一般的代表性。由于环氧沥青多用于刚桥面面层与基层的铺装，本次试验以面层为例，故本次试验采用的三种级配的最大公称粒径分别在 13.2mm、9.5mm、9.5mm，表 5-6 和表 5-7 是试验采用的三种级配，其中测评级配并未

控制 1.18mm、0.3mm、0.15mm 的用量，图 5-2 中的数据是本次试验用石料的筛分结果。

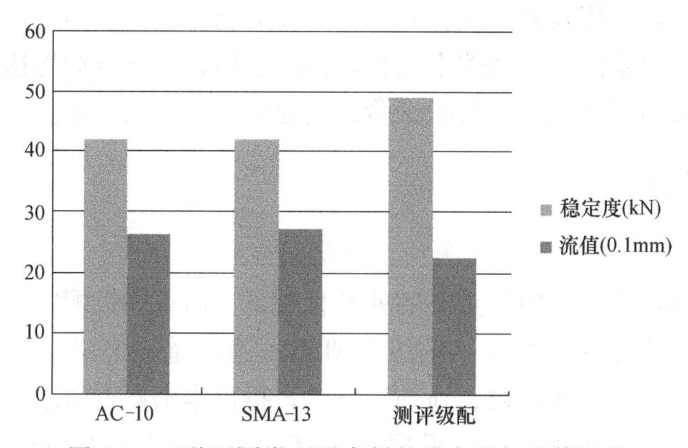

图 5-2　三种不同类型混合料的稳定度与流值比较

测评级配是南京长江二桥级配的一个微调后形式，它是根据工程经验，再根据贝雷法做理论分析计算为指导设计出来的[6]。工程实践中很多环氧混合料均采用了 9.5mm 或是 13.2mm 为最大公称粒径的级配设计，故本次试验采用了其中一种。相对来说，本书将测评级配设计得更细更密，目标空隙率为 3%。一是为了更好地贴合钢桥面，二是为了防水的需要，三是可以延长混合料使用寿命[7]。为了满足 3%以下的空隙率，粗集料骨架间的空隙是由细集料填充的，所以空隙的多少也就决定了细集料的多少。细集料不能额外增加体积或者扰乱粗集料的组成。

根据贝雷法中公式（5-1），即 2.36mm 的通过率，同时 2.36mm 也是本级配设计的粗细集料分档关键筛孔尺寸。

$$PCS=0.22NMPS \tag{5-1}$$

式中　PCS——粗细集料分界的初级筛分控制孔径（mm）；

$NMPS$——最大公称粒径的通过率以 90%～100%控制时的筛孔孔径（mm）。

细集料中，通常采用捣实质量，目的是能使粗集料在接近选择的组合时细集料能获得最强的条件。这取决于细集料的性质和究竟要细集料发挥多大的影响。由于沥青中粘合剂的润滑作用，在热拌沥青混合料中，粗集料和细集料都被压实得更紧密，所以按贝雷法进一步细化细料[8]，可以知道 0.6mm 为细集料的关键筛孔尺寸，经过详细周密计算，得出表 5-6、表 5-7 中的级配设计。

SMA-13 混合料、AC-10 混合料配合比　　表 5-6

粒径(mm)	16	13.2	9.5	4.75	2.36	1.18	0.6	0.3	0.15	0.075
SMA-13 通过率(%)	100	95	55	28	22.5	18	15.5	13	11.5	10
AC-10 通过率(%)	100	100	98	64.2	45.9	27.9	21.6	14.0	10.0	8.2

测评级配　　表 5-7

粒径(mm)	13.2	9.5	4.75	2.36	0.6	0.075
通过率(%)	100	97	70	60	35	11

为了做一个大致的综合的对比，以 ChemCo 环氧沥青为例，根据文献［9］中提供的这三种级配的最佳油石比，分别为 6.2%，5.4%，6.6%，做了三组每组 4 个马歇尔试件

测其稳定度流值。

表5-8为三种不同混合料的环氧沥青混合料马歇尔试验结果。

三种不同类型混合料马歇尔试验结果 表5-8

混合料名称	稳定度(kN)	流值(0.1mm)
AC-10	42	26.4
SMA-13	42	27.3
测评级配	49	22.6

通常SMA混合料会有较大的稳定度，但在环氧沥青的应用上本试验采用的这种测评级配比SMA有更好的效果[10]。虽然用SMA级配可以节省一些用油量，但采用较粗级配时，铺装层表面宏观构造深度较大，表面凹凸不平也使诱发裂缝产生的可能性大大增加，这将会更容易使铺装层表面在加劲肋顶部负弯矩作用下产生开裂，从而导致疲劳破坏，从长远的角度来说，采用较细的级配有利于贴合钢桥面并有效延长铺装层的疲劳寿命；另外环氧沥青是两种组分掺合在一起使用，试验中发现SMA级配较连续级配更容易出现离析，这是导致稳定度不及测评级配的主要原因。

而油量较少细料较多的AC级配会导致其较差的高温稳定性，在轮载作用下有可能会出现车辙等破坏现象。不过对于环氧沥青混合料来说，由于其热固性的特殊性能，较细的级配对其高温稳定性影响却很小。

测评级配与AC级配都为悬浮密实结构，但在1.18～0.3mm档上测评级配比AC更偏重骨架密实一些，测评级配的试件孔隙率更低，为2.7%，AC为3.4%。这是AC类环氧混合料试件稳定度不及测评级配的主要原因。

将其设计成为悬浮密实结构，由于细集料多、矿粉含量高、沥青含量高，经特殊搅拌工艺拌制后，经摊铺、碾压形成密实且不透水的铺装层，其空隙率≤3%。可以看出，较细的测评级配更加适合环氧沥青，因为沥青附着在细料上，增加了化学反应的面积，增大了反应程度。虽在混合料中骨料处于悬浮状态，嵌挤力很差，其内部黏聚力主要来自环氧沥青，而环氧沥青又具有较高的延伸率，这就决定了该混合料具有较高的塑性，适应了追随钢板变形的需要，而混合料性能不受伤害。成型后的混凝土内部残存空隙在2.5%左右，而一般混合料的防水空隙为7%，这个空隙完全能够阻止水分对铺装层的侵袭，从而达到很好的防水效果，亦起到保护钢板的作用。

级配暂选定此种测评级配，下面还有继续对测评级配的优化，将在本节的目标配合比确定里面提及。

2. 高温酸酐1环氧沥青油石比的确定

综上试验将环氧沥青混合料级配设计为悬浮结构，但以高稳定度为目的，因为其力主要来自于环氧沥青，固化后的环氧沥青具有很高的抗拉压强度。

为防止水分渗入，破坏粘结层、腐蚀钢板，同时保证满足抗车辙、抗疲劳的要求，混合料必须达到一定的密实度。因此在研究环氧沥青混合料的组成设计时，将空隙率作为一个重要的控制指标。根据国内几座环氧沥青混凝土铺装大桥的设计指标，空隙率的要求为3%。

根据热拌沥青混合料配合比的设计方法，我们已经确定了级配，现选取三种油石比，

6.0%，6.5%，7.0%，然后用马歇尔击实成型，孔隙率计算结果见表 5-9、表 5-10，其中最大理论密度值均为计算法与实测值的均值。实测方法采用《公路工程沥青及沥青混合料试验规程》JTG E20—2011 中 T0711—1993 真空法测得，之后章节均采用此法。

马歇尔方法确定 ChemCo 沥青最佳沥青用量 **表 5-9**

沥青用量(%)	干重(g)	水中重(g)	表干重(g)	毛体积密度(g/cm^3)	最大理论密度(g/cm^3)	空隙率(%)
6.0	1185.67	727.24	1187.82	2.5741	2.690	4.3
	1189.93	729.82	1193.77	2.5745	2.690	
	1187.85	728.27	1189.43	2.5743	2.690	
			均值	2.5743		
6.5	1191.50	734.70	1193.21	2.597	2.684	3.3
	1187.56	732.21	1188.89	2.593	2.684	
	1187.93	731.70	1189.27	2.595	2.684	
			均值	2.595		
7.0	1192.62	738.08	1194.15	2.615	2.680	2.5
	1195.52	739.16	1196.91	2.617	2.680	
	1198.46	741.93	1201.12	2.610	2.680	
			均值	2.613		

马歇尔方法确定高温酸酐 1 型沥青最佳沥青用量 **表 5-10**

沥青用量(%)	干重(g)	水中重(g)	表干重(g)	毛体积密度(g/cm^3)	最大理论密度(g/cm^3)	空隙率(%)
6.0	1205.61	744.63	1206.91	2.608	2.741	4.7
	1209.34	747.55	1210.74	2.611	2.741	
	1207.34	746.67	1208.55	2.614	2.741	
			均值	2.612		
6.5	1221.23	756.44	1222.21	2.622	2.735	4.0
	1220.94	756.54	1221.66	2.625	2.735	
	1219.23	756.37	1220.31	2.628	2.735	
			均值	2.625		
7.0	1212.19	750.90	1213.57	2.620	2.706	3.3
	1211.23	750.29	1212.95	2.618	2.706	
	1217.21	753.51	1218.99	2.615	2.706	
			均值	2.617		

本次试验中环氧沥青混凝土最佳孔隙率取 3%，因此确定 ChemCo 油石比为 6.6%，高温酸酐 1 为 7.1%。

3. 测评级配的调整与检验

基于测评级配基础上，提出了另外一种改进级配。级配的每个筛孔通过率如表 5-11 所示，相比测评级配，测评级配 2 加大了 2.36mm 筛孔的筛余（图 5-3），减小了粒径为

2.36mm 石料的用量，加大细料的用量。

测评级配与测评级配 2　　　　表 5-11

粒径(mm)	13.2	9.5	4.75	2.36	0.6	0.075
测评级配通过率(%)	100	97	70	62	35	11
测评级配 2 通过率(%)	100	97	70	60	35	11

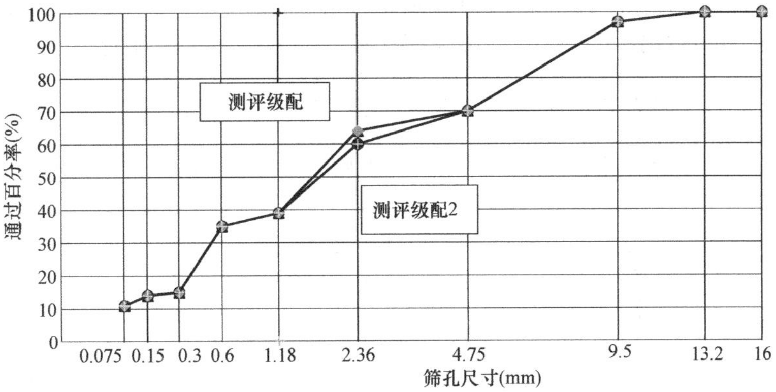

图 5-3　测评级配调整后的筛孔通过率对比

本节设计了以 ChemCo 环氧沥青为例，马歇尔试验对比测评级配与测评级配 2 的表现。通过大量的试验可以看出，从测评级配的 34.21kN 到测评级配 2 的 36.44kN，马歇尔稳定度方面测评级配 2 有 6.5%左右的提高；抗水损坏能力是钢桥面铺装环氧沥青的薄弱环节，本书采用冻融劈裂试验作为水稳定性检测试验测评级配为 90%，测评级配 2 为 92.7%；经计算测评级配的 *VMA* 值为 13.42，测评级配 2 的 *VMA* 值为 14.42，随着 2.36mm 的量的减少，细料石料量的增加，级配曲线形成一个类似于在 2.36mm 处断开的形状，细料的石料能更好地填充到 4.75mm 以及以上粒径的石料空隙内，在保证了空隙率为 3%的情况下，加大了有效沥青含量。

由于减少了 2.36mm 级配，增大了细料的用量，虽然只是个简单的调整，但这使得测评级配 2 较测评级配更偏向于骨架结构。从以上三个方面均说明测评级配 2 更适合本次试验。

5.1.3　路用性能检测

钢桥面铺装相比一般沥青路面或水泥混凝土桥面铺装而言，具有以下特点：

（1）钢桥面铺装不具备类似水泥混凝土桥面或叠合式桥面（如钢架梁与水泥混凝土桥面板构成）的刚性底板支撑，也不具备道路坚固的路基与基层结构的支撑，而是处在随时都在变形的基础之上[11]；

（2）因横向与纵向加劲肋的存在，在荷载作用下，钢桥面板局部区域将产生负弯矩，导致铺装层局部表面受弯拉，出现倒置的受力模式；

（3）大跨径索结构钢箱梁桥本身的变形、位移、振动、扭转都将直接影响铺装层的工作状态；

（4）大跨径钢桥一般都建在大江大河或横跨海峡之上，频繁的强风、台风和各种原因产生的振动作用，在一般路面上是遭遇不到的；

（5）除正常铺装层自身温度变化的影响外，钢箱梁桥跨结构的季节性温度变化严重影响铺装层的变形，使得沥青铺装层对大气温度的变化更加敏感；

（6）桥面铺装一旦发生破损，对交通的影响要比公路路面破损的影响和危害大，维修更困难；

（7）钢桥面板易生锈，对铺装层的防水性能要求极高。

本次研究推荐高温酸酐1应用在钢桥面铺装上，根据东南大学提出的钢桥面铺装设计流程（图5-4），我们首先必须检验高温酸酐1混合料的高温车辙和疲劳开裂。

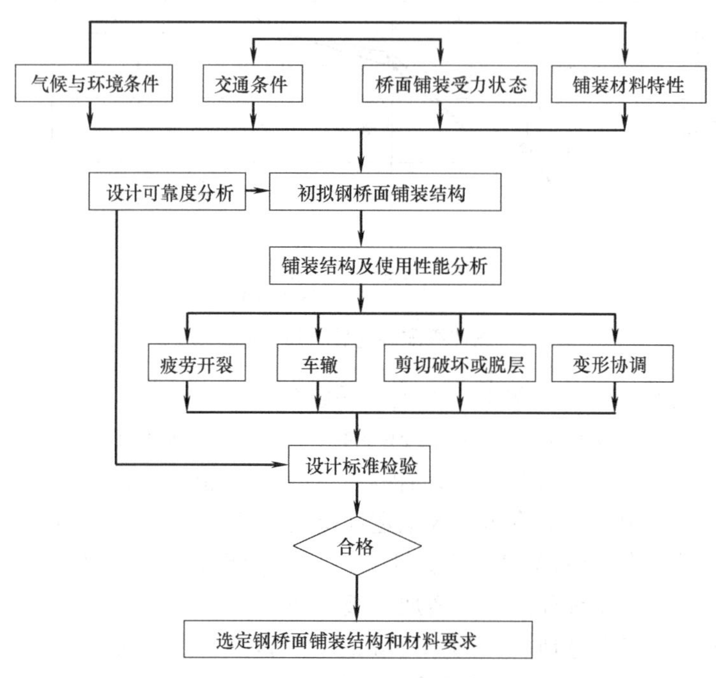

图5-4 大跨径钢桥面铺装设计流程

1. 高温性能检测

综合以往使用情况，总结出以下六项钢桥面铺装用环氧沥青混合料高温性能的要求：

（1）应具备良好的抗开裂性能以承受钢板的复杂变形；

（2）应具备优良高温稳定性能，以满足高达70℃的高温使用条件要求；

（3）完善的防排水体系，以保证钢板不被侵蚀；

（4）良好的层间结合，保证铺装与桥面板间足够的剪切强度；

（5）对钢板变形良好的随从性，以适应钢板变形；

（6）良好的平整度与抗滑性能。

钢桥面沥青混合料铺装体系高温稳定性研究主要通过室内车辙试验来进行，即高温稳定性用高温抗车辙性能来表示，其方法简单，结果直观，与实际路面有很好的相关性，并且车辙成型板块试件与模具的结合和现实桥面与钢桥面的结合十分相似。本书采用了轮碾法成型试件，为了对比高温酸酐1沥青的效果，将美国ChemCo沥青与之进行了对比，试验结果如表5-12和图5-5所示。

高温酸酐 1 环氧沥青混合料与 ChemCo 环氧沥青混合料车辙试验结果　　表 5-12

混合料名称	动稳定度(次/mm)	永久变形(mm)	相对变形(%)
ChemCo	27220	0.573	0.7
高温酸酐 1	12168	0.882	1.8

图 5-5　两种混合料的动稳定度比较

大型钢桥铺面所处的环境不仅有日照风吹，更多的是受到雨水和水蒸气的渗透，另外环氧沥青混合料的固化过程也不能受到任何水的侵害，但由于水普遍存在于路面材料的空隙和使用环境中，因此其肯定在不同程度上降低和破坏着材料的路用性能，因此研究高温性能的环氧沥青混合料的级配进行选择时，不能只看一般的车辙试验结果，还应关注混合料在水作用下的高温稳定性，即在浸水车辙下的动稳定度。如前述矿粉会影响混合料的粘附性，在水的作用下混合料的粘附性会受到更大的考验。所以将四种级配进行浸水车辙试验，结果如表 5-13、图 5-6 所示。

高温酸酐 1 与 ChemCo 混合料浸水车辙试验结果　　表 5-13

混合料名称	动稳定度(次/mm)	永久变形(mm)	相对变形(%)
ChemCo	16219	1.035	1.9
高温酸酐 1	7332	3.080	6.1

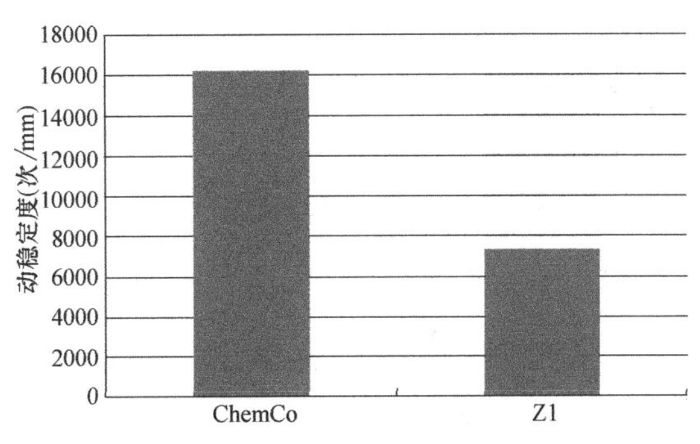

图 5-6　两种混合料浸水车辙动稳定度比较

早期的钢桥面铺装材料如浇注式沥青混合料试件在 70℃时的车辙试验中，15min 的车辙深度就已经超过 15mm，因此目前钢桥面混合料试验的高温稳定性评价还是以 60℃为标准。但随着交通渠化与环境的严苛程度加剧，如南京长江三桥、润扬长江公路桥等钢桥面铺装的设计最高温度为 70℃。

本次试验辅以 70℃的车辙试验数据作为参考，如表 5-14 和图 5-7 所示。

两种环氧沥青混合料车辙试验结果　　表 5-14

混合料名称	动稳定度(次/mm)	永久变形(mm)	相对变形(%)
ChemCo	21452	0.621	0.012
高温酸酐 1	12223	0.994	0.020

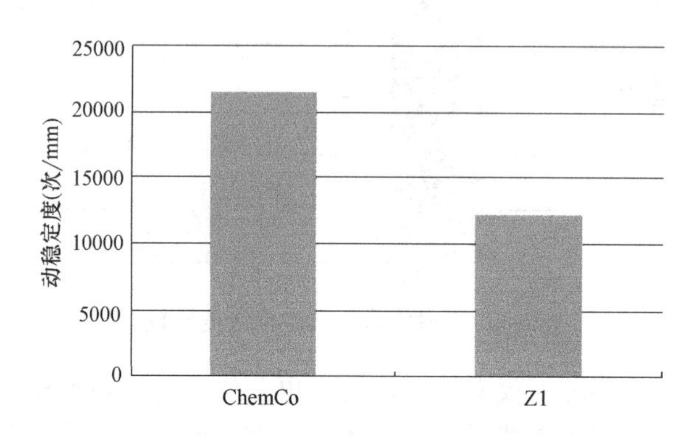

图 5-7　两种环氧沥青混合料车辙试验结果

根据工程经验和现行规范，本书主要从常规车辙试验与浸水车辙试验来判定几种环氧混合料的高温性能，表 5-15 和图 5-8 中数值下降的对比是常规车辙与浸水车辙试验的对比，未涉及 70℃车辙的情况。

两种混合料常规与浸水车辙试验动稳定度对比　　表 5-15

混合料名称	动稳定度 1(次/mm)	动稳定度 2(次/mm)	两个动稳定度比值
ChemCo	27220	16219	0.59
高温酸酐 1	12168	7332	0.60

注：表中的“动稳定度 1”即常规试验的动稳定度结果，“动稳定度 2”即浸水车辙的结果。

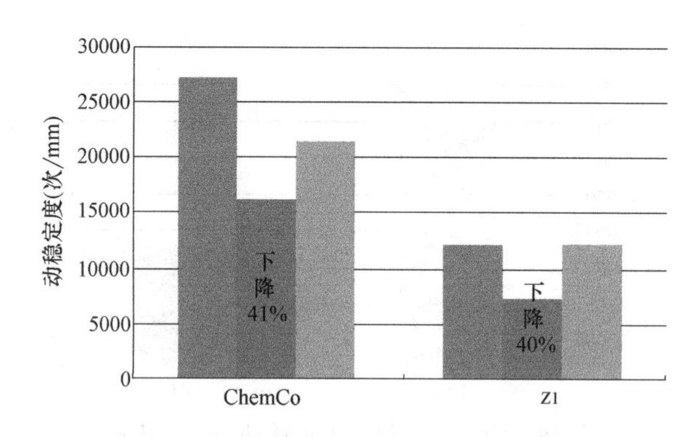

图 5-8　两种混合料的常规、浸水车辙、70℃车辙试验结果对比

通过对以上车辙试验的数据和图表的分析，我们不难看出，ChemCo 沥青混合料是十分优秀的，无论是常规车辙试验还是浸水车辙试验的结果，它的动稳定度都明显高于高温

酸酐1环氧沥青混合料，变形也很小。但值得一提的是，高温酸酐1环氧沥青混合料的70℃车辙动稳定度却比普通车辙试验结果要高，这是较为异常的现象，作者分析是因为高温酸酐1固化剂在车辙成型后的时间内并未完全固化，随着温度的升高，固化继续进行，70℃的高温更加有利于固化反应的进行。

2. 疲劳性能检测

本次疲劳性能检测采取中点加载方法进行，方法在上文中有过介绍，检测结果见表5-16。

各种环氧沥青混合料力学强度 **表5-16**

混合料类型	最大压力 P_B(kN)	抗弯拉应力(MPa)
高温酸酐1	5.35	12.8
ChemCo	5.01	12.0

疲劳试验结束是以梁的完全断裂为标准，从图5-9、图5-10可以清晰地看出，小梁已完全破坏，并且表现出十分刚性的破坏。

图5-9　小梁疲劳破坏正面图

图5-10　小梁疲劳破坏截面图

在不同应力水平下，根据既定设置，记录整个试验过程的混合料疲劳破坏次数，试验数据见表5-17、表5-18。

高温酸酐1型环氧沥青混合料疲劳试验结果　　表5-17

混合料类型	应力水平	弯拉应力(MPa)	疲劳寿命(次)	有效试件个数	疲劳寿命均值(次)	变异系数(%)
高温酸酐1	0.9	11.55	37	4	37.8	2.12
			31			
			40			
			43			
	0.8	10.28	89	4	88.5	2.58
			94			
			80			
			91			
	0.7	8.98	736	4	735.3	2.40
			708			
			752			
			745			
	0.6	7.71	1380	4	1390.3	3.27
			1305			
			1412			
			1464			

ChemCo环氧沥青混合料疲劳试验结果　　表5-18

混合料类型	应力水平	弯拉应力(MPa)	平均疲劳寿命(次)	有效试件个数	疲劳寿命均值(次)	变异系数(%)
ChemCo	0.9	10.81	450	4	448.3	4.22
			439			
			489			
			415			
	0.8	9.61	1224	3	1211.7	3.21
			1389			
			1022			
			—			
	0.7	8.41	2911	4	2938	5.61
			2494			
			3317			
			3030			
	0.6	7.21	3346	3	3421.7	3.38
			3449			
			3470			
			—			

根据沥青混合料疲劳理论，在应力控制疲劳试验中，应力与疲劳寿命成双对数线性关系，疲劳方程为：

$$\lg N_{\mathrm{f}}=a-b\lg\sigma \tag{5-2}$$

式中 N_{f}——疲劳破坏时的荷载重复作用次数；

σ——弯拉应力；

a、b——根据试验数据确定的参数。

表 5-19 为根据疲劳试验结果，以弯拉应力 σ 为变量回归的对数方程。为了观察更为直观，可以把方程转化为双对数曲线图。图 5-11 为高温酸酐 1 与 ChemCo 环氧沥青混合料的疲劳双对数曲线对比图。

两种沥青混合料的应变疲劳方程 **表 5-19**

混合料类型	疲劳方程	相关系数
高温酸酐 1	$\lg N_{\mathrm{f}}=-9.566\lg\sigma+11.744$	0.948
ChemCo	$\lg N_{\mathrm{f}}=-5.000\lg\sigma+7.932$	0.886

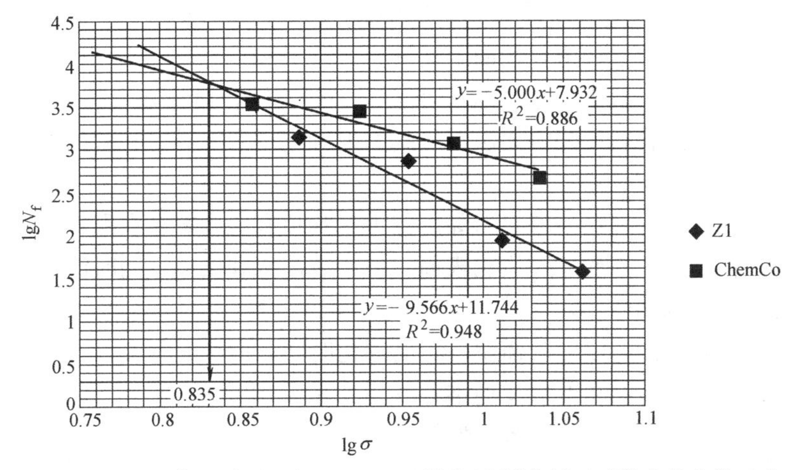

图 5-11 高温酸酐 1 与 ChemCo 环氧沥青混合料双对数疲劳曲线对比

从数据拟合的情况可以看出，以上两种环氧沥青混合料的疲劳寿命与每个应力水平在双对数坐标下满足良好的线性关系。

沥青混合料疲劳方程中 a、b 值分别表征疲劳性能的两个方面的特征。a 值为疲劳曲线在 Y 轴上的截距，反映了混合料疲劳次数对数的理论最大值，a 值越大，表示疲劳曲线能达到的纵值越大，也可以理解为疲劳强度越好；b 值是曲线的斜率，反映的则是该混合料疲劳寿命对荷载水平的敏感性，b 的绝对值越大，疲劳曲线的斜率越大，表明荷载的变化对疲劳寿命的变化影响越大。

图 5-11 中垂直箭头处横坐标为 0.835，对应了 6.84MPa 的应力，在小于 6.84MPa 的应力水平下，如在 4MPa 的应力水平（对应小型普通钢桥面）上，高温酸酐 1 的疲劳次数为 954992 次，ChemCo 的疲劳次数为 84275 次，所以在较小的应力水平下，高温酸酐 1 的疲劳寿命长于 ChemCo。基于以上分析，建议根据不同工况选用不同的环氧结合料类型。ChemCo 是常用于大型钢桥面铺装，高温酸酐 1 虽然固化时间和荷载敏感性上不及

ChemCo，但价格低廉，凭其优异的疲劳性能，适用于一般小型的桥面铺装。

5.1.4 高温酸酐 1 环氧沥青使用注意事项

在很多新材料的应用中，室内试验与实际应用有着很大的差距，在实验室内可以表现出优异的性能[9]，根据第 2 章研究可知，同等温度和环境条件下，新研发环氧沥青混合料固化反应速度大于 ChemCo 环氧沥青混合料，高温固化后的强度是前者小于后者。本书建议高温酸酐 1 需夏季与秋季施工，严禁冬期施工。结合之前的研究[12]，根据高温酸酐 1 固化体系的特点和使用要求，本书把本次研发的高温酸酐 1 环氧沥青的一些施工注意事项总结如下：

（1）有条件的话最好使用移动拌合楼，运输与等待过程最好不要超过 1h；

（2）试拌合，根据当地气温与湿度调整促进剂的用量；

（3）混合料出拌合楼的温度严格控制在 110～130℃之间，及时处理废料和过干涩的料；

（4）卡车运输时必须用油毡布以及棉被对混合料保温；

（5）为免固化反应受到影响以及日后造成桥面脱层、空鼓现象，降低铺装的使用寿命，施工过程中不允许任何水滴洒在铺面上；

（6）施工接缝的等待一般不能超过 3d，事先仔细研究综合设计施工进度；

（7）摊铺注意边角的料，压路机无法碾压到的地方边角带安排有经验的人员进行人工压实处理；

（8）由于本次研发的环氧沥青混合料黏度很大，难免有混合料粘在碾轮上，为了解决这种情况，可以用植物油擦拭轮胎和钢轮表面，但严禁用水和柴油，同时注意施工人员用的钉耙的清洁也不能用水和柴油；

（9）本次研发的环氧沥青混合料需要一定的固化时间，所以必须在开放交通前，根据各环氧沥青固化速度，铺装结束开放交通推荐时间如表 5-20 所示。

本书建议固化养护开放交通时间（d）　　表 5-20

		ChemCo	高温酸酐 1	高温酸酐 2	Z3
夏季	南方	30～40	30～40	20～35	35～45
	北方	40～50	40～50	30～40	45～50
秋季	南方	30～40	35～45	25～35	40～50
	北方	45～55	50～55	40～45	50～60

5.1.5 结论

本节通过分析及大量的试验对日本与加拿大等国有关钢桥面铺装规范的各项指标运用于环氧沥青的实际情况做了综合性研究，拟采用高温酸酐 1 作为钢桥面铺装用环氧沥青，并针对高温酸酐 1 做了以下相关研究：

（1）对高温酸酐 1 进行了配合比设计，其中级配按从大到小的方法设计，第一步先选定 SMA-13、AC-10 两种常用级配与测评级配一起做平行试验，得出测评级配更适合环氧沥青的拌合；第二步调低了 2.36mm 石料的用量与 0.6mm 石料的用量，得到测评级配 2，经马歇尔试验、冻融劈裂试验、间隙率检验后得出测评级配2更为合理；采用马歇尔方法，成型马歇尔试件，计算各种环氧沥青混合料的最大理论密度与测算毛体积密度，再根据规范中空隙率为3%的指标，选定ChemCo沥青油石比为6.5%，高温酸酐1为7.1%。

(2) 选定车辙试验作为本次环氧沥青混合料的高温性能评价方法，本次选用轮碾法成型试验试件，普通车辙试验、浸水车辙试验、70℃高温车辙试验数据均显示ChemCo大于高温酸酐1，说明高温酸酐1在抗高温车辙方面还有待提高或改正。

(3) 疲劳试验方案为MTS机上的小梁弯曲应力控制模式疲劳试验，温度为15℃，加载频率为10Hz，加载波形为正弦波，考虑到重载交通和钢桥面铺装的需求选取了0.9、0.8、0.7、0.6的应力水平；并根据使用经验和ANSYS软件计算，对夹具做了必要的更正，加厚了底座支撑板的厚度；疲劳试验前，测得四种环氧沥青的抗弯拉应力分别为高温酸酐1：12.8MPa，ChemCo：12.0MPa；按既定应力水平进行疲劳试验，疲劳寿命次数与应力水平的双对数曲线得出疲劳方程：$\lg N_f = a - b\lg\sigma$，试验结果的数据拟合也符合这种良好的线性关系。高温酸酐1混合料：$\lg N_f = -9.566\lg\sigma + 11.74$，ChemCo混合料：$\lg N_f = -5.000\lg\sigma + 7.932$，可以得出低应力水平下疲劳性能高温酸酐1优于ChemCo，将高温酸酐1应用于一般小型桥面铺装，从疲劳寿命以及经济优势上讲高温酸酐1是全面优于ChemCo环氧沥青的。

(4) 为了尽量保证实验室的设计能与施工保持一致，并在后期取得良好的既定性能，本书提出了本次研发的新型环氧沥青的施工时应注意的事项，具体细节见本节5.1.4所述。

5.2 应力吸收层或下面层用环氧沥青混凝土的应用

5.2.1 应力吸收层或下面层沥青混合料要求与设计思路

由于半刚性基层沥青路面或水泥路面加罩普遍存在反射裂缝，从而导致路面抗车辙能力不足和耐久性差，影响了沥青路面的使用寿命。为了减少此种病害的发生，我们通常可采用以下方法：

在基层与面层之间设置一层过渡性结构——即应力吸收层。

根据大量的工程实践经验，好的应力吸收层应当同时具备以下几个特点：

(1) 应力吸收的功能，即应力吸收层结构具有良好应力吸收功能，可以将裂缝处产生的抗拉与剪切应力有效吸收，以减少拉应力与剪应力对沥青层的破坏。

(2) 抗疲劳性能，由于应力吸收层长年反复承受拉应力或剪应力，应力吸收层自身应具备优异的抗疲劳性能，即要求应力吸收层能够承受拉应力或剪应力的反复作用，长年反复承受拉应力或剪应力不会出现破坏。对于较厚的应力吸收层，具有良好的抗反射裂缝性能的同时，应另具有一定的高温稳定性以抵挡层间模量差异过大带来的挤压性破坏。

(3) 粘结功能，一般半刚性基层、刚性路面或桥面铺装上加铺沥青层时，均存在刚性层与沥青层粘结性较差的问题，理论分析与工程实践均证明层间粘结不足将会导致路面结构易出现破坏，而好的应力吸收层结构具有良好的粘结功能，可以将刚性层与沥青层粘结为整体。

（4）防水功能，好的应力吸收层在完成应力吸收功能的同时，还可以起到防水层的作用，防止水渗入到基层，减少水对基层的破坏。

一般应力吸收层存在的问题：模量低，厚度较薄，高温性能差，抗疲劳效果不好，而如果用环氧沥青混凝土作为应力吸收层，会有以下优点[13]：

（1）与一般应力吸收层相比，有模量大的优点，可以降低层底的拉应力或拉应变。

（2）从之前酸酐类高温酸酐1环氧沥青可以看出，这种酸酐类环氧沥青具有优异的抗疲劳性能，如高温酸酐1混合料在4MPa应力水平下的疲劳次数为954992次，能够承受更长久反复的剪切而不出现破坏。

（3）与一般应力吸收层相比，厚度可以较薄，从力学计算上说，也能满足抗裂缝要求。

（4）抗车辙性能好，可以用在靠近路表面的地方，而不必用在较深处，真正可以减薄厚度。

除加铺应力吸收层之外，我们还可以采用强基强面，常见的方法是把面层加厚。但我国的半刚性路面或水泥加罩路面都是强调强基薄面的要求，并且面层加厚一方面导致施工和养护难度加大，另一方面增加了建设成本。

本书中我们检测了高温酸酐2环氧沥青马歇尔试件的马歇尔稳定度高达43kN，流值仅仅2.4mm左右，环氧沥青在固化阶段粘结力异常优异，而且高温酸酐2环氧沥青混合料疲劳性能、抗压模量等都十分优异，在后续的试验中我们可以看出，故本书拟将高温酸酐2作为衔接半刚性基层的下面层，或是衔接水泥混凝土板的应力吸收层，则一方面可以起到很好的抗疲劳效果，另一方面可能实现强基薄面的设计。

高温酸酐2环氧沥青劣势在于耐候性差，如果将环氧沥青层放在下面（即下面层或应力吸收层），则可以回避其劣势。本章的思路是利用环氧沥青的高模量性质，将高温酸酐2环氧沥青开发成为一种适用于抗反射裂缝的应力吸收层或下面层，上面加铺一层碎石罩面，采用这样的路面结构能在满足各种施工性能的同时可以大大节约铺筑成本。

5.2.2 配合比设计

为使本试验具有一般性，本次试验采用的是市场上较为常见的几种路用材料。粗集料（粒径大于2.36mm）采用玄武岩，细集料（粒径为0.075～1.18mm）采用石灰岩。本次试验采用了常见的AC-13级配。

试验级配具体参数见表5-21和表5-22。

集料密度 表5-21

粒径(mm)	0～3	3～5	5～10	10～13
密度(g/cm^3)	2.875	2.882	2.891	2.910

集料性能指标 表5-22

试验项目	指标	玄武岩
石料压碎值(%)	<28	15.6
洛杉矶磨耗值(%)	<30	16.5

续表

试验项目	指标	玄武岩
针片状含量(%) 粒径在4.75～13.2mm之间	＜20	8.8
砂当量(%)(粒径小于2.36mm)	＞60	87
棱角性(%)(粒径在2.36～4.75mm之间)	＞30	55.8
粒径小于2.36mm		45.6

1. 马歇尔试验油石比的确定

由于环氧沥青混凝土多用在钢桥面上，根据多年的使用经验，无论是采用SMA还是浇注式混凝土，孔隙率都宜控制在3.3%以内，但由于环氧沥青混凝土要预留出轴载对面层进一步压实，故本次试验拟定3%为最佳孔隙率。

马歇尔击实法成型试件时，在确定孔隙率时，本实验采用了三个沥青用量，6.0%，6.5%，7.0%，孔隙率计算结果见表5-23，根据最终结果确定最终最佳沥青用量为6.5%。

马歇尔方法确定最佳沥青用量 **表5-23**

沥青用量%	毛体积密度（g/cm³）	最大理论密度（g/cm³）	空隙率（%）
6.0	2.465	2.572	4.2
	2.463	2.572	
	2.462	2.572	
均值	2.464		
6.5	2.438	2.521	2.9
	2.448	2.521	
	2.444	2.521	
均值	2.443		
7.0	2.439	2.497	2.3
	2.449	2.497	
	2.438	2.497	
均值	2.442		

为了使本次混合料设计更加准确，笔者还使用了SHRP的旋转压实方法成型试件，成型时可以通过压实次数或者试件高度等模式进行控制，并能采集每压实一次时的试件高度，以便对沥青混合料的体积特性进行评价。通过前期做的几组旋转压实试件，用旋转压实法成型的油石比为6.3%，原因是在于在孔隙率的控制效果上，马歇尔击实仪的击实效果不如旋转压实，马歇尔试验没能在成型过程中准确地控制体积参数，而旋转压实对混合料产生揉搓碾压作用，从而导致两者最佳孔隙率的确定存在一定的误差，但在本次试验中两者相差仅为0.2%，误差可以接受。由于以下的试验都是基于马歇尔试验，故在接下来的试验中取6.5%的油石比。

2. 高温性能确定试验级配的选取

基于环氧沥青混凝土大多用在钢桥面的面层，从之前的试验可以了解，环氧沥青需要选取很细的密级配，矿粉与细料用量很大，另一方面油石比也很大，为6.5%，这样必然会导致高温稳定性的问题，故本次级配的选取是根据高温性能来界定的。

而高温性能的评价我们常用的是车辙试验，因为其直观、方便，可以进行大量的重复试验以验证假想的正确性。表5-24～表5-27为本次试验选用的四种级配，选取了SMA和AC这类常见级配，也提出了2种测评级配（参照其他应力吸收层后确定的粒径较细的级配，柔性高，理论上可中和环氧的部分刚性）。

SMA-13级配 **表5-24**

粒径	16	13.2	9.5	4.75	2.36	1.18	0.6	0.3	0.15	0.075
通过率	100	95	55	28	22.5	18	15.5	13	11.5	10

AC-10级配 **表5-25**

粒径	13.2	9.5	4.75	2.36	1.18	0.6	0.3	0.15	0.075
通过率	100	98	64.2	45.9	27.9	21.6	14.0	10.0	8.2

测评级配1 **表5-26**

粒径	13.2	9.5	4.75	2.36	0.6	0.075
通过率	100	94	70	59	35	9

测评级配2 **表5-27**

粒径	13.2	9.5	4.75	2.36	0.6	0.075
通过率	100	97	70	60	35	11

在做普通车辙试验的同时，考虑到环氧沥青混凝土由于本身已经具有高强度，我们所关心的其实是其耐候性等性能。如抗水损害就是一个很关键的因素。由于本次试验目的在于比较四种级配的适用性，于是采用了浸水车辙试验，即在浸水车辙下的动稳定度。如前述矿粉会影响混合料的粘附性，在水的作用下混合料的粘附性会受到更大的考验。所以将三种级配进行浸水车辙试验，结果如表5-28所示。

不同级配两种动稳定度的对比 **表5-28**

混合料名称	动稳定度1(次/mm)	动稳定度2(次/mm)	两个动稳定度比值
AC-10	12210	6219	0.51
SMA-13	12168	4332	0.35
测评级配1	14775	8290	0.56
测评级配2	14421	7021	0.49

注：表中的“动稳定度1”即常规试验的动稳定度结果，“动稳定度2”即浸水车辙的结果。

良好的高温性能是钢桥面铺装非常重要的一点，而环氧沥青混合料适合连续级配，本书根据常规车辙试验和浸水车辙两种方法，综合考虑了高温与水稳定性能，并选取了一种测评级配，就目前常用的级配，AC级配优于SMA级配，测评级配1优于AC级配。而测评级配1中，以2.36mm、4.75mm用量少，矿粉用量适中为佳（图5-12）。

常见的应力吸收层级配为AC-5或是更细的级配，高温酸酐1钢桥面铺装的测评级配2与AC-5比较接近，且比AC-5略细，且测评级配2与高温酸酐1这种酸酐类环氧沥青

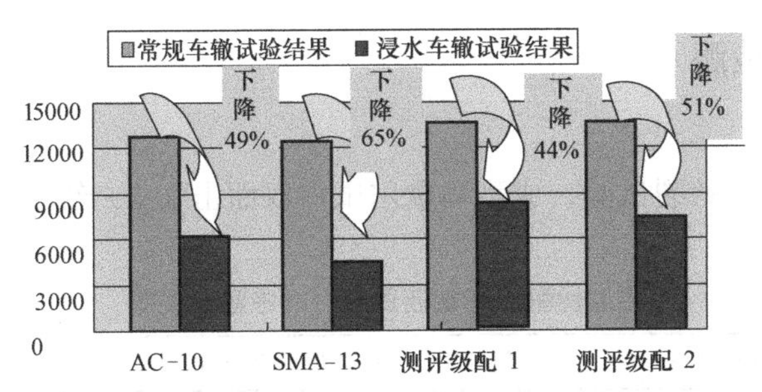

图 5-12　不同级配类型的混合料是否浸水车辙试验对比

配合使用的效果尚佳，鉴于高温酸酐 2 也是一种酸酐类环氧沥青，本次试验就继续沿用了测评级配 2（表 5-29）。

测评级配 2　　　　**表 5-29**

粒径(mm)	13.2	9.5	4.75	2.36	0.6	0.075
通过率(%)	100	97	70	62	35	11

接下来确定油石比，考虑到作为应力吸收层，比面层要有更加密实的效果，目标空隙率定为 2.5%。根据热拌沥青混合料配合比的设计方法，我们已经确定了级配，现选取四种油石比，6.0%，6.5%，7.0%，7.5%，然后用马歇尔击实成型，孔隙率计算结果见表 5-30。

马歇尔方法确定高温酸酐 2 沥青最佳沥青用量　　　　**表 5-30**

沥青用量(%)	干重(g)	水中重(g)	表干重(g)	毛体积密度(g/cm³)	最大理论密度(g/cm³)	空隙率(%)
	1205.1	748.8	1210.9	2.608	2.741	
6.0	1209.6	747.9	1210.7	2.614	2.741	4.7
	1207.8	748.7	1211.5	2.610	2.741	
			均值	2.612		
	1210.2	754.3	1215.2	2.626	2.735	
6.5	1211.9	755.7	1217.4	2.625	2.735	4.0
	1212.6	755.5	1216.3	2.624	2.735	
			均值	2.625		
	1217.9	754.1	1220.7	2.610	2.706	
7.0	1216.2	757.0	1220.9	2.622	2.706	3.3
	1217.2	756.2	1221.0	2.619	2.706	
			均值	2.617		
7.5	1222.9	759.7	1226.7	2.619	2.688	2.5
	1223.3	758.1	1225.5	2.617	2.688	
	1224.2	759.4	1225.9	2.624	2.688	
			均值	2.620		

根据空隙率不大于 2.5%的原则，选取油石比 7.5%。

5.2.3 路用性能检测

1. 抗水损害

抗水损害采用冻融劈裂试验，成型马歇尔试件双面击实50次，空隙率测得为5.6%，试验结果见表5-31。

高温酸酐2环氧沥青混合料冻融劈裂值 **表5-31**

沥青类型	未冻融循环(kN)	均值(kN)	冻融循环(kN)	均值(kN)	*TSR*(%)
高温酸酐2	43.41	41.11	38.64	38.91	94.6
	42.76		37.81		
	44.51		39.28		
	45.77		39.91		

可以看出，94.6%的*TSR*值表明了高温酸酐2环氧沥青作为应力吸收层是合格的，它具有高密实度，有着很好的防水性能。

2. 高温性能检测

环氧沥青面层的高温稳定性往往较好，在之前第3章已经得出了这样的结论，但作为减薄路面的应力吸收层，路面减薄后沥青的黏弹性是否还足以抵抗之前水平下的剪切荷载，是值得我们关注的[14]。

高温酸酐1类混合料车辙性能相对于ChemCo沥青较差，可以看到ChemCo环氧沥青混合料有超高的高温稳定性，由于ChemCo环氧沥青也用于铺装钢桥面的下面层，这里我们仍然用ChemCo环氧沥青混合料与高温酸酐2类环氧沥青混合料做对比（表5-32、图5-13）。

两种环氧沥青混合料车辙试验结果 **表5-32**

混合料名称	动稳定度(次/mm)	永久变形(mm)	相对变形(%)
ChemCo	27220	0.573	0.7
高温酸酐2	14775	0.748	1.5

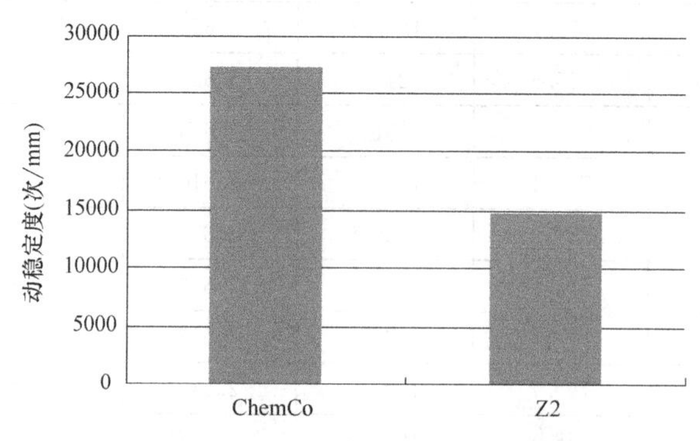

图5-13 两种混合料的动稳定度比较

根据工程经验[15]，应力吸收层的防水性对其使用性能有很大的影响，如第3章一样，这里我们设计了浸水车辙试验，方法与之前一样，不再赘述，表5-33、图5-14为试验结果。

两种级配混合料浸水车辙试验结果 **表 5-33**

混合料名称	动稳定度(次/mm)	永久变形(mm)	相对变形(%)
ChemCo	16219	1.035	1.9
高温酸酐 2	9290	1.306	3.6

两种混合料常规与浸水车辙试验结果对比 **表 5-34**

混合料名称	普通车辙(次/mm)	浸水车辙(次/mm)	两个动稳定度比值
ChemCo	27220	16219	0.59
高温酸酐 2	14775	9290	0.63

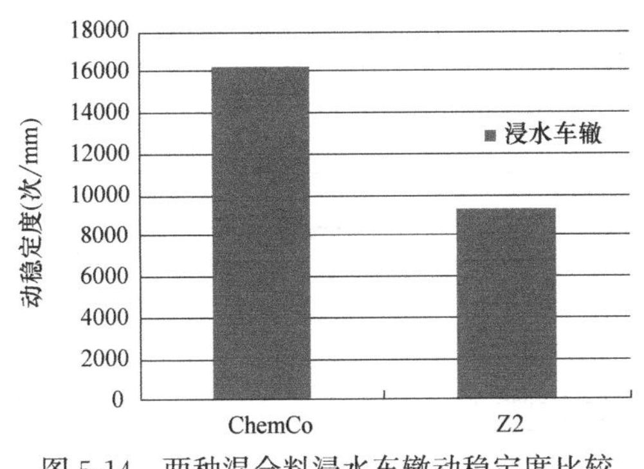

图 5-14　两种混合料浸水车辙动稳定度比较

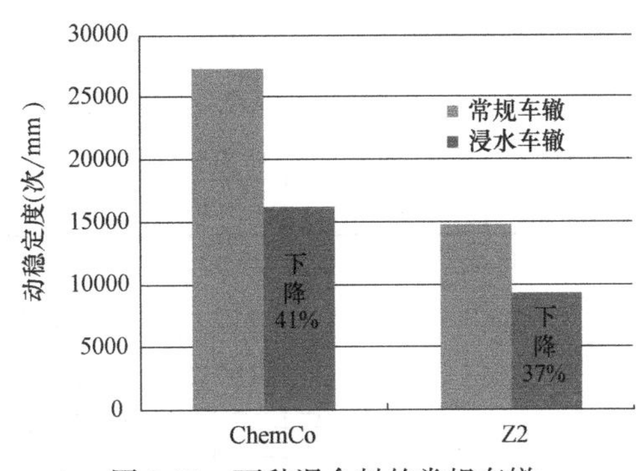

图 5-15　两种混合料的常规车辙、浸水车辙试验结果对比

从两种车辙试验（表 5-34、图 5-15）上看 ChemCo 环氧沥青仍然有着优异的表现，只是相对来说，水对 ChemCo 环氧沥青的影响稍大。

3. 疲劳性能检测

与上一节一样，采用中点加载疲劳试验。同样选取了制备 50mm×300mm×300mm 车辙试件，再通过切割机切割成 50mm×50mm×300mm 的小梁试件。本次试验每个应力水平级位下采用 4 根小梁平行试验，应力控制，控制指标不变，结果按试验数据的离散程度进行弃差处理。

试验结果见表 5-35。

高温酸酐 2 环氧沥青混合料力学强度 **表 5-35**

混合料类型	最大压力 P_B(kN)	抗弯拉应力(MPa)
高温酸酐 2	6.28	15.1

疲劳试验结束是以梁的完全断裂为标准，表现为刚性破坏。

在不同应力水平下，根据既定设置，记录整个试验过程的混合料疲劳破坏次数，试验数据见表 5-36。

为了观察更为直观，将试验结果转化为双对数曲线图，如图 5-16 所示。

为了对比高温酸酐 2 环氧沥青作为下面层的应用，根据《公路沥青路面施工技术规范》JTG F40—2004，本书还设计了常见的下面层级配 AC-25 重交 70 号沥青混合料的疲劳试验作为比较试验。

高温酸酐 2 环氧沥青混合料疲劳试验结果　　表 5-36

混合料类型	应力水平	弯拉应力(MPa)	疲劳寿命(次)	有效试件个数	平均疲劳寿命(次)	变异系数(%)
高温酸酐 2	0.9	13.36	192	3	195	6.32
			145			
			248			
	0.8	12.06	22263	3	23421.3	3.45
			24298			
			23703			
	0.7	10.57	123029	4	121300.5	7.23
			102334			
			130432			
			129407			
	0.6	9.06	—	—	—	—

注：0.6 应力水平下疲劳次数均超过 200000，限制时间内未能测出。

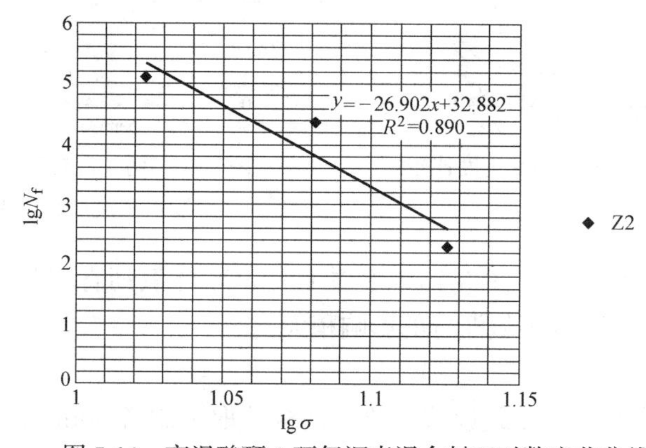

图 5-16　高温酸酐 2 环氧沥青混合料双对数疲劳曲线

为了避免单个油石比造成的误差，增大疲劳试验的对比量，AC-25 疲劳试验共有 2 个沥青用量。目标空隙率为 4%，选取 4 个应力水平，每个应力水平 3～4 个平行试件，共 27 个疲劳试件，试验数据见表 5-37 和图 5-17。

AC-25 疲劳试验数据　　表 5-37

油石比	应力水平	弯拉应力(MPa)	平均疲劳寿命(次)	有效试件个数	变异系数(%)
3.8%	0.54	2.26	467	3	6.32
	0.42	1.74	1442	3	3.45
	0.32	1.32	3252	3	7.23
	0.22	0.9	11598	3	3.54
3.4%	0.51	2.08	442	3	6.32
	0.43	1.76	1182	3	3.45
	0.31	1.28	4375	3	7.23
	0.21	0.86	13236	3	3.40

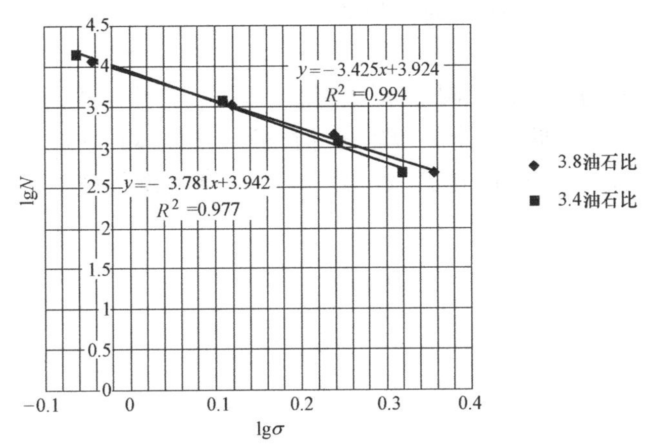

图 5-17 AC-25 两个油石比下的双对数疲劳方程曲线

根据式（5-2）将上述试验结果表示为应力疲劳方程，见表 5-38。

应力疲劳方程 **表 5-38**

混合料类型	疲劳方程	相关系数
高温酸酐 2	$\lg N_f=-26.902\lg\sigma+32.882$	0.890
AC-25(3.8%)	$\lg N_f=-3.781\lg\sigma+3.942$	0.977
AC-25(3.4%)	$\lg N_f=-3.425\lg\sigma+3.924$	0.994

从数据拟合的情况可以看出，AC-25 两个油石比下的疲劳寿命与每个应力水平在双对数坐标下比高温酸酐 2 混合料满足更好的线性关系。这说明在高应力水平下，混合料的疲劳寿命稳定性比低应力水平下要差。尽管如此，我们可以推算出在低应力水平下，高温酸酐 2 混合料的疲劳强度是 AC 类下面层所不能比拟的。

高温酸酐 2 混合料的 a、b 值都很大，这说明相对 AC 类下面层，高温酸酐 2 混合料既表现出异常优秀的抗疲劳性能，也表现出对于荷载水平变化的敏感。不过高温酸酐 2 混合料的疲劳性能是在高应力水平下测出，AC 类是在低应力水平下测出。通常下面层材料承受的荷载大多集中在 0.3～2.0MPa 之间，故如果我们将高温酸酐 2 应力疲劳曲线回归到低应力水平值时，如 1.7MPa 的应力比水平下，高温酸酐 2 的疲劳性能为 10^{26} 次，是 AC 类混合料 1400 次的能力所“望尘莫及”的。

4. 抗剪性能检测

作为应力吸收层，层间粘结的好坏对传递竖向及层间剪力至关重要，不足的层间粘结将导致层间滑动形成推移，本节对比了白加黑路面中，不加铺、SBS 改性沥青、高温酸酐 2 环氧沥青层的效果。试验方法为斜剪试验，采用 AC-13 基质沥青混合料加罩在混凝土方块上，再在 MTS 试验机上用 50mm/min 的加载速度测其抗剪性能，试验结果见表 5-39。

三种情况斜剪试验结果对比 **表 5-39**

试件编号	1	2	3	4	5
无(kN)	3.8	3.5	4.0	4.2	3.9
SBS 沥青(kN)	12.7	11.9	7.6	10.5	9.9
高温酸酐 2 环氧沥青(kN)	34.8	36.2	35.2	37.5	36.0

试验结果表明高温酸酐2环氧沥青的粘结性能是十分优异的。

5. 弹性模量检测

为使试验具有良好的可比性，圆柱体试件统一根据《公路工程沥青及沥青混合料试验规程》JTJ 052—2000中沥青混合料单轴压缩试验（圆柱体）的规定，进行轴心抗压强度和弹性模量试验，抗压强度按式（5-3）计算，弹性模量按式（5-4）、式（5-5）计算：

$$R_c=\frac{4P}{\pi d^2} \tag{5-3}$$

$$q_i=\frac{4P_i}{\pi d^2} \tag{5-4}$$

$$E'=\frac{q_5\times h}{\Delta L_5} \tag{5-5}$$

式中 R_c——试件的抗压强度（MPa）；

P——试件破坏时的最大荷载（N）；

d——试件直径；

q_i——相应于各级试验荷载 P_i 作用下的压强（MPa）；

P_i——施加于试件的各级荷载值（N）；

E'——抗压回弹模量（MPa）；

q_5——相应于第5级荷载（0.5P）时的荷载压强（MPa）；

h——试件轴心高度；

ΔL_5——第5级荷载（0.5P）时经过原点修正后的回弹变形。

试验结果见表5-40。

高温酸酐2环氧沥青混合料抗压回弹模量　　表5-40

试验次数	抗压强度(MPa)	均值(MPa)	弹性模量(GPa)	均值(GPa)
1	64.23	66.08	7.73	8.08
2	67.72		8.41	
3	66.29		8.10	

5.2.4 结构计算与经济评价

为了对比高温酸酐2环氧沥青混凝土在路面结构中的优势，本书用HPDS2003路面设计软件计算两种情况下的路面设计。软件是采用我国路面设计规范，选取弯沉与沥青面层层底拉应力为设计指标，工况一路面结构以AC-25为下面层，工况二以高温酸酐2环氧沥青混凝土为下面层，其他情况均假设一致。下面为其他假设指标，当以设计弯沉值为指标及沥青层层底拉应力验算时：路面竣工后第一年日平均当量轴次2582，设计年限内一个车道上累计当量轴次7796673；当进行半刚性基层层底拉应力验算时：路面竣工后第一年日平均当量轴次2094，设计年限内一个车道上累计当量轴次6323096；公路等级：高速公路公路等级系数1，面层类型系数1，基层类型系数1；路面设计弯沉值：25.1（0.01mm）。其中高温酸酐2环氧沥青混合料劈裂强度通过《公路工程沥青及沥青混合料试验规程》JTG E20—2011 中 T0716—1993 法测得为 7.17MPa。表 5-41 的工况一为假设某种以最为常规设计的计算过程。

工况一 **表 5-41**

层位	结构层材料名称	厚度(cm)	抗压模量(MPa)	容许应力(MPa)
1	细粒式沥青混凝土	3	2000	0.47
2	中粒式沥青混凝土	4	1600	0.34
3	AC-25 沥青混凝土	?	1200	0.25
4	石灰粉煤灰碎石	20	1500	0.31
5	石灰土	25	550	0.1
6	天然砂砾	15	150	—
7	土基	—	65	—

通过对设计层厚度取整，第三层为 15cm。经验算，路表回弹弯沉为 1.87mm（<2.51mm），各层层底最大拉应力均在容许范围以内。

将 AC-25 下面层用高温酸酐 2 环氧沥青混凝土层取代后为工况二，计算结果见表 5-42。

工况二 **表 5-42**

层位	结构层材料名称	厚度(cm)	抗压模量(MPa)	容许应力(MPa)
1	细粒式沥青混凝土	3	2000	0.47
2	中粒式沥青混凝土	4	1600	0.34
3	高温酸酐 2 环氧沥青混凝土	?	8080	2.42
4	石灰粉煤灰碎石	20	1500	0.31
5	石灰土	25	550	0.1
6	天然砂砾	15	150	—
7	土基	—	65	—

按设计弯沉值，通过对设计层厚度取整，最后得到工况二的第三层路面厚度为 4cm。经验算，路表回弹弯沉为 1.74mm（<2.51mm），各层层底最大拉应力均在容许范围以内。

上述计算 AC-25 下面层厚度 15cm 仅为一种假设计算结果，虽不尽合理，但本节旨在说明，高温酸酐 2 作为下面层只需要用 4cm 厚，相对 15cm 厚的 AC-25 要节省 70%以上的混合料用量。常见重交 70 号沥青 AC-25 混合料 320～400 元/t，按照之前设计的油石比，经计算高温酸酐 2 环氧沥青混合料价格大致为 800～927 元/t，从铺装成本上是有很好的发展潜力的，只是目前环氧沥青混凝土铺设设备特殊，施工人员技术要求高，施工条件严苛，所以很多配套方面还需进一步完善。

5.2.5 高温酸酐 2 环氧沥青使用注意事项

高温酸酐 2 混合料作为应力吸收层混合料薄层在摊铺过程中温降很快[16]，在环境温度为 30℃时，有效碾压时间约为 20～30min，碾压一定要迅速[17]。

5.2.6 结论

本节拟将高温酸酐2环氧沥青用于应力吸收层或下面层，上面层为碎石罩面的路面结构，目的是利用高温酸酐2强大的模量减薄路面厚度，满足路用性能的同时节约施工成本。通过分析和大量的试验检验和对比了高温酸酐2混合料与ChemCo环氧沥青的高温性能，与常见下面层AC-25混合料的疲劳性能，并检测了其水稳定性能和抗压回弹模量，并根据回弹模量通过HPDS2003计算了高温酸酐2应力吸收层的最佳铺筑厚度。基本结论如下：

(1) 高温酸酐2应力吸收层设计采用偏细的AC-13级配，油石比选取为7.5%。

(2) 高温酸酐2应力吸收层的*TSR*值94.6%，作为应力吸收层或是下面层有着很好的防水性能；高温车辙略低于ChemCo环氧沥青混凝土，但对水的敏感性小于ChemCo环氧沥青；疲劳性能方面，小梁弯曲疲劳方程为$\lg N_f = -26.90\lg\sigma + 32.88$，对比下面层常见材料AC-25混合料的两个油石比疲劳方程分别为$\lg N_f = -3.781\lg\sigma + 3.942$，$\lg N_f = -3.425\lg\sigma + 3.924$，在各方面高温酸酐2环氧沥青都表现出优异的性能；高温酸酐2环氧沥青应力吸收层的抗压模量为66.08MPa，弹性模量为12.08GPa。

(3) 根据HDP2003路面设计软件计算了高温酸酐2环氧沥青混凝土作为代替AC-25下面层，在假设交通量与其他参数的情况下的最佳铺设厚度为4cm，而AC-25面层需要15cm，高温酸酐2具有较大的经济优势。

5.3 改进型的多功能油性环氧沥青热拌混合料施工建议

通过大量的试验，提出了以下实验室模拟现场采用的施工方法：

(1) 后场严格控制A、B组分温度，由于环氧沥青对杂质十分敏感，拌合前保持拌缸清洁，严格控制粉尘量（室内拌锅必须进行事先清理，之前进行过其他试验的锅必须进行二次清洗）。

(2) 严格控制混合料拌合完成到摊铺碾压的时间，拌合站到摊铺现场距离不能太远，从后场到前场运料时间以不大于1h为宜（在室内可以使混合料在烘箱内保温1h左右模拟现场运输）。在前场应设专人对料车卸料进行调度，根据各车料的实际温度计算具体卸料时刻，按送料单上规定的时间指挥卸料。

(3) 混合料拌合及碾压要在规定温度条件下进行，超出温度范围的混合料会造成固化反应不完全或过早固化等后果。应严格控制混合料出料温度在最佳拌合温度上下10℃范围内，超出容许温度范围的混合料必须废弃（室内试验可以明显看到由于温度过高导致混合料结块的现象）。

(4) 根据室内试验的经验，推算到室外的情况，摊铺温度最多允许比出厂温度低15℃以内，初压低30℃以内，复压低50℃以内，终压低70℃以内，目的都在于保证固化剂与环氧树脂的反应必须在足够的温度下进行。

(5) 摊铺时，角落里的部分混合料如果不能及时摊铺压实，会因固化形成“死料”难以压实，因此应设专人负责翻动螺旋布料器与熨平板之间的混合料，以防止产生“死料”。若已产生“死料”，则立即将其清除。

根据室温等效原则，通过马歇尔稳定度试验测出在不同温度下各种 B 组分的反应时间见表 5-43。

不同 B 组分反应时间　　表 5-43

B 组分的固化剂种类	保温条件		室温条件	
聚酰胺	90℃	30min	10℃	2.5h
脂肪族胺类	80℃	10min	15℃	1h40min 左右
油胺	120℃	10h	15℃	60d
酸酐 1	120℃	4h	15℃	14d
酸酐 2	110℃	4h	15℃	23d

本书建议选取酸酐 1 作为固化剂，用一种叔胺作为促进剂，其可操作时间长达 1.5h，足以满足拌合到施工现场的时间。

参考文献

[1] J. B. Sousa，Craus，C. L. Monismith. Summary Report on Permanent Deformation in Asphalt Concrete. Report SHRP2A/IR2912104 [R]. Strategic Highway Research Program. 1991.

[2] 多田宏行. 桥面铺装的设计与施工 [M]. 日本：鹿岛出版会，1993.

[3] 徐宏，凌晨. 杭州湾大桥水泥混凝土桥梁桥面铺装方案设计 [J]. 中外公路，2008 (01)：72-76.

[4] 钱振东，黄卫，茅荃，等. 南京长江第二大桥钢桥面铺装层受力分析研究 [J]. 公路交通科技，2001，18 (6)：43-46.

[5] 吕伟民. 沥青混合料设计原理与方法 [M]. 上海：同济大学出版社，2001.

[6] 刘新权，丁庆军，姚永永. 等高黏度改性沥青配制钢箱梁桥面 SMA 铺装层的研究 [J]. 公路，2007，9 (9)：97-100.

[7] 黄明，黄卫东. 级配对环氧沥青混合料高温性能的影响 [J]. 现代交通技术，2008，9 (6)：10-11.

[8] 沈金安. 改性沥青与 SMA 路面 [M]. 北京：人民交通出版社，1999.

[9] 黄明，王仲侃，黄卫东. 环氧沥青固化效果研究 [J]. 中外公路，2009，029 (002)：225-228.

[10] 王琪. SMA 混合料目标配合比设计实例——设计程序 [J]. 石油沥青，2009，023 (3)：4-7.

[11] 顾兴宇，邓学钧，周世忠，等. 车辆荷载下钢箱梁沥青混凝土铺装受力分析 [J]. 东南大学学报 (自然科学版)，2001，031 (6)：18-20.

[12] Wei H，Zhendong Q，Gang C，et al. Epoxy asphalt concrete paving on the deck of long-span steel bridges [J]. 中国科学通报 (英文版)，2003，48 (21)：2391-2394.

[13] Zhendong Q，Sang L，Jianwei W . Laboratory evaluation of epoxy resin modified asphalt mixtures [J]. Journal of Southeast University，2007，23 (1)：p. 117-121.

[14] 沈金安，姬菊枝. 道路沥青及沥青混合料使用性能气候区划的研究 [J]. 公路交通科技，1994，011 (003)：1-10.

[15] 张磊，刘振清，黄卫. 钢桥面热塑性沥青混合料铺装车辙预估方法 [J]. 公路交通科技，2005，022 (012)：84-87.

[16] 罗桑，贺华，李科. 武汉阳逻大桥环氧沥青混凝土铺装施工工艺 [J]. 施工技术，2009，38 (01)：29-31.

[17] 李志，赵文声，梁勇. SAWFTL 应力吸收层施工技术 [J]. 公路交通技术，2009，2 (01)：36-39.

第6章　改进型的多功能油性环氧沥青温拌冷拌环氧沥青的开发研究

6.1　本书拟采用非热拌型环氧沥青的适用性

很多情况下，如冬期施工、隧道内摊铺、坑槽修补等都是不便使用高温拌合沥青混合料的，而环氧树脂的固化剂许多都是在常温下黏度很低的胺类液体，这样我们可以通过这些固化剂调配沥青以降低沥青的黏度[1]，从而降低施工拌合温度，与此同时，环氧的高粘结性能还能弥补之前非高温拌合沥青混合料的强度不足等问题。

6.1.1　油性冷拌环氧沥青

沥青路面在长期的使用过程中，会出现松散、坑洞、剥落等病害。路面病害不仅降低了路面的服务能力，还影响道路正常交通，在高速道路上的坑洞甚至可能引发交通事故。因此对于路面出现的坑洞、破损需要及时加以修补。目前，修补路面坑洞大都采用热拌沥青混合料，它对于地点集中、工程量较大的路面维修是可行的，但对于地点分散、工程量小的路面维修，不仅因数量太少而沥青拌合厂难以生产，而且施工单位对热沥青混合料的保温和修补操作也感到不便，特别是在冬季和雨水较多的春季，因此道路养护部门十分需要一种能够随时可以用于路面修补的材料[2]。

当前开发的许多冷补料或储存式冷铺沥青混合料具有以下优点：

（1）路面在行车作用下会逐渐压实，强度慢慢提高[3]。如果在路面修补时，未能使用碾压设备，路面在使用过程中经行车碾压会逐渐密实。

（2）由于在常温下施工，且使用简单工具即可进行坑洞修补，操作颇为方便。

（3）冷铺沥青混合料预先在工厂生产并储存起来，随时可供使用，因而适合常年路面坑洞修补，或供路面开挖埋设管线后恢复路面使用。

（4）经过碾压成型的冷铺沥青路面，具有与热铺沥青路面基本一样的使用性能，且冷铺沥青路面不易出现温度收缩裂缝。

根据第4章改进型的多功能油性的研发过程可知，常温型某胺固化体系与沥青搅拌在一起后，B组分常温下黏度在2000～5000mPa·s之间，流动性很好，常温型某胺初步的常温胶凝时间为100min，进一步只需用在－20℃以上的温度就可以缓慢固化，这一点能够满足冷补料初期强度与成型强度的要求。另外，常温型某胺为胺类固化剂，吸湿性不如酸酐类，这样使得常温型某胺环氧沥青既可在低湿度环境下施工，也可在高湿度环境下施工，并有效减少水对冷补料的损害。由此可知，常温型某胺环氧沥青刚好满足以上条件。一般的冷铺料用沥青，往往存在粘结强度不够的问题，经过长期的荷载后修补处往往又会出现破损，而且石油溶剂用量很大，施工和使用时都会造成对环境的污染。本次开发的常温型某胺环氧沥青结合料其特点就是粘结力大，而且常温型某胺固化体系本身黏度低，制成的环氧沥青的稀释剂用油量比一般冷铺沥青小，更加环保[4]。

基于上述几点，本书拟将常温型某胺环氧沥青开发成为冷铺沥青。

6.1.2 油性温拌环氧沥青

传统的热拌沥青混合料（HMA）是一种热拌热铺材料，在拌合、摊铺及碾压时需要较高的温度，生产和施工的过程，消耗大量能源，沥青热老化，排放出大量的废气和粉尘，影响环境和施工人员的身体健康。温拌沥青应运而生[5]。常见温拌沥青具有以下特点：

（1）低沥青混合料生产和施工温度约为30～50℃，可以节约能耗20%以上，减少振动压路机使用时对桥梁和沿线建筑结构的影响。

（2）少排放量。温拌沥青混合料可以大幅度减少沥青混合料拌合过程中的气体排放物种类和排放量，一般拌合温度每降低10℃，沥青烟雾和CO_2的排放量会随之减半，减少了气体排放，一般可以节省沥青拌合楼30%～50%的间接成本，降低有害气体对施工人员的伤害（图6-1）。

图6-1 HMA（左）和WMA（右）混合料对环境影响对比

（3）延长沥青路面施工期、扩大应用范围。由于温拌沥青混合料施工温度比热拌沥青混合料低，因此在环境温度较低和温度损失较快时，温拌沥青混合料具有很大的应用优势，从而大大延长沥青路面的施工期，甚至可以进行冬期施工；温拌沥青混合料较低的拌合、摊铺和碾压温度特别适合于沥青混凝土在隧道路面中的应用。

目前常见的温拌技术有：

（1）泡沫沥青温拌技术（WMA-Foam）。是由英国Shell（壳牌）公司和挪威Kolo-Veidekke联合开发并拥有专利的一种两阶段法生产温拌沥青混合料的技术，该技术首先采用软质沥青与石料拌合，拌合温度控制在110℃左右。

（2）沸石（Aspha-Min）降黏技术。这种技术的施工温度可降低30℃左右，并且生产温度每降低12℃，耗能将减少约30%。所有的结合料不管是沥青还是聚合物改性结合料以及回收沥青都能够使用Aspha-Min。

（3）使用沥青流动性改性剂（如Sasobit-费托石蜡）技术。Sasobit是南非Sasol Wax的产品，Sasobit能通过化学反应来减小沥青混合料的黏性，降低生产温度18～54℃。

（4）乳化沥青温拌技术（Evotherm）。这种方法是美国Meadwestvaco公司正在进行研究的基于乳化沥青分散技术的Evotherm温拌沥青混合料。该技术采用一种特殊的乳化沥青替代热沥青实现温拌，其生产工艺与热拌沥青混合料基本相同。在拌合过程中乳化沥青中的水分以水蒸气的形式释放出去，拌合后的温拌沥青混合料从外观上看其裹附和颜色与热拌沥青混合料相类似[6]。

虽然以上温拌沥青各有优点，但也不可回避地会存在以下问题：

粘结强度不高，抗剪切性能不强，容易诱发高温车辙；温拌沥青混合料制备过程中石料加热温度较低，这样石料中水分不能完全排除，滞留在石料中的水分容易聚集在石料与沥青表面，诱发水损害；还有最关键的一点是国内温拌沥青不够成熟，许多技术都是国外专利，使用成本居高不下[7]。

本次试验开发的中温油性胺固化体系与沥青搅拌在一起后，B组分常温有很微弱的流动性，各个温度下的黏度见表6-1，根据拌合最佳黏度170mPa·s，可以推算中温油性胺最佳拌合温度在100℃左右，考虑到将要加入冷环氧树脂，拌合温度推荐105℃，较HMA降低了60℃左右。中温油性胺初步的常温胶凝时间为48h，进一步需用在0℃以上的温度都可以缓慢固化90～120d；中温油性胺为胺类固化剂，吸湿性不如酸酐类，这样使得中温油性胺环氧沥青既可在低湿度环境下施工，也可在高湿度环境下施工，而且中温油性胺环氧沥青不含水，有效地减少了水对混合料的损害；而且中温油性胺混合料拌合时基本无废烟产生。这说明中温油性胺既满足上述温拌沥青的特点，又能解决上述一般温拌沥青的不足[8,9]。

中温油性胺环氧沥青B组分黏度 **表6-1**

温度(℃)	黏度(mPa·s)
60	1050
70	535.6
100	123.1

基于上述几点，本书拟将中温油性胺环氧沥青开发成为温拌沥青。

6.2 冷拌油性环氧的开发

6.2.1 结合料配比与石油溶剂的选择

与其他几种固化剂不同，常温型某胺用于冷拌环氧沥青，其本身的黏度为1000mPa·s，又由于是常温固化，故不能通过第2章结合料设计方法中的布氏黏度测试方法测定其配比。本章是根据文献［1］提供的方法，再根据施工和易性和马歇尔稳定度综合评价常温型某胺环氧沥青中各组分的含量（表6-2）。

常温型某胺环氧沥青各组分掺量的确定 **表6-2**

沥青含量(%)	溶剂掺量(%)	常温型某胺固化剂掺量(%)	目测和易性	马歇尔稳定度(kN)
80	15	5	较稠	8.11
				8.34
				10.23
				9.21
70	20	10	较稠	13.02
				10.65
				11.01
				11.44

续表

沥青含量(%)	溶剂掺量(%)	常温型某胺固化剂掺量(%)	目测和易性	马歇尔稳定度(kN)
60	25	15	较好	13.23
				13.72
				14.20
				13.21
50	30	20	较稀	7.09
				7.11
				7.23
				6.58

最终选取沥青60%，石油溶剂25%，常温型某胺固化剂15%。

在本研究中，采用石油溶剂进行结合料的配置，因为石油溶剂可以与沥青有很好的相溶性。石油工业中对石油溶剂也有其特定的技术指标，但是在本研究中，关注的是石油溶剂本身的黏度以及其挥发性能，黏度可以初步判定结合料可能被稀释的最低状态；挥发性能则可以判定混合料储存的难易、成型的快慢，通过闪点来衡量，石油溶剂的闪点越高，储存性能越好，施工越安全，但是混合料成型越慢，反之，储存性能降低，施工风险提高，混合料成型快。

常见的冷铺沥青采用柴油作为稀释剂，本次试验采用了0号柴油与90号汽油两种稀释剂做了对比试验，将不同溶剂的常温型某胺环氧沥青与石料在常温下拌合双面击实75次成型马歇尔试件，放置室温下在不同时间测其马歇尔稳定度，试验结果见表6-3。从试验数据中可以明显看出90号汽油作为溶剂时其挥发效果优于柴油，最终选取90号汽油作为配制冷铺环氧沥青的石油溶剂。

两种溶剂的常温型某胺环氧沥青混合料马歇尔稳定度对比（kN）　　表6-3

溶剂	12h	24h	3d	24d	48d
0号柴油	2.11	3.42	3.54	5.48	12.89
90号汽油	2.32	3.78	5.11	13.77	13.89

6.2.2 冷拌沥青的技术要求

参考日本大有株式会社的技术标准[10]，冷铺沥青混合料的力学性能试验分为以下三个部分：

（1）作业稳定度：指拌合料作业时的控制指标。

作业稳定度反映混合料从储存包装中取出后进行修补施工操作的难易程度。

（2）初期稳定度：指摊铺碾压后第7d的稳定度。

初期稳定度反映了冷铺沥青混合料中溶剂的挥发引起的混合料强度升高。

（3）使用稳定度：是指沥青混合料在铺筑碾压通车7d后使用的稳定度。

使用稳定度综合反映冷铺沥青混合料在行车逐渐压密及溶剂挥发的共同作用下引起的混合料强度升高。

提出的技术标准见表 6-4。

日本冷铺沥青混合料的技术指标　　表 6-4

空隙率(%)	作业稳定度(kN)	初期稳定度(kN)	使用稳定度(kN)	流值(0.1mm)
3～5	0.5～0.8	>2.5	>3	10～40

西班牙 Cantabria 大学提出一种磨耗方法[11]，经过适当改进后，来评定混合料的疏松性和压实性。即将 1kg 沥青混合料在 15℃的温度下正反面锤击 20 次制成马歇尔试件，称重后在 15℃的温度下保温 4h，然后将试件放入洛杉矶磨耗机（不放入钢球），旋转 100 转后从滚筒中取出最大的一块，称重，按下式计算磨耗损失率：

$$q=(Q_1-Q_2)/Q_1\times 100\% \tag{6-1}$$

式中　q——磨耗损失率；

Q_1——试验前试件重；

Q_2——磨耗试验后试件重。

他们指出如果混合料压实性能差，试件损失率必然大；相反，如果混合料疏松性差，易结块，试件损失率必然很小。并规定，为兼顾两者，q 值宜取在 5%～20%的范围内。

6.2.3　配合比设计

由于是用作路面修补，根据吕伟民[12] 关于冷铺沥青混合料的设计与技术指标，采用较细的级配，本书选取 AC-10 的级配中值。

AC-10 混合料配合比　　表 6-5

粒径	13.2	9.5	4.75	2.36	1.18	0.6	0.3	0.15	0.075
通过率	100	98	64.2	45.9	27.9	21.6	14.0	10.0	8.2

配置的常温型环氧沥青类似于一种乳化沥青，设计的目的在于应用在冷铺、冷补料上，故其油石比的确定与高温型环氧沥青不同，冷拌环氧沥青最关键的控制因素在于其施工和易性，根据之前西班牙 Cantabria 大学提出的磨耗方法[11]，本试验采用肯塔堡飞散试验控制其油石比设计。

本书采用的飞散试验是将混合料制成马歇尔试件，双面击实 50 次，15℃温度保温 4h，称重，放入洛杉矶磨耗机内进行肯塔堡飞散试验，300 转，10min。按式（6-1）计算磨耗损失率。

试验结果见表 6-6 和图 6-2。

飞散试验法常温型某胺沥青最佳沥青用量　　表 6-6

沥青用量(%)	Q_1(g)	Q_1 均值(g)	Q_2(g)	Q_2 均值(g)	磨耗损失率(%)
6.0	1167.8	1166.3	1012.8	1012.3	13.2
	1165.3		1011.9		
	1165.6		1012.2		
6.5	1170.4	1170.6	1070.5	1071.1	8.5
	1171.2		1070.9		
	1170.2		1071.8		

续表

沥青用量(%)	Q_1(g)	Q_1 均值(g)	Q_2(g)	Q_2 均值(g)	磨耗损失率(%)
7.0	1174.8	1174.7	1077.1	1077.2	8.3
	1174.2		1077.8		
	1175.0		1076.7		
7.5	1180.2	1180.6	1081.9	1083.8	8.2
	1182.3		1084.7		
	1179.4		1084.8		

从图6-2可以看出，油石比到了6.5%之后，磨耗率只有很少的降低，在达到同等的磨耗率的同时为了节省结合料用量，本次试验选取油石比为6.5%。

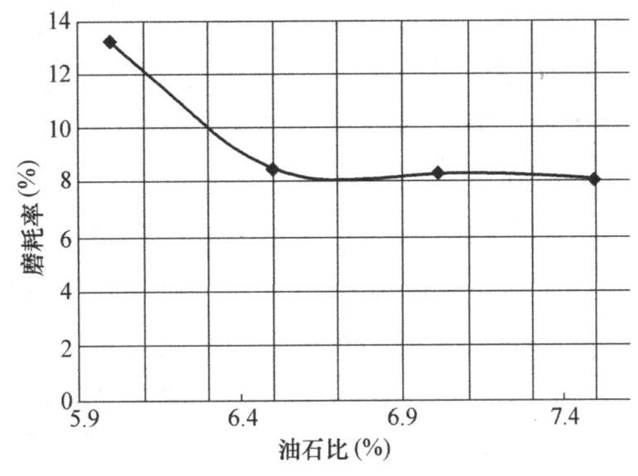

图6-2 磨耗率与油石比的关系

6.2.4 冷拌环氧沥青性能检测

抗水损坏能力是冷铺沥青混凝土的薄弱环节，一方面因为冷铺结合料本身黏度较低，另一方面由于冷铺沥青混合料在路面坑槽修补中是逐渐压密的过程，即其初期空隙率较大，地表水容易渗入导致损坏，因此要求其具有较强的抗水损能力。本书采用冻融劈裂试验作为水稳定性检测试验。

试验过程与之前的冻融劈裂试验一样，空隙率为6.5%，试验结果见表6-7。

常温型某胺混合料冻融劈裂值　　表6-7

未冻融循环(kN)	均值(kN)	冻融循环(kN)	均值(kN)	*TSR*(%)
15.23	15.67	13.91	12.9	82.3
17.21		14.26		
14.82		11.10		
15.39		12.33		

82.3%的 *TSR* 值是完全满足路用防水要求的。

评价沥青与矿料粘附性的方法有很多，不过关于常温型某胺环氧沥青混合料，本书关注更多的是其实际路用时的情况，不仅关注它与矿料之间的粘附性，更加关注其用在路面填补时与周围混合料的粘合情况。本书选取了在美国占有较大份额的 Permanpatch 冷补料做对比试验。施工的具体实现过程是在实验室周围的路面上找到有坑槽的区域，先清扫干净，预先在坑槽内部铺设一层常温型某胺冷补料沥青，根据计算用量再将石料铺洒入坑槽内，最后浇上常温型某胺冷补料沥青，类似于一种沥青贯入碎石的施工方法。

图6-3（*a*）为摊铺完常温型某胺混合料后当天下雨积水情况，可见常温型某胺有很好的防水性；图6-3（*b*）为汽车轮碾压后，图6-3（*c*）为两种冷补料修补后外观，图6-3（*d*）所示为施工完成一个星期后拍摄的效果照片。

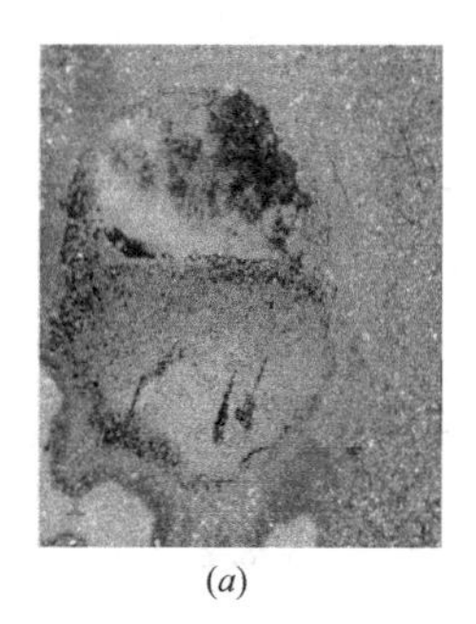

(a)

(b)

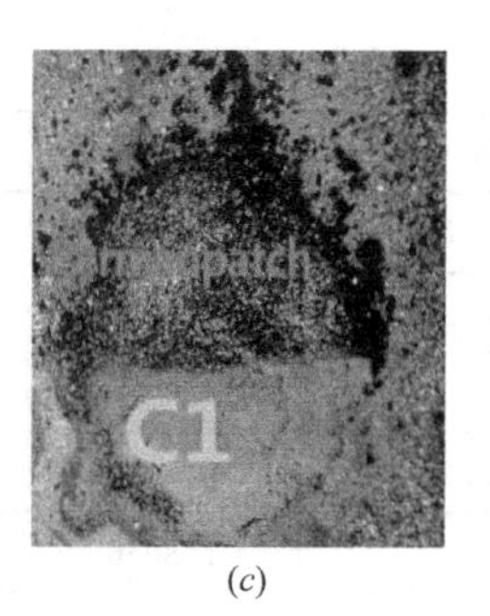

(c)

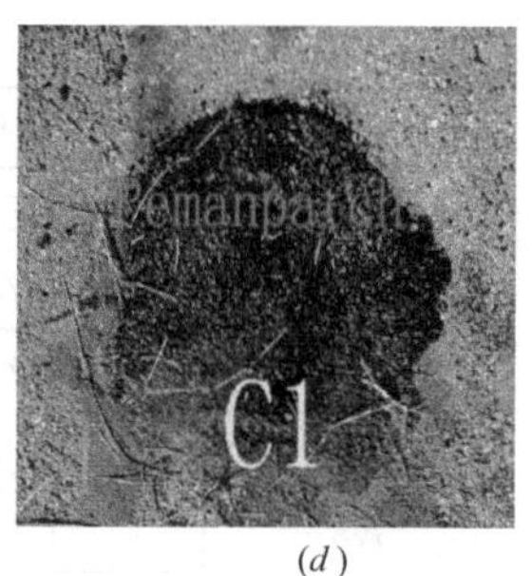

(d)

图 6-3　两种冷补料粘结性能效果对比

实地观测常温型某胺环氧冷补料经过 1 周时间汽油排放完全后，成型具有很好的粘附性，密实度较好，而且具有很好的平整度，但基于汽油为溶剂的混合料级配尚需进一步完善。Permanpatch 冷补料使用较为方便，但后期强度不再增加，并且空隙率较大，容易受到水的侵害。

冷铺沥青混合料用在路面修补和维护上，即之前的裂缝和坑槽里，这些出现破坏的地方也往往是行车荷载较多的地方，故其疲劳性能也值得我们关注。为了体现试验的一致性，疲劳性能检测仍采用之前两章的检测方案。检测结果与数据分析见表 6-8～表 6-10 及图 6-4。

各种环氧沥青混合料力学强度　　**表 6-8**

混合料类型	最大压力 P_B(kN)	抗弯拉应力(MPa)
常温型某胺	0.83	1.994

常温型某胺型环氧沥青混合料疲劳试验结果　　**表 6-9**

混合料类型	应力水平	弯拉应力(MPa)	疲劳寿命(次)	有效试件个数	平均疲劳寿命(次)	变异系数(%)
常温型某胺	0.9	1.795	56	4	50.8	3.42
			47			
			51			
			49			
	0.8	1.595	399	4	396.5	3.96
			391			
			412			
			384			
	0.7	1.396	2004	4	1926.8	6.77
			2102			
			1812			
			1789			
	0.6	1.196	4530	4	4440.8	6.25
			4722			
			4310			
			4201			

三种沥青混合料的应变疲劳方程　　**表 6-10**

混合料类型	疲劳方程	相关系数
常温型某胺	$\lg N_f=-11.006\lg\sigma+4.683$	0.942

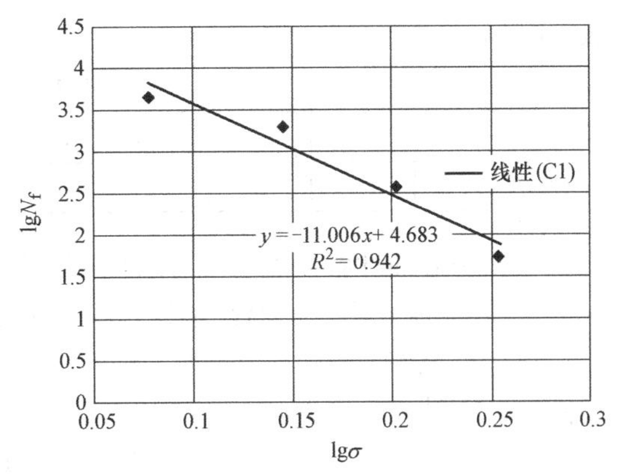

图 6-4 常温型某胺环氧沥青混合料双对数疲劳曲线

从数据拟合的情况可以看出，常温型某胺环氧沥青混合料的疲劳寿命与每个应力水平在双对数坐标下满足良好的线性关系。截距 a 值即疲劳次数对数的理论最大值为 0.411，荷载敏感性系数 b 的绝对值为 0.085。

路面坑槽修补后立即开放交通，因此冷铺沥青混合料需要达到一定的初期强度，即混合料应具有较好的压实性。根据冷铺沥青混合料的性能特点，本研究采用马歇尔稳定度评价冷铺沥青混合料的初始强度。

对冷铺沥青混合料初期强度的评价仍采用马歇尔稳定度的方法，与普通马歇尔试验一样，查阅相关资料，表 6-11 是几种冷铺沥青混合料与常温型某胺环氧沥青冷补料进行的初始马歇尔稳定度测试结果。

几种冷铺沥青混合料初始强度 **表 6-11**

种类	加拿大宁枫*	日本百合*	美国 UPM*	本书常温型某胺
初始稳定度(kN)	1.9	1.8	2.1	5.4

* 数据源自余世敏．储存式冷铺沥青的设计及应用研究 [D]. 上海：同济大学，2008.

冷铺沥青混合料在铺筑之后，随着行车的逐渐压密及环境的作用，混合料中的添加剂将逐渐挥发，结合料逐渐恢复基础沥青的性质，即粘结力 C 值逐渐增大，因此混合料的强度也将逐渐提高。为了保证冷铺沥青修补的路面的耐久性，即在夏季高温季节行车荷载反复作用下，不致产生较大的变形，要求混合料应具有一定的强度。成型强度是指在初期强度之上室温放置 24h 后测其稳定度的试验方法，要求此稳定度值不得低于 3kN。规范中对此成型强度的取值偏小，因为在高温 110℃烘箱中 24h 后，溶剂已有较大部分的挥发，参考相关文献，建议此成型强度不低于 4kN。

无论初期强度还是成型强度，常温型某胺混合料都满足规范要求，并比同种冷补料强度要高出许多（表 6-12）。

几种冷铺沥青混合料成型强度 **表 6-12**

种类	加拿大宁枫*	日本百合*	美国 UPM*	本书常温型某胺
成型稳定度(kN)	5.1	4.8	4.8	8.3

* 数据源自余世敏．储存式冷铺沥青的设计及应用研究 [D]. 上海：同济大学，2008.

6.3 温拌型环氧沥青的开发

6.3.1 配合比设计

按常见的温拌沥青技术，中温油性胺采用马歇尔设计方法。根据《公路沥青路面施工技术规范》JTG F40—2004 要求取 AC-13，采用较细的级配，表 6-13 为本书选取一种

AC-13 的级配。

AC-13 混合料配合比 **表 6-13**

粒径(mm)	16	13.2	9.5	4.75	2.36	1.18	0.6	0.3	0.15	0.075
通过率(%)	100	92	71	50	33	20	14	9	7	5

根据中温油性胺特点[13]，拌合时石料与矿粉温度为 115℃，中温油性胺沥青温度为 105℃，环氧树脂不用加温在条件允许下稍微加温。

目标空隙率为 4%。现选取三种油石比，6.0%，6.5%，7.0%，用马歇尔击实成型，孔隙率计算结果见表 6-14。

中温油性胺油石比确定 **表 6-14**

沥青用量(%)	干重(g)	水中重(g)	表干重(g)	毛体积密度(g/cm^3)	最大理论密度(g/cm^3)	空隙率(%)
6.0	1203.6	732.3	1207.8	2.531	2.648	4.3
	1204.9	733.9	1208.7	2.538	2.648	
	1201.8	730.5	1205.0	2.533	2.648	
			均值	2.534		
6.5	1208.5	736.6	1211.1	2.547	2.644	3.6
	1209.5	736.8	1211.3	2.549	2.644	
	1208.9	737.0	1211.5	2.548	2.644	
			均值	2.548		
7.0	1215.6	743.9	1218.6	2.561	2.640	2.9
	1218.2	746.4	1221.3	2.565	2.640	
	1215.4	745.1	1219.1	2.564	2.640	
			均值	2.563		

试验最终选取 6.2%作为最佳油石比。

6.3.2 温拌环氧沥青性能检测

试验根据之前的马歇尔设计方法确定的级配与油石比，成型了 12 个中温油性胺混合料的马歇尔试件，本次试验中温油性胺混合料的马歇尔试验结果见表 6-15。

中温油性胺混合料马歇尔试验值 **表 6-15**

放置时间	试件个数	平均稳定度(kN)	变异系数	流值(0.1mm)	变异系数
24h	12	12.25	3.12	21.2	3.25
48h	12	14.68	3.53	20.5	3.62

中温油性胺完全固化需要几个月的时间，由于时间有限，这里测得的马歇尔稳定度以及下面的检测结果都是在室温下固化了 24～48h 的效果，但都满足《公路沥青路面施工技术规范》JTG F40—2004 的要求，故未测其完全固化后的强度。待下一步的测试可以检测其完全固化后的效果。

温拌沥青常用在隧道路面铺面，难免会遇到水的堆积，再者温拌沥青由于温度较低，沥青的裹附性能没有热拌沥青混合料体现得那样完全，这就有必要检测其抗水损害性能。本书采用冻融劈裂试验作为水稳定性检测试验。

冻融劈裂试验方法与前面几章相同，这里不再赘述，表6-16是试验结果。

中温油性胺混合料冻融劈裂值 **表6-16**

未冻融循环(kN)	均值(kN)	冻融循环(kN)	均值(kN)	*TSR*(%)
11.20	12.11	10.55	11.13	91.9
12.37		11.29		
12.15		11.31		
12.72		11.40		

91.9%的 *TSR* 值说明中温油性胺环氧沥青混合料具有很好的抗水损害性能。

由于温拌沥青混合料是用作大面积铺面，与普通热拌沥青混合料铺面一样，也会面临高温车辙问题，温拌沥青由于其黏度较低，随着温度的升高，沥青黏度会降低，就应该更加注意路面高温稳定性。车辙试验试验数据见表6-17。

中温油性胺混合料车辙试验结果 **表6-17**

动稳定度(次/mm)	永久变形(mm)	相对变形(%)
4521	3.527	7.05

从试验结果可以看出中温油性胺环氧沥青混合料马歇尔稳定度、冻融劈裂强度以及车辙动稳定度均远远超过《公路沥青路面施工技术规范》JTG F40—2004的要求。

6.3.3 关于中温油性胺施工建议与深入研究

中温油性胺长期存放会产生微弱的离析，建议施工拌合前沥青油加温温度较平时高5～10℃，这样能使中温油性胺沥青在拌合时更加均匀，若存储时间在1个月以内则不需提高油温；由于中温油性胺不是一般常见的温拌沥青，其使用方法与E-WMA、WAM-Foam、Aspha-Min等温拌沥青有所不同，中温油性胺混合料只需像一般热拌那样施工即可，只是其固化时间需要得到保证。根据中温油性胺固化体系的固化时间，本书推荐开放交通时间为施工完成后1个月。

作为一种温拌材料，中温油性胺环氧沥青由于时间关系尚有许多未考虑周全的方面，如后期强度、耐候性能、疲劳性能等还有待深入研究。

6.4 结论

(1) 根据冷铺沥青技术要求，本书拟将常温型某胺环氧沥青开发为冷补料用环氧沥青，鉴于中温油性胺优良的流动性能与施工特性，本节拟采用中温油性胺作为温拌环氧沥青；

(2) 常温型某胺环氧沥青选用70号汽油作为稀释剂；

(3) 根据冷补料规范，选用了AC-10级配设计，由于冷补料对施工和易性要求很高，油石比用肯塔堡飞散试验确定，最终定为6.5%；

（4）常温型某胺混合料的水稳定性用冻融劈裂试验检测，*TSR* 值为 82.3%；粘附性经过实际观测与 Permanpatch 进行对比，从粘附性和平整度等方面都优于 Permanpatch；中点加载小梁弯曲疲劳性能方程为 $\lg N_f=-0.085\lg\sigma+0.411$；初期强度为 5.4kN，成型强度为 8.3kN，都远远高于标准以及国外一般冷补料；

（5）中温油性胺混合料级配选用 AC-13，用马歇尔设计方法根据空隙率 4%确定油石比为 6.2%；

（6）根据《公路沥青路面施工技术规范》JTG F40—2004 规范中要求，检测得中温油性胺混合料马歇尔试件 24h 平均稳定度 12.25kN，48h 平均稳定度 14.68kN，冻融劈裂值为 91.9%，高温车辙试验动稳定度 4521 次/mm，从各方面都满足规范要求。

参考文献

[1] 交通部公路设计院译. 冷铺沥青混合料及黑色碎石路面 [M]. 北京：人民交通出版社，1960.

[2] 余世敏. 储存式冷铺沥青混合料的设计及应用研究 [D]. 上海：同济大学，2008.

[3] 张镇，刘黎萍，汤文. Evotherm 温拌沥青混合料性能研究 [J]. 建筑材料学报，2009，12（04）：438-441.

[4] Khweir K A . Self Compacting Cement Modified Emulsion Mixtures for Reinstatement Operations [C] // Eurasphalt&Eurobitume Congress. 1996.

[5] 杨小娟，李淑明，史保华. 温拌沥青混合料的技术与应用分析 [J]. 石油沥青，2007（04）：64-67.

[6] 李自明，李桂军，冯润，等. 温拌沥青混合料的应用技术研究 [J]. 北京公路，2009，000（005）：13-21.

[7] 亢阳. 高性能环氧树脂改性沥青材料的制备与性能表征 [D]. 南京：东南大学，2006.

[8] 晓闻译. 冷铺沥青混合料的研究 [M]. 北京：人民交通出版社，1995.

[9] 吕伟民. 沥青混合料设计原理与方法 [M]. 上海：同济大学出版社，2001.

[10] 大有建設株式会社. タフポーラス・EP. [EB/OL]. [2020-03-24] https：//www.taiyu.jp/product/tough-porous-ep/.

[11] 杜鹃. 储存式冷铺沥青混合料的研究 [D]. 西安：长安大学，2001.

[12] 吕伟民，冯辉. 储存式冷铺沥青混合料的研制 [J]. 机场工程，1998（4）：6-10.

[13] 李桂林. 环氧树脂与环氧涂料 [M]. 北京：化学工业出版社，2003.

第7章　改进型的水性环氧沥青的研发过程

7.1　水性环氧固化剂选择

在1.3和1.4节已简单讲述了水性类环氧固化体系，其中的例子即是采用了可以在水中进行乳化、固化的环氧固化剂。与油性环氧体系一样，水性环氧树脂与固化剂以及相应的促进剂、相容剂一起称为水性环氧固化体系，固化体系在环氧沥青B组分内的掺量是十分重要的，因为它决定了树脂用量。由于研发的目的是针对环境要求较高的隧道路面施工的环境，因此混合料均在常温拌合，不同的固化体系对应不同的最佳固化适合温度范围，我们在本章中需要验证的是在常温下，既要固化速度快到可以满足开放交通的要求，又要留出足够的摊铺等待时间。

本次试验所用固化体系包括环氧树脂与固化剂（水性环氧树脂固化剂）、酸酐A，本节试验主要是为了确定固化剂与酸酐A整体的掺量，根据工程应用出发，本书主要从B组分黏度方面入手，检测B组分在不同固化剂掺量下的固化时间。

常温下试验采用的酸酐A为固态，先将其与固化剂搅拌融合，水性环氧树脂固化剂液态，已通过添加1∶1计量的水使之常温黏度保持在5～50mPa·s，根据《公路沥青路面施工技术规范》JTG F40—2004和《公路工程沥青及沥青混合料试验规程》JTG E20—2011中T0722—2000要求的施工要求，拌合黏度为0.17Pa·s，即170mPa·s（下称黏度-温度施工特性原理）。因此通过调整固化剂掺量使其在常温（15℃）时达到最佳拌合黏度，原料为乳化沥青与酸酐。表7-1展示了试验数据。

固化剂掺量与B组分黏度变化　　　　表7-1

固化剂占B组分的比例(%)	水溶固化剂2 15℃黏度(mPa·s)	水溶固化剂5 15℃黏度(mPa·s)	水溶固化剂7 15℃黏度(mPa·s)	水溶固化剂9 15℃黏度(mPa·s)
8	102	—	—	—
10	115	—	—	—
12	132	—	—	67
14	153	—	—	82
16	177	—	—	95
18	182	85	—	121
20	198	92	—	144
22	233	123	69	164
24	278	155	88	180
26	—	174	117	195
28	—	201	165	203
30	—	232	185	226
32	—	—	222	—

将黏度检测结果绘入图中，进行直观观察，如图 7-1 所示。

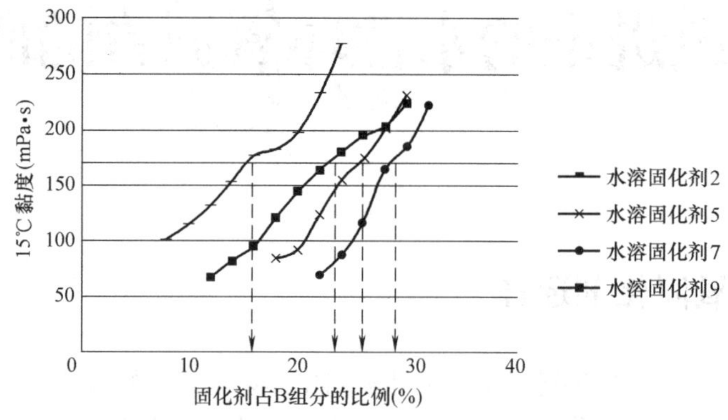

图 7-1　固化剂掺量与 B 组分黏度变化示意图

由图 7-1 可知，根据黏度判断，4 种固化剂掺量分别为：水溶固化剂 2，16%；水溶固化剂 5，26%；水溶固化剂 7，29%；水溶固化剂 9，23%。

固化体系在环氧沥青 B 组分内的掺量是十分重要的，因为它不仅决定了树脂用量，还决定了拌合温度，从施工方面考虑它还间接决定了施工和易性，以及成本问题。从 B 组分黏度方面入手，调整 B 组分最佳拌合温度和最佳固化温度达到一致。水溶固化剂 2 为中低温固化，取 45℃；水溶固化剂 5 为常温固化，取 25℃；水溶固化剂 7 为中温固化，取 87℃；水溶固化剂 9 为高温固化，取 120℃。

同上述黏度-温度施工特性原理，通过调整固化剂掺量使其在最佳固化温度时达到最佳拌合黏度。原料为 70 号基质沥青与酸酐。表 7-2 展示了试验数据。

固化剂掺量与 B 组分黏度变化　　**表 7-2**

固化剂占 B 组分的比例(%)	水溶固化剂 2 45℃黏度(mPa·s)	水溶固化剂 5 25℃黏度(mPa·s)	水溶固化剂 7 87℃黏度(mPa·s)	水溶固化剂 9 120℃黏度(mPa·s)
8	—	—	—	823
10	—	—	—	768
12	—	—	—	633
14	823	—	—	547
16	685	—	—	519
18	321	—	735	428
20	250	—	537	332
22	197	—	469	294
24	142	—	358	—
26	—	743	317	—
28	—	625	265	—
30	—	—	—	—
32	—	577	—	—
34	—	—	—	—
36	—	423	—	—
40	—	351	—	—
44	—	294	—	—

由表7-2可知，根据黏度判断，4种固化剂掺量分别为：水溶固化剂2，19%；水溶固化剂5，44%；水溶固化剂7，27%；水溶固化剂9，22%。

本章想要提出一种固化后能够达到一定强度而又有较长的适用期（固化时间）的水性固化剂，经过筛选，满足一定强度和适用期要求的固化剂有：水溶固化剂5、水溶固化剂7、水溶固化剂9。固化剂的牌号与性能见表7-3。

所用固化剂牌号与性质 表7-3

所属固化剂类型	商品牌号	室温黏度（mPa·s）	胺值	常规用途	固化温度	固化时间	添加量(%)
水性环氧树脂固化剂(多元胺)	水溶固化剂5	室温黏稠	135～220	水性地坪	常温	24h以上	20～30
	水溶固化剂7	室温黏稠	135～220	水性地坪	中温	24h以上	20～30
	水溶固化剂9	室温黏稠	144～241	水性地坪	高温	2h左右	20～30
	水溶固化剂2	室温黏稠	120～271	水性地坪	常温	8～24h	20～30

7.2 水性环氧固化试验

为了使得水能够顺利加入，进行了水性环氧固化试验。表7-1～表7-3中的水溶固化剂2、水溶固化剂9、水溶固化剂5和水溶固化剂7均为多元胺水性环氧树脂固化剂，掺水比例为1∶1。如图7-2（*a*）所示，水溶固化剂9、水溶固化剂7和水溶固化剂5的环氧固化混合物分别是下右杯、下左杯和上杯。

(*a*)

(*b*)

图7-2 水性环氧固化剂以及与沥青相容之后的效果

制备加入了固化剂的环氧乳化沥青有2种顺序：(1) 加入基质沥青中再乳化；(2) 直接加入乳化沥青中。固化剂加入基质沥青的过程需缓慢搅拌，温度不能过高，控制在90～130℃为佳。而固化剂加入乳化沥青，由于两者都是常温液态，直接添加即可。图7-3展示了此次研究的水性环氧固化剂加入乳化沥青的效果，基质沥青为埃索70号，与水溶固化剂9固化剂按4∶1混合。两种加入的方法都需要缓慢搅拌，量少时可选用手动搅拌，量大时可选用搅拌桨搅拌。

根据其性状添加其他添加剂（相容剂、促进剂、增韧剂）。本次研究用到增韧剂酸酐A（其作用在于增加环氧树脂的韧性和持续后期固化），由于其在常温下为固体，则须首先将酸酐 A 加入热的基质沥青中，用量在占基质沥青的 2%～5%之间，之后再进行固化剂添加或是乳化步骤（图 7-4）。若为液态添加剂，可在乳化之后进行。

图 7-3　乳化沥青中加入水性环氧固化剂中搅拌过程

图 7-4　两种顺序添加水性环氧固化剂以及与沥青相容之后的效果（左-基质沥青+固化剂，右-乳化沥青+固化剂）

从试验过程可以得知，水性环氧能很好解决以往的环氧沥青中由于水的加入使得环氧固化体系破坏的问题。由于水性环氧固化剂是一种改性的多元胺，它与沥青具有很好的相容性，无颗粒感，且有效降低了沥青的 25℃黏度以及软化点，说明其可作为沥青改性剂，具有可被发泡或乳化的潜能。

7.3　水性泡沫环氧沥青固化剂掺量的确定

从 7.1 节的固化反应测试可以发现，由这四种固化剂组成的环氧沥青有被发泡的潜质，然而环氧树脂与固化剂以及相应的促进剂、相容剂一起称为环氧固化体系，固化体系在环氧沥青 B 组分内的掺量是十分重要的，因为它不仅决定了树脂用量，还决定了拌合温度，从施工方面考虑它还间接决定了施工和易性，关系到成本问题。

本次试验所用固化体系包括环氧树脂（E-51）与固化剂（水性环氧树脂固化剂）、酸酐 A，本节试验主要是为了确定固化剂与酸酐 A 整体的掺量，根据工程应用出发，本书主要从 B 组分黏度方面入手，调整 B 组分最佳拌合温度和最佳固化温度达到一致。水溶固化剂 2 为中低温固化，取 45℃；水溶固化剂 5 为常温固化，取 25℃；水溶固化剂 7 为中温固化，取 87℃；水溶固化剂 9 为高温固化，取 120℃。

同 7.1 节的黏度-温度施工特性原理，调整固化剂掺量使其在最佳固化温度时达到最佳拌合黏度。原料为 70 号基质沥青与酸酐。表 7-4 展示了试验数据。

固化剂掺量与 B 组分黏度变化　　表 7-4

固化剂占 B 组分的比例(%)	水溶固化剂 2 45℃黏度(mPa・s)	水溶固化剂 5 25℃黏度(mPa・s)	水溶固化剂 7 87℃黏度(mPa・s)	水溶固化剂 9 120℃黏度(mPa・s)
8	—	—	—	823
10	—	—	—	768
12	—	—	—	633
14	823	—	—	547

续表

固化剂占B组分的比例(%)	水溶固化剂2 45℃黏度(mPa·s)	水溶固化剂5 25℃黏度(mPa·s)	水溶固化剂7 87℃黏度(mPa·s)	水溶固化剂9 120℃黏度(mPa·s)
16	685	—	—	519
18	321	—	735	428
20	250	—	537	332
22	197	—	469	294
24	142	—	358	—
26	—	743	317	—
28	—	625	265	—
30	—	—	—	—
32	—	577	—	—
34	—	—	—	—
36	—	423	—	—
40	—	351	—	—
44	—	294	—	—

由表7-4可知，根据黏度判断，4种固化剂掺量分别为：水溶固化剂2，19%；水溶固化剂5，44%；水溶固化剂7，27%；水溶固化剂9，22%。

7.4 水性乳化环氧沥青固化剂掺量的确定

经过7.1的固化反应测试可以发现，4种水性环氧固化剂具有被乳化的潜质，然而环氧树脂与固化剂以及相应的增韧剂、促进剂、相容剂一起称为环氧固化体系，固化体系在环氧沥青B组分内的掺量是十分重要的，因为它决定了树脂用量。但此次用于地下道路铺装的混合料为常温拌合，不同的固化体系对应不同的最佳固化适合温度范围，我们需要验证的是在常温下，既要固化速度快到可以满足开放交通的要求，又要留出足够的摊铺等待时间。

本次试验所用固化体系包括环氧树脂（E-51）与固化剂（水性环氧树脂固化剂）、酸酐A，本节试验主要是为了确定固化剂与酸酐A整体的掺量，根据工程应用出发，本书主要从B组分黏度方面入手，检测B组分在不同固化剂掺量下的固化时间。

同7.1节的黏度-温度施工特性原理，通过调整固化剂掺量使其在常温即（15℃）时达到最佳拌合黏度。原料为乳化沥青与酸酐。表7-5展示了试验数据。

固化剂掺量与B组分黏度变化 **表7-5**

固化剂占B组分的比例(%)	水溶固化剂2 15℃黏度(mPa·s)	水溶固化剂5 15℃黏度(mPa·s)	水溶固化剂7 15℃黏度(mPa·s)	水溶固化剂9 15℃黏度(mPa·s)
8	102	—	—	—
10	115	—	—	—
12	132	—	—	67

续表

固化剂占B组分的比例(%)	水溶固化剂2 15℃黏度(mPa·s)	水溶固化剂5 15℃黏度(mPa·s)	水溶固化剂7 15℃黏度(mPa·s)	水溶固化剂9 15℃黏度(mPa·s)
14	153	—	—	82
16	177	—	—	95
18	182	85	—	121
20	198	92	—	144
22	233	123	69	164
24	278	155	88	180
26	—	174	117	195
28	—	201	165	203
30	—	232	185	226
32	—	—	222	—

将黏度检测结果绘入图中，进行直观观察。如图7-5所示。

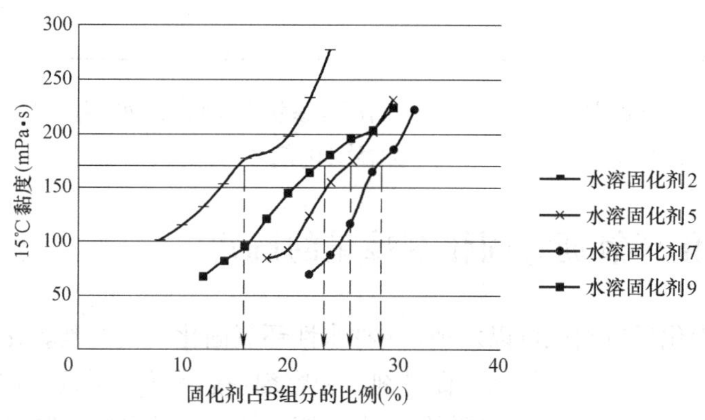

图7-5　固化剂掺量与B组分黏度变化示意图

由图7-5可知，根据黏度判断，4种固化剂掺量分别为：水溶固化剂2，16%；水溶固化剂5，26%；水溶固化剂7，29%；水溶固化剂9，23%。

7.5　结合料固化过程的黏度评价

本小节将对这四种水性环氧沥青进行固化过程的黏度评价，通过测黏度来测出固化过程中强度形成及最终达到完全固化的时间，即施工可操作时间。

美国的环氧沥青技术规范要求在100℃情况下环氧沥青结合料的黏度增加到1Pa·s的时间要大于50min（我国规范中虽尚无此标准，但此指标十分重要，因为此时间与产品的施工可操作时间息息相关），图7-6展示了四种水性环氧沥青的A、B组分混合后黏度增加的实测情况。

从图7-6可以看出，水溶固化剂2的黏度上升至1Pa·s速度最快，水溶固化剂5与水溶固化剂7相当，水溶固化剂9最慢，且4种固化体系固化时间均大于50min，具有满足要求的施工可操作时间，接下来需要进行发泡和拌合试验进一步确定固化体系的优劣。

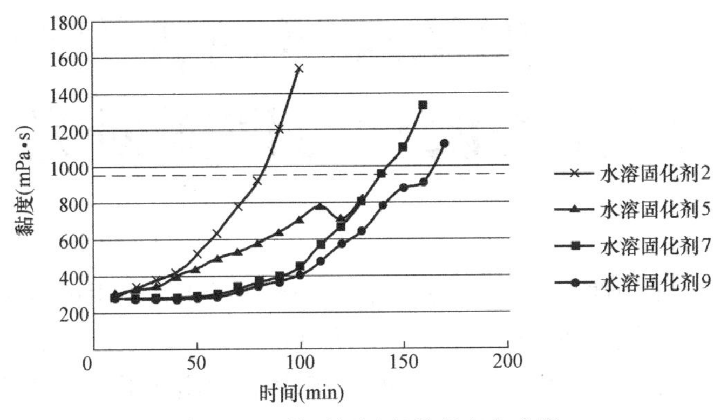

图 7-6　四种环氧沥青黏度变化曲线

在实际铺装工艺控制过程中，温度和时间都会对黏度造成影响，随着反应的进行，环氧沥青分子量逐步增加，从线型分子向体型分子转变，化学反应过程持续放热，物质内部温度会升高，进一步加剧固化反应。这是图中黏度增长曲线的斜率会随时间变大的缘故。无论是结合料或是混合料，其固化过程带来的放热无法用道路工程手段进行评价，研究者所需要做到的是对特定固化体系进行反复试验，对固化过程进行经验性掌握，以期在后续研究中对环氧沥青混合料适用期的调整。

第8章　泡沫环氧沥青混合料配合比设计与性能研究

前面的章节讲述了油性的环氧沥青的工艺和研究。接下来将用更多的篇幅介绍水性环氧沥青的工艺和发展。随着环氧类化学工艺研究和应用的广泛展开，水性类逐步进入人们的视野，寻找可以有水参与的固化体系将使这类热固性树脂的工艺变得丰富多彩，且功能性更强更广泛。

在油性环氧沥青的使用中，为了保证环氧沥青中固化体系充分发挥作用，环氧沥青混合料的出料温度必须保证在一定范围以内，温度可变范围十分受限。因此施工过程中对温度的控制十分严格[1]。原因在于此类环氧沥青中固化体系的状态变化规律、黏度的时温变化等特性[2,3]。现行的环氧沥青施工可操作时间通常为2h左右（即从出料到摊铺碾压），时间显得十分紧张。固化过程所带来的混合料黏度上升极快，超过2h会产生凝块，稍有不慎就会错过最佳摊铺黏度，造成混合料的废弃。若废料强行摊铺，更会导致许多施工质量问题凸显。因此如何延长施工可操作时间是众多环氧沥青研究人员共同研究的焦点问题之一[4]。

导致上述施工性能不足的最根本原因是环氧固化体系的固化温度限制过于严苛，即目前所应用的环氧沥青中的固化体系多为酸酐类、改性胺类，它们大都属于高温固化体系，且固化温度范围较窄。目前国内大多数施工和建设单位不愿意将环氧沥青作为桥面铺装的首选，除去成本因素之外，最为重要的就是施工工艺过于复杂，要求严苛，这是环氧沥青获得进一步推广的最大障碍，环氧沥青的施工性能问题亟待解决。

8.1　材料选择与设计

8.1.1　沥青

考虑其研发过程的稳定性，基质沥青选择沥青质含量稳定且轻质组分较少的埃索70号沥青（PG64-22或70-22）。

SBS改性沥青制备是将SBS改性剂以及3‰的稳定剂在180℃下用高速剪切机以6000～7000r/min的转速剪切、磨、挤压30min后，再搅拌90min，最后在160℃左右的恒温烘箱孕育30min，形状为星型SBS-403，是我国目前最常用的SBS改性沥青。其技术指标见表8-1。

预备试验采用的SBS沥青的各项指标检测　　表8-1

项　目	技术指标	SBS改性沥青
针入度(25℃、100g、5s)(0.1mm)	30～60	55
针入度指数 *PI*	0～+1.0	0.321

续表

项　目		技术指标	SBS 改性沥青
延度 5℃(cm)		≥20	41
软化点(℃)		≥60	87.7
离析，48h 软化点之差(℃)		≤2.5	1.6
130℃运动黏度(Pa·s)		≤3	2.33
密度(15℃)(g/cm^3)		实测	1.035
163℃薄膜加热试验(5h)	质量损失(%)	±1.0	0.14
	残留针入度比(%)	≥65	72
	残留延度(5℃)(cm)	≥15	17

本对比研究中选取较为常用的 ChemCo 环氧沥青作为普通环氧沥青。此环氧沥青亦分作 AB 双组分，A 组分为环氧树脂，B 组分为沥青与固化体系的混合物。

8.1.2　石料与级配

一般而言，级配的选择关系着铺面层的强度、耐久性、构造深度、抗滑性等。实践表明泡沫沥青与环氧沥青均适用于连续密级配，本研究拟选取 AC-13 作为上面层铺装用。然而我国目前针对环氧沥青专用级配的研究较少，大多是直接引用规范中级配所要求的级配。考虑到功能性的特殊性，有针对性地进行级配调整，是十分有必要的。目前常见的环氧沥青混凝土设计空隙率为 3%，而泡沫沥青再生料未有标准的目标空隙率。

试验用石料粒径组成为 13.2～9.5mm、9.5～4.75mm、4.75～2.36mm、2.36～0.075mm 四档。对 4.75mm 以上粗集料，使用产地江苏溧阳的玄武岩，对 2.36～0.075mm 档料，使用产地江苏溧阳的石灰岩。矿粉为石灰岩矿粉。根据《公路工程集料试验规程》JTG E42—2005 测试，其基本性能测试的结果见表 8-2。

集料密度表　　　　**表 8-2**

集料总类	粒径(mm)	表观密度(g/cm^3)	毛体积密度(g/cm^3)	吸水率(%)
玄武岩	9.5～13.2	2.933	2.910	0.79
	4.75～9.5	2.925	2.890	1.211
	2.36～4.75	2.881	2.881	—
石灰岩	0～2.36	2.581	2.581	—

由于是对比试验，采用马歇尔设计方法。根据《公路沥青路面施工技术规范》JTG F40—2004 规范要求取 AC-13，采用较细的级配，表 8-3 为本书选取的 AC-13 和 SMA-13 级配。图 8-1 展示了所选级配的上下限。

AC-13 和 SMA-13 级配　　　　**表 8-3**

级配 \ 粒径(mm)	16	13.2	9.5	4.75	2.36	1.18	0.6	0.3	0.15	0.075
AC-13	100	95	77	53	37	26	19	14	10	6
SMA-13	100	100	68	28	20	19	18	14	11	10

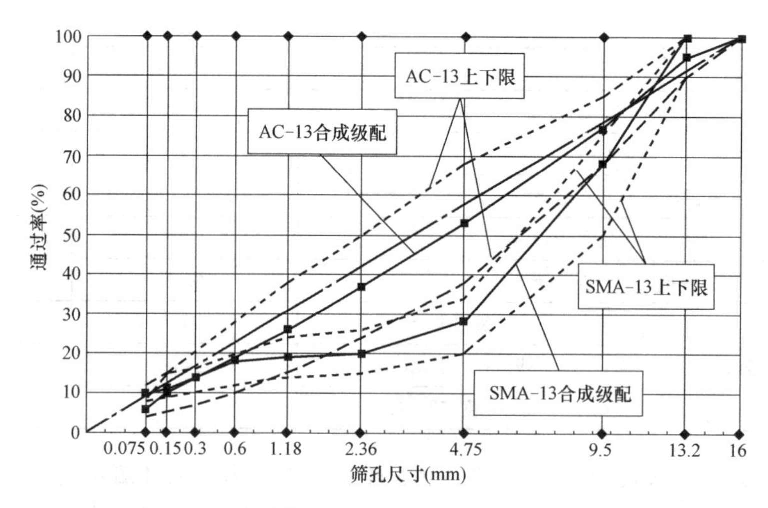

图 8-1　AC-13 级配图

空隙率的目标为 4%。基质沥青 AC-13 现选取三种沥青用量，4.0%，4.5%，5.0%，用马歇尔击实成型，空隙率计算结果见表 8-4。

油石比确定　　表 8-4

沥青用量（%）	干重（g）	水中重（g）	表干重（g）	毛体积密度（g/cm^3）	最大理论密度（g/cm^3）	空隙率（%）
4.0	1203.6	702.5	1207.8	2.531	2.648	4.3
	1204.9	703.3	1208.7	2.538	2.648	
	1201.8	702.1	1205.0	2.533	2.648	
			均值	2.534		
4.5	1208.5	706.9	1211.1	2.547	2.644	3.6
	1209.5	707.7	1211.3	2.549	2.644	
	1208.9	707.6	1211.5	2.548	2.644	
			均值	2.548		
5.0	1215.6	709.2	1218.6	2.561	2.640	2.9
	1218.2	711.2	1221.3	2.565	2.640	
	1215.4	708.0	1219.1	2.564	2.640	
			均值	2.563		

试验最终选取 4.2%作为最佳沥青用量。

改性沥青 SMA-13 的设计的目标空隙率亦为 4%，只是在击实过程中采用 50 次双面击实。现选取三种油石比，6.0%，6.5%，7.0%，用马歇尔击实成型，空隙率计算结果见表 8-5。

依据试验最终通过回归选取 6.2%作为最佳沥青用量。

相对而言环氧沥青有过一些研究经验，它们通常将环氧沥青混合料级配设计为悬浮结构[5]。混合料内部凝结力主要来自于环氧沥青中的固化物，固化后的环氧沥青具有很高的抗拉压强度。为防止水分渗入，破坏粘结层、腐蚀钢板，同时保证满足抗车辙、抗疲劳的要求，混合料必须达到一定的密实度。因此在研究环氧沥青混合料的组成设计时，将空隙率作为一个重要的控制指标。根据国内几座环氧沥青混凝土铺装大桥的设计指标，空隙率的要求为 3%。对比试验中普通环氧沥青以 3%为目标空隙率。根据 7.3 节水性环氧的研究可知，泡沫环氧沥青混合料中由于有泡沫沥青的性质存在，空隙率可适当增加，本研究拟定为 3.5%。

SMA-13 最佳沥青用量的确定 **表 8-5**

沥青用量（%）	干重（g）	水中重（g）	表干重（g）	毛体积密度（g/cm³）	最大理论密度（g/cm³）	空隙率（%）
6.0	1212.4	704.6	1211.5	2.552	2.658	4.2
	1214.5	705.6	1211.6	2.553	2.658	
	1211.6	704.3	1212.0	2.550	2.658	
			均值	2.552		
6.5	1218.4	710.8	1214.0	2.557	2.651	3.8
	1219.0	711.2	1215.6	2.559	2.651	
	1218.1	710.5	1217.6	2.558	2.651	
			均值	2.558		
7.0	1219.4	715.0	1238.4	2.578	2.644	3.5
	1220.3	714.6	1241.1	2.578	2.644	
	1222.2	715.6	1239.4	2.577	2.644	
			均值	2.575		

根据热拌沥青混合料配合比的设计方法，首先确定了 AC 类级配[6]，现选取三种沥青用量，6.0%，6.5%，7.0%，用马歇尔击实成型，孔隙率计算结果如表 8-6，表 8-7 所示，其中最大理论密度值均为计算法与实测值的均值。实测方法采用《公路工程沥青及沥青混合料试验规程》JTG E20—2011 中 T0711—1993 真空法测得。

马歇尔方法确定普通环氧沥青最佳沥青用量 **表 8-6**

沥青用量（%）	干重（g）	水中重（g）	表干重（g）	毛体积密度（g/cm³）	最大理论密度（g/cm³）	空隙率（%）
6.0	1185.67	727.24	1187.82	2.5741	2.690	4.3
	1189.93	729.82	1193.77	2.5745	2.690	
	1187.85	728.27	1189.43	2.5743	2.690	
			均值	2.5743		
6.5	1191.50	734.70	1193.21	2.597	2.684	3.3
	1187.56	732.21	1188.89	2.593	2.684	
	1187.93	731.70	1189.27	2.595	2.684	
			均值	2.595		
7.0	1192.62	738.08	1194.15	2.615	2.680	2.5
	1195.52	739.16	1196.91	2.617	2.680	
	1198.46	741.93	1201.12	2.610	2.680	
			均值	2.613		

马歇尔方法确定泡沫环氧沥青最佳沥青用量　表 8-7

沥青用量(%)	干重(g)	水中重(g)	表干重(g)	毛体积密度(g/cm^3)	最大理论密度(g/cm^3)	空隙率(%)
3.5	1205.61	744.63	1206.91	2.608	2.741	4.7
	1209.34	747.55	1210.74	2.611	2.741	
	1207.34	746.67	1208.55	2.614	2.741	
			均值	2.612		
4.0	1221.23	756.44	1222.21	2.622	2.735	4.0
	1220.94	756.54	1221.66	2.625	2.735	
	1219.23	756.37	1220.31	2.628	2.735	
			均值	2.625		
4.5	1212.19	750.90	1213.57	2.620	2.706	3.3
	1211.23	750.29	1212.95	2.618	2.706	
	1217.21	753.51	1218.99	2.615	2.706	
			均值	2.617		

本次试验中环氧沥青混凝土最佳空隙率取 3%，泡沫环氧沥青为 3.5%。因此确定普通环氧沥青混合料 AC-13 油石比为 6.6%，泡沫环氧沥青 AC-13 为 4.3%。值得说明的是，由于沥青被发泡，其沥青膜厚度减小，沥青能更大程度地渗入骨料间的空隙中，混合料的闭口空隙变得更少，这使得泡沫环氧沥青具有更好的石料包裹性，因此较普通环氧沥青而言，泡沫环氧沥青混合料的沥青用量更为节省。

8.2 泡沫环氧沥青混合料性能的影响因素研究

泡沫环氧沥青是一种通过对改性沥青进行物理化处理后的新型沥青，也是一种传统意义上的复合改性沥青，复合的方案如何完美融合，掺量和配比如何达到最佳，是影响最终使用性能的关键。本节就研发过程，对泡沫环氧沥青中各组分掺量与配比进行调整[7,8]，分析了调整的原则，测定了施工可操作时间，即摊铺等待时间对强度形成的影响。

8.2.1 固化体系掺量变化对结合料黏度变化影响分析

除了基质沥青外，固化体系（包括固化剂和助剂）是在 B 组分中所有改性物质中占比最高的成分，而助剂用量较小，对黏度的变化影响较小。本研究选用的固化剂在常温下为液态，因此随着在沥青中掺量的增加，沥青混合物的黏度会下降。本节旨在讨论及计算固化剂与添加剂在 B 组分中的用量。本书的设想是根据其流动性对加入沥青后对整体黏度的变化来决定其用量[9]。常温下试验采用的固化剂为液态，黏度在 5～20mPa·s；助剂为酸酐，常温下为固态。采用的固化剂的最佳固化温度要求为 100℃，助剂为 120℃，由于酸酐掺量极少，温度差异忽略不计。故 B 组分与 A 组分拌合时的温度也应为 100℃，根据《公路工程沥青及沥青混合料试验规程》JTG E20—2011 中 T0722—2000 要求的施工要求，拌合黏度为 0.28Pa·s[10]，因此通过固化体系掺量的调整使其在最佳固化温度时达到最佳拌合黏度。

调整固化体系的用量，使其更为广泛和全面，将组分中固化剂含量从20%～50%变化，酸酐掺量在0.5%～3%之间变化。试验仪器是Brookfield旋转黏度仪，试验数据见表8-8。

100℃固化体系掺量与B组分黏度变化 **表8-8**

酸酐掺量(%)	B组分中固化剂含量(%)	100℃黏度(mPa·s)	马氏稳定度均值 *MS* (kN)	流值均值 *FL* (0.1mm)
0.5	20	682	11.8	25.2
	30	363	14.2	24.1
	40	224	34.4	23.8
	50	98	40.5	21.1
1	20	712	10.3	22.4
	30	423	14.4	22.4
	40	241	35.6	23.6
	50	112	41.5	21.7
2	20	764	13.4	32.4
	30	484	22.6	24.7
	40	277	36.1	24.4
	50	126	42.5	24.8
3	20	861	11.5	22.4
	30	557	20.6	24.0
	40	312	36.1	24.1
	50	135	41.5	25.0

将固化剂掺量与100℃黏度做散点图，如图8-2所示。

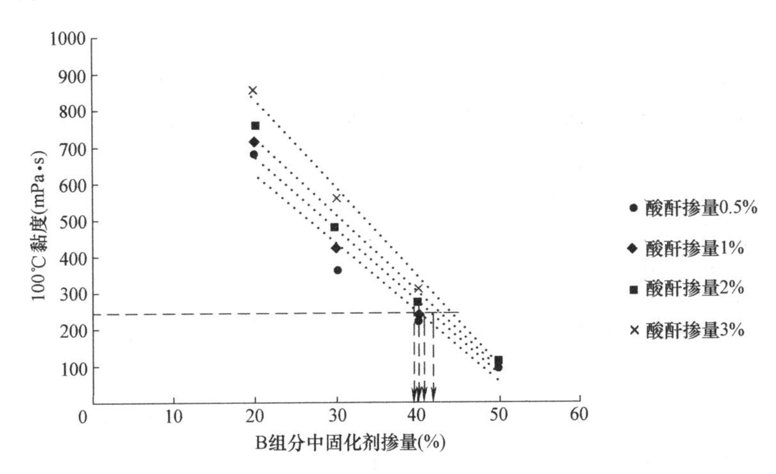

图8-2 100℃固化体系掺量与B组分黏度变化图

从图8-2可以得知，当达100℃结合料黏度到0.28Pa·s最佳时，四种酸酐用量下B组分中固化剂掺量分别为38%，39%，40%和43%。

再将马歇尔稳定度与固化体系掺量做分析，得到图 8-3。

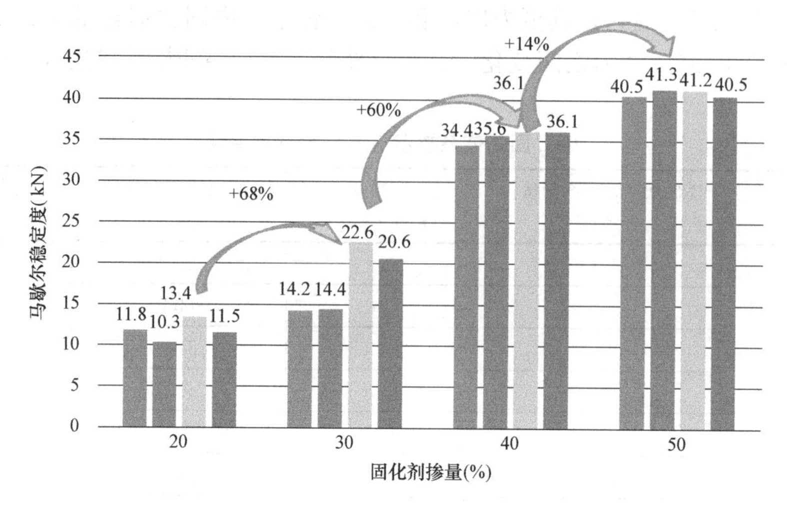

图 8-3　马歇尔稳定度与 B 组分中固化体系掺量的变化图

由图 8-3 可以看出，随着固化剂掺量的增加，马歇尔稳定度出现明显上升，而又以酸酐掺量为 2%时强度最佳。观察 2%酸酐掺量下 4 组马歇尔稳定度变化，掺量从 20%提高到 30%，马歇尔稳定度增加了 68%，从 30%提高到 40%，马歇尔稳定度增加了 60%，而从 40%提高到 50%时，此数值仅为 14%，这一提升的“性价比”是不足的，且随着强度的增加，混凝土的模量会上升[11]，根据第 1 章 1.5 节的分析结论，沥青混凝土模量不宜过高。最终选定固化体系的最佳掺量为酸酐 2%，胺固化剂为 40%。

B 组分中固化体系掺量一旦确定，A 组分的用量即可随之确定。所谓 A 组分最佳用量就是指使环氧树脂固化物性能达到最好的环氧树脂用量。

本章中所用酸酐和胺的化学指标：$Wad=42$，$Wam=98$，则根据第 4 章中 4.2.4 节可知：

已知 Wad 与 Wam，且根据上述研究，酸酐和胺的含量分别为 B 组分的 1%和 40%，则 1000g B 组分沥青，相应 A 组分，即环氧树脂的用量为 $Yad=100\times1000\times0.01/42$，$Yam=100\times1000\times0.4/98$，两者相加为 431.8g。

换算成比例为 A∶B=4.3∶10。

8.2.2　发泡效果影响

沥青发泡的基本过程如图 8-4 所示。中间是沥青膨胀室，沥青、水和空气均向此膨胀室汇集。当水雾（环境温度）与高温流动的沥青接触时，将发生以下连锁反应：热沥青与小水滴表面发生热能交换，将水滴瞬间加热至 100℃进而气化，同时热沥青温度降低；沥青传递的热量超过了蒸汽潜热，导致水滴体积膨胀，产生蒸汽。膨胀腔里的蒸汽泡在一定压力下压入沥青的连续相；随着融有大量蒸汽泡的沥青从喷嘴喷出，蒸汽膨胀，从而使略微变凉的沥青形成薄膜状，并依靠薄膜的表面张力将气泡完全裹附[12]。另外，在蒸汽膨胀过程中，沥青膜产生的表面张力将抵抗蒸汽压力直到达到一种平衡状态，并且由于沥青与水的低导热性，发泡过程中产生的大量气泡以一种亚稳态的形式存在，泡沫容易破灭，这种平衡一般能够维持数秒[13,14]。

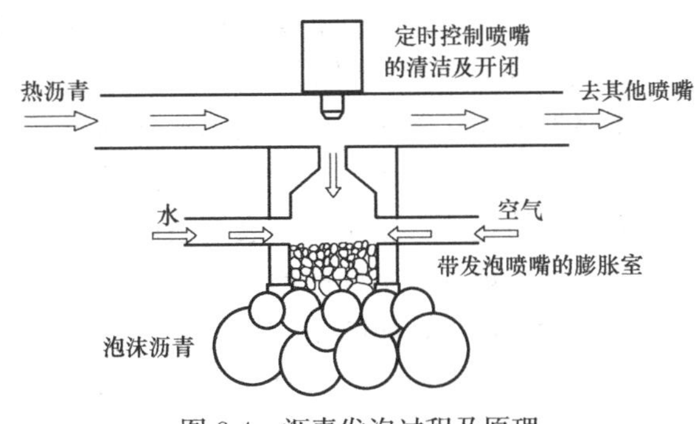

图 8-4　沥青发泡过程及原理

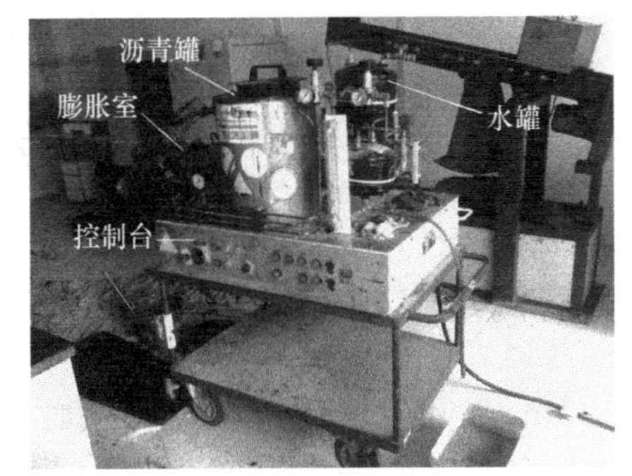

图 8-5　维特根公司 WLB10 泡沫沥青实验机

图 8-5 展示了本次研究用的泡沫沥青实验机。此产品为德国维特根公司提供使用，可用于室内小产量试验用。

泡沫沥青制备方法

制备泡沫沥青之前，需做好各方面准备工作，主要包括如下几个步骤：

1）将水罐中装入足够量的水，再向气罐中注压缩空气，调节水罐压力和气罐压力表至一定压力值。通常水压定为 50kPa，气压定为 40kPa，确保沥青正常发泡。

2）将沥青罐提前预热 10min 左右，然后将加热至 140℃以上的沥青装入沥青罐中，开启加热键，待沥青温度升至 150℃即可将沥青循环泵打开，使沥青开始循环。

3）沥青在规定的发泡温度下至少循环 15min 才可进行正式的发泡试验。

沥青发泡试验一次需要 500g 沥青，根据机器已标定的流量（g/s）计算出 500g 沥青需要喷射的时间。按此进行时间设置，然后对发泡用水量进行设置。当沥青温度、沥青喷射时间、发泡用水量、水压、气压等均满足发泡条件后就可以进行沥青发泡了。制备的泡沫沥青由发泡仓的喷口喷入特定的发泡筒中，用规定尺寸的标尺对泡沫沥青的发泡效果进行测定和评价。

将沥青发泡可增强环氧沥青的裹附性能，因而发泡的效果是极为重要的[15]。通常，影响沥青发泡特性的主要因素有以下几点：（1）沥青温度：一般情况下，低于 120℃时，沥青很难发泡，也有研究表明并非温度越高，发泡效果就越好，而是需要一个适合的温度，不同沥青存在不同的适合温度；（2）用水量：一般而言，发泡时的用水量越大，膨胀率越大，但半衰期则越短；（3）沥青的喷射压力：主要包括水压和气压的影响，压力较低会使沥青与水混合不够均匀，对膨胀率和半衰期都不利；（4）当沥青反复加热而导致沥青老化后，发泡效果不好；（5）消泡剂（例如硅化合物）的存在，会影响发泡效果；（6）沥青中加入表面活性物质（发泡剂），可以明显改善沥青的发泡效果。

Wirtgen WLB-10 发泡试验沥青用量一般为 500g，喷射速率在 $100g \cdot s^{-1}$ 左右，评价泡沫沥青发泡效果，泡沫环氧沥青也属于泡沫体系中的一种，具有泡沫体系的共性，因此，从泡沫沥青应用之初就采用传统的泡沫体系评定指标对沥青发泡效果进行分析评价，即采用膨胀率和半衰期两个指标，并一直沿用至今。膨胀率（Expansion ratio）是指沥青发泡膨胀时达到的最大体积与泡沫完全消失的体积之比，反映泡沫沥青的黏度大小；半衰

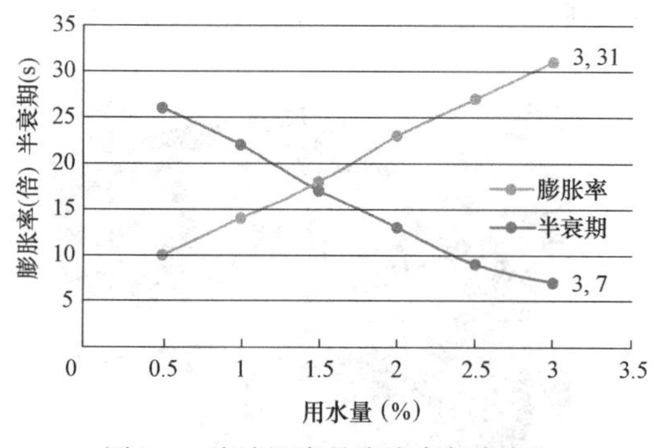

图 8-6 泡沫沥青的膨胀率与半衰期随着用水量的变化的趋势图

期（Half-life）是指泡沫沥青从最大体积降到最大体积的一半所需的时间，以秒计，反映泡沫沥青的稳定性。实际操作时主要是通过改变发泡温度和用水量，来研究膨胀率与半衰期的变化关系，以期找到最佳的发泡效果，并在这种状态下拌制泡沫沥青混合料。而通常情况下膨胀率与半衰期会随着用水量的增加呈现两种不同的趋势，两者不可能同时都达到最优，如图 8-6 所示。

通常沥青的发泡效果受用水量和发泡温度的直接影响。一般而言，泡沫沥青的发泡温度在 140～180℃之间，但由于泡沫环氧沥青 B 组分黏度较基质沥青更低，因此可以适当降低发泡温度。在本节的试验中，选取 100～160℃的区间，以 20℃为一个等级，分为 100/120/140/160℃四个温度进行试验；常用泡沫沥青的用水量在 1.5%左右，本书选取 0.5%/1%/1.5%/2%/2.5%五个等级。进行两个变量下的正交试验。试验过程简述为：(1) 首先将泡沫环氧沥青 B 组分置于沥青罐中，恒温保存 1h 至发泡温度；同时将 A 组分置入 90℃恒温烘箱，保存 1h； (2) 喷射沥青前将沥青循环泵打开，使沥青开始循环 15min；(3) 调整储水罐计量表至特定用水量刻度，开启发生器，将沥青进行发泡，并喷射入特定的发泡筒中，用规定尺寸的标尺对泡沫沥青的发泡效果进行测定和评价；(4) 继续发泡，将发泡后的 B 组分按计量直接喷入拌锅，同时加入 A 组分按既定量加入拌锅；(5) 混合料搅拌，后续按常规马歇尔试件制备方法进行。

一般认为最好的发泡性能是出现在膨胀率和稳定性都较好之时。目前对于发泡性能尚无明确的数值标准，无论取高膨胀率还是较长的半衰期，均不如两者都适当时的效果好。值得一提的是，目前试验中测定半衰期和膨胀率主观性较强，精确度较弱，但尚未有更好的检测指标。表 8-9 展示了发泡试验的效果及其对应的混合料马歇尔试验结果，每组选用平行试验 3 个试件，取均值。

泡沫环氧沥青 B 组分的发泡效果试验 **表 8-9**

发泡温度（℃）	用水量（%）	半衰期（s）	膨胀率（倍）	空隙率（%）	马歇尔稳定度均值（kN）	流值均值（0.1mm）
100	0.5	15.5	6.8	6.5	16.2	25.2
	1	14.7	7.2	6.2	21.3	24.1
	1.5	14.2	8.4	5.4	22.4	23.8
	2	12.9	9.3	5.3	26.1	25.2
	2.5	10.4	10.8	5.3	23.5	21.1
120	0.5	16.1	7.5	5.4	17.4	25.2
	1	15.8	9.2	4.5	29.4	24.1
	1.5	15.1	10.8	4.0	32.6	23.8
	2	14.2	12.6	3.7	34.3	24.5
	2.5	11.2	14.5	4.3	30.4	21.1

续表

发泡温度(℃)	用水量(%)	半衰期(s)	膨胀率(倍)	空隙率(%)	马歇尔稳定度均值(kN)	流值均值(0.1mm)
140	0.5	17.4	8.7	5.2	18.2	17.6
	1	16	10.2	4.6	28.3	21.5
	1.5	15.3	11.1	4.6	28.9	22.6
	2	12.5	12.5	4.1	33.1	23.4
	2.5	9.2	13.6	4.3	31.5	26.2
160	0.5	11.3	8.5	5.2	20.1	19.2
	1	10.7	10.2	4.5	28.7	22.6
	1.5	9.6	11.5	4.1	31.9	24.6
	2	8.4	12.5	3.2	34.1	25.1
	2.5	7.1	13.3	3.8	31.5	23.6

由上述试验结果可以看到，发泡的效果不随温度的变化而产生规律性的变化。将表中半衰期和膨胀率做图得图 8-7～图 8-10。

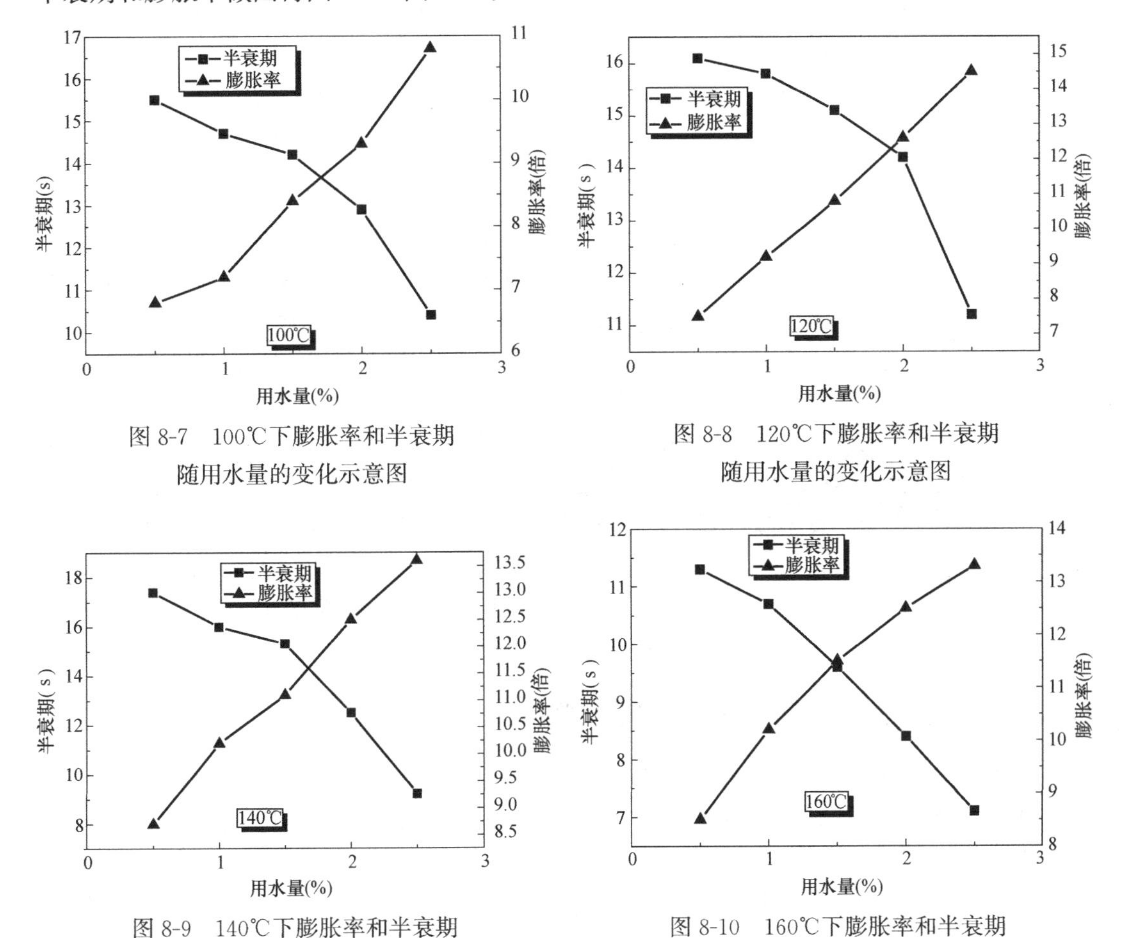

图 8-7 100℃下膨胀率和半衰期随用水量的变化示意图

图 8-8 120℃下膨胀率和半衰期随用水量的变化示意图

图 8-9 140℃下膨胀率和半衰期随用水量的变化示意图

图 8-10 160℃下膨胀率和半衰期随用水量的变化示意图

根据半衰期和膨胀率应同时达到最高值时为最佳的原则，在膨胀率和半衰期图中两条平滑曲线相交处所对应的用水量即为最佳用水量。观察图 8-7～图 8-10 可以判断，四个温度下的最佳用水量分别为 1.7%，2%，1.6%和 1.5%。

再根据这四个温度的最佳用水量进行第二次发泡试验，并成型马歇尔试件，测其空隙率与马歇尔稳定度。试验结果如图 8-11 和图 8-12 所示。每组包括平行试验 3 个，然后取平均值。

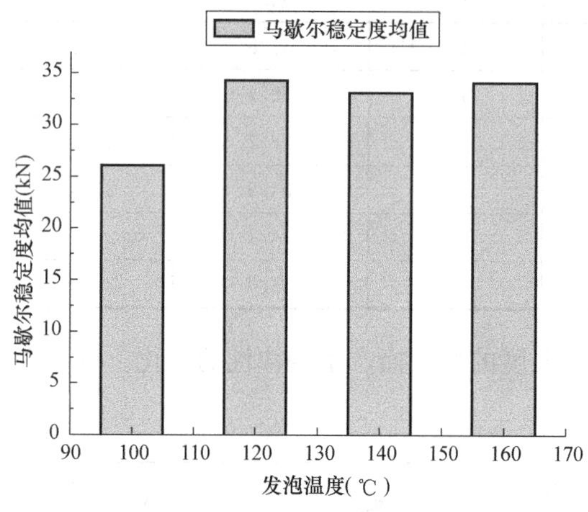

图 8-11 不同发泡温度下制备的马歇尔试件马歇尔稳定度

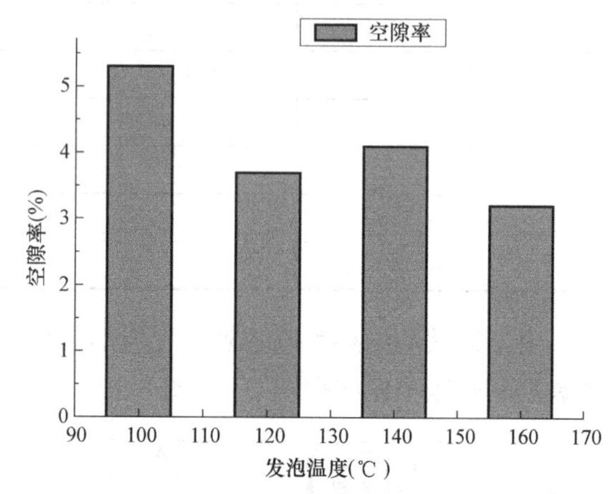

图 8-12 不同发泡温度下制备的马歇尔试件的空隙率

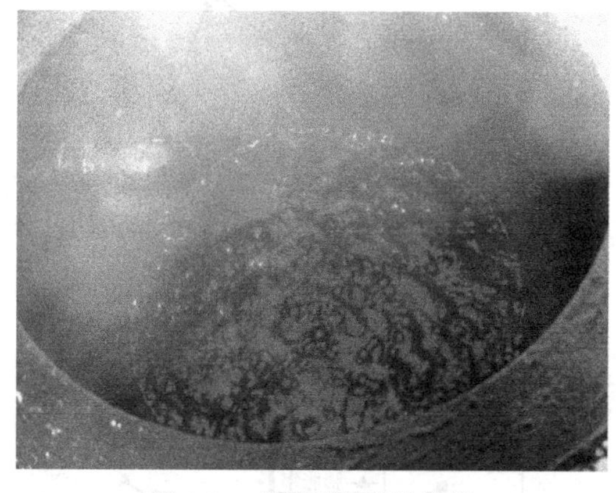

图 8-13 调整后的发泡效果

从图 8-11 和图 8-12 可以看出，当发泡温度在 120℃时，马歇尔稳定度最高，可达 33kN 左右；马歇尔试件空隙率方面，当发泡温度在 160℃时，试件的空隙率最低，为 3.1%，但 120℃时为 3.5%，更为接近目标空隙率；因此 120℃，2%水量与 160℃，1.5%水量均为上佳的选择，但考虑到温度较低会对施工可操作时间有利，因此在接下来的试验中，应选 120℃作为最佳发泡温度，相对的最佳用水量为 2%。而根据实用性和成本考虑，当在 120℃，2%的用水量时，达到最佳效果，如图 8-13 所示。

8.2.3 摊铺等待时间对于强度形成的影响

摊铺等待时间是影响施工性能的关键要素[16]。以往的环氧沥青铺装所存在的最大问题即可操作时间太短，以至于施工控制十分严格，可灵活操作的时间几乎没有，如常见的油性热拌工艺的环氧沥青、国产的双组分环氧沥青（一种国产的油性热拌工艺的环氧沥青）以及日本大有三组分环氧沥青（日本产油性热拌工艺的环氧沥青），其拌合到摊铺碾压的时间均不能超过 2h，这导致施工工程十分紧张，混合料的运输过程也是尽可能缩短，而且由于这些环氧沥青的憎水性，在摊铺过程中不容许任何水分洒落在混合料上，但往往由于施工组织或人员的微小失误都会导致铺装失败，轻则出现一些早期损坏，重则出现整体开裂，经济损失不可估量。因而本节将从模拟出施工过程中的拌合到摊铺碾压的整个过程所需消耗的时间，验证泡沫环氧沥青的施工可操作性[17]。

试验设计如下：

以马歇尔试件计量称好每组试件，分 A、B、C 3 个大组，每个大组设 5 个小组，每小组 4 个试件，一共预备 60 个马歇尔试件。

A 组不采用任何保温措施，室温下自然冷却；

B 组采用铁盆＋油毡布裹附的措施保温；

C 组采用拌合温度 100℃烘箱恒温保存。

从拌合完成到击实成型，每个大组分设 0h，0.5h，2h，4h 和 6h 五个档次的保存时间。因为 0h 击实三大组实为同样条件，统一合成一次试验。而后在所有试件全部成型后，室温放置 24h 后脱模，进行马歇尔试验，检测其强度生成情况。试验结果如表 8-10 所示。

摊铺等待时间对泡沫环氧沥青的性能的影响 **表 8-10**

保温方式	保温时间与实时温度	马歇尔稳定度(kN)				均值(kN)	空隙率(%)
		1	2	3	4		
A	温度(℃)	98	96	98	97	36.325	3.73
	0h	37.3	35.6	36.6	35.8		
	温度(℃)	64	65	62	62	30.825	4.34
	0.5h	32.4	31.1	30.1	29.5		
	温度(℃)	55	54	55	53	20.6	5.11
	2h	22.2	19.7	20.4	20.1		
	温度(℃)	42	42	40	40	13.4	5.92
	4h	13.2	15.5	11.7	13.2		
	温度(℃)	33	33	34	33	2.375	7.20
	6h	3.4	3.1	1.2	1.8		
B	温度(℃)	98	96	98	97	36.325	3.64
	0h	37.3	35.6	36.6	35.8		
	温度(℃)	80	77	76	78	35.275	3.78
	0.5h	36.0	34.5	34.1	36.5		
	温度(℃)	71	72	75	72	31.725	3.98
	2h	32.5	32.7	31.5	30.2		
	温度(℃)	62	61	60	65	33.4	4.11
	4h	33.2	35.5	31.7	33.2		
	温度(℃)	57	58	56	57	31.3	4.26
	6h	32.4	31.7	29.8	29.8		
	温度(℃)	51	50	49	47	19.3	5.93
	8h	19.4	20.1	21.2	18.5		

续表

保温方式	保温时间与实时温度	马歇尔稳定度(kN)				均值(kN)	空隙率(%)
		1	2	3	4		
C	温度(℃)	98	96	98	97	36.325	3.64
	0h	37.3	35.6	36.6	35.8		
	温度(℃)	接近 100℃				34.375	3.68
	0.5h	36.1	34.2	32.0	35.2		
	温度(℃)	接近 100℃				34.15	3.83
	2h	32.2	35.7	32.4	36.3		
	温度(℃)	接近 100℃				3.425	3.95
	4h	33.6	35.0	31.6	33.5		
	温度(℃)	接近 100℃				18.175	5.88
	6h	18.2	17.1	19.2	18.0		

由普通沥青混合料压实黏度与温度的关系可知，随着混合料温度的降低，混合料黏度增大，碾压必须在一定温度前完成，否则将无法达到目标空隙率。由于其中强度的形成过程与沥青黏度上升和固化物的形成均有关系，三种方案中这两者的程度不同。因此温度与最终强度的关系不能一概而论。根据试验可知，A 方案中，由于温度下降迅速，泡沫环氧沥青混合料呈现出普通沥青混合料的特性，由于温度下降导致黏度上升，不进行任何保温的情况下，2h 左右即很难压实，由于时间短，温度低，而环氧固化物尚未大规模形成，其间黏度的上升主要由沥青本身贡献；在 B 方案中，6h 的保温仍可使得混合料具有很好的施工可操作性，空隙率仍在可控范围以内，这个过程中混合料黏度的上升有沥青本身温度下降和环氧固化物双方同时贡献。而 C 方案中，4h 以内能够具有完全施工可操作性，6h 时混合料产生了局部的硬化，击实较为困难，由于温度没有任何下降，混合料发生硬化几乎全部源自于环氧固化物的形成。分析数据时可以发现，从击实时的温度难以判断最终的强度趋势，但可以看到，在这三种方案中，提出所有空隙率与稳定度的关系数据如图 8-14 所示。

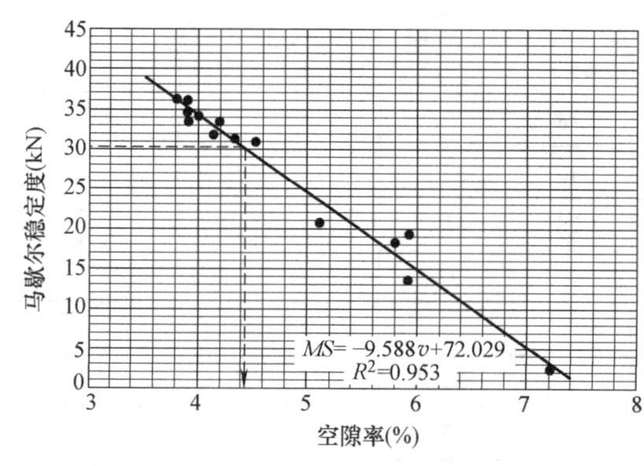

图 8-14 马歇尔稳定度与空隙率的关系图

可以看到空隙率 v 与马歇尔稳定度 MS 具有很高的线性相关性，其拟合度达到了 $R^2=0.953$，即在摊铺等待的过程中无论以何种方式对混合料进行保温，压实成型后的混凝土的空隙率决定了最终的强度形成。据图中虚线所指，若期望最终强度能维持在 30kN 以上，需保证混合料空隙率保持在 4.5%以下。借此研究结论可指导混合料设计，考虑到泡沫环氧沥青经过发泡后形成很薄的沥青层，会很好地渗填入混凝土的闭口孔隙中，应较普通沥青混凝土采用更小的目标空隙率，在第 5 章的混合料组成设计中即采用 3.5%为目标空隙率。

另外，实际拌合与铺装的情况最接近于方案 B，在这一特定情况下，固化过程与沥青黏度上升过程对于最终强度的形成的贡献比重是一定的，具有参考价值，将温度与最终的强度数据进行分析如图 8-15 所示。

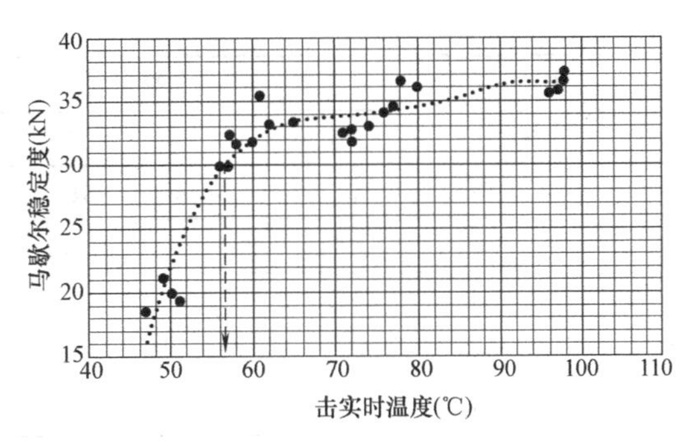

图 8-15　B 方案中马歇尔稳定度与实时击实温度的关系图

由图 8-15 可看出，击实温度在 56～100℃之间时，混合料的强度下降在 5～7kN 以内，而且空隙率可控，强度也是可以接受的，但当温度下降到 50℃左右，最终的强度存在极大的跳水，因此基于现场运输的保温方式，最低摊铺温度为 56℃。基于此，回查表 8-10 的保温方式 B，可知可供摊铺等待的时间为 6h，这里大大延长了市面上常见的环氧沥青的 2h 的摊铺等待时间，使得施工更加从容。

8.2.4　养生时间与强度的关系

从固化体系的选择可以知道，环氧固化物强度的形成需要一个过程，不同的固化体系所需要的时间和温度不同。要使得泡沫环氧沥青能够达到其完全强度，也需要时间。当固化剂与环氧树脂相遇在一起，即开始发生固化反应，即在未摊铺之前，固化过程其实也已经在发生[18]，在摊铺之前由固化所带来的强度的上升是有害的，不能称其为养生。这里指的养生是指在摊铺碾压完成之后，直至固化强度完全形成的过程。本节将选取马歇尔试件与车辙试件 2 种方式验证其强度形成随时间推移的情况。

根据之前的研究结果，选取 120℃发泡，水量 1.5%，100℃拌合，AC13 级配，4%沥青用量，设置模拟真实施工时的摊铺等待时间，即油毡布保温不同时间。按以下方案进行试验：以马歇尔试件计量称好每组试件，分 D、E、F 3 个大组，每个大组设 5 个小组，每小组 3 个试件，一共预备 45 个马歇尔试件。

D 组：常温养生方式。养生时间分别为 1d、3d、10d、30d、60d。

E 组：100℃保温养生方式。养生时间分别为 1h、2h、4h、6h、8h、10h。

F 组：60℃保温养生方式。养生时间分别为 2h、4h、6h、10h、15h。

进行马歇尔试验，检测其强度生成情况。试验结果如表 8-11 所示。

养生时间试验　　　　**表 8-11**

保温方式	养生时间	马歇尔稳定度(kN)				动稳定度(次/mm)		
		1	2	3	均值	1	2	均值
D	1d	30.3	30.6	29.6	30.2	11228	10287	10757.5
	3d	31.4	31.2	31.2	31.3	12662	14129	13395.5
	10d	32.2	33.7	32.4	32.8	15127	17223	16175
	30d	34.2	35.5	34.7	34.8	16150	17728	16939
	60d	36.4	36.1	36.2	36.2	18020	18831	18425.5

续表

保温方式	养生时间	马歇尔稳定度(kN)				动稳定度(次/mm)		
		1	2	3	均值	1	2	均值
E	1h	31.4	30.6	31.6	31.2	13327	15230	14278.5
	2h	33	31.5	30.1	31.5	16273	18838	17555.5
	4h	32.5	26.7	28.5	29.2	18830	18372	18601
	6h	33.2	28.5	30.7	30.8	20033	21834	20933.5
	8h	31.4	30.1	24.2	28.6	20771	20320	20545.5
	10h	20.4	20.1	18.2	19.6	19234	18902	19068
F	2h	30.3	28.6	28.6	29.2	6267	7721	6994
	4h	31	29.5	29.1	29.9	8212	8833	8522.5
	6h	32.5	31.4	31.5	31.8	9923	10938	10430.5
	10h	33.2	34.5	33.5	33.7	12377	15123	13750
	16h	34.8	34.1	34.2	34.4	15723	16787	16255
	22h	35.4	37.1	36	36.2	17729	18120	17924.5

根据表 8-11 数据做直观图。取马歇尔稳定度和车辙动稳定度分别与养生时间的变化关系，其中标记养生时间为 t，马歇尔稳定度为 MS，动稳定度为 DS，为判断其大致规律，取其拟合度最大的回归拟合方式，可得图 8-16～图 8-21。

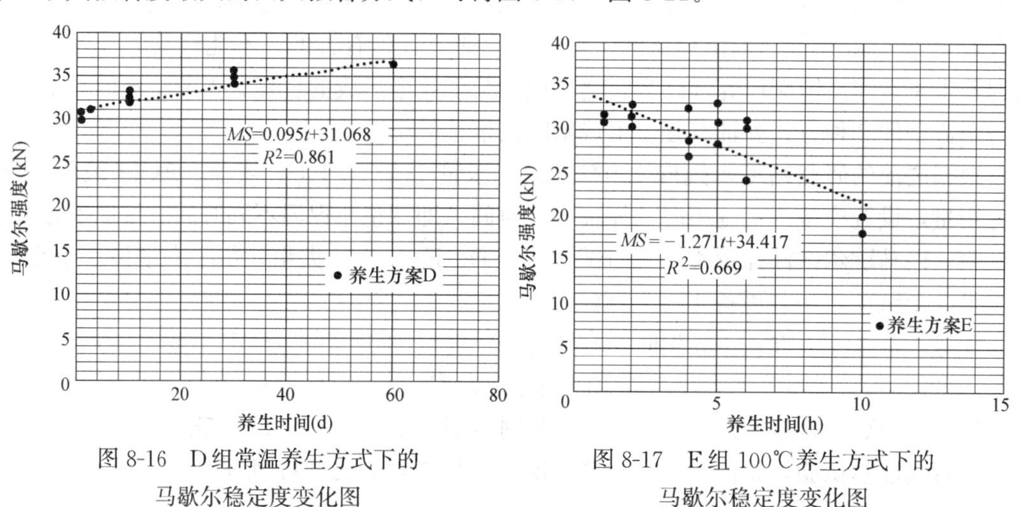

图 8-16 D 组常温养生方式下的马歇尔稳定度变化图

图 8-17 E 组 100℃养生方式下的马歇尔稳定度变化图

从多幅图中可以清楚看到，随着养生时间的增加，三种养生模式所带来的混合料强度变化不一致，马歇尔稳定度和车辙动稳定度的变化也不尽相同。总体而言，在常温或是较低的养护温度下，混合料的强度（包括马歇尔稳定度和车辙动稳定度）大多会随着时间的推移呈线性递增变化，而当养护温度达到 100℃时，由于刚刚拌合完成的混合料尚未完全凝固，本身结合料的软化点较低，因此结合料的软化与环氧的固化在同时进行，其间在进行一个此消彼长的过程，但结合料的软化速度会略快于固化速度，因此在图 8-17 和图 8-20 中，均出现了强度下降。而 D 方案（常温固化养生）与 F 方案（60℃环境养生）虽然温度不一样，但却表现出了近似的固化效果，这说明在将环氧树脂及其固化剂添加到沥

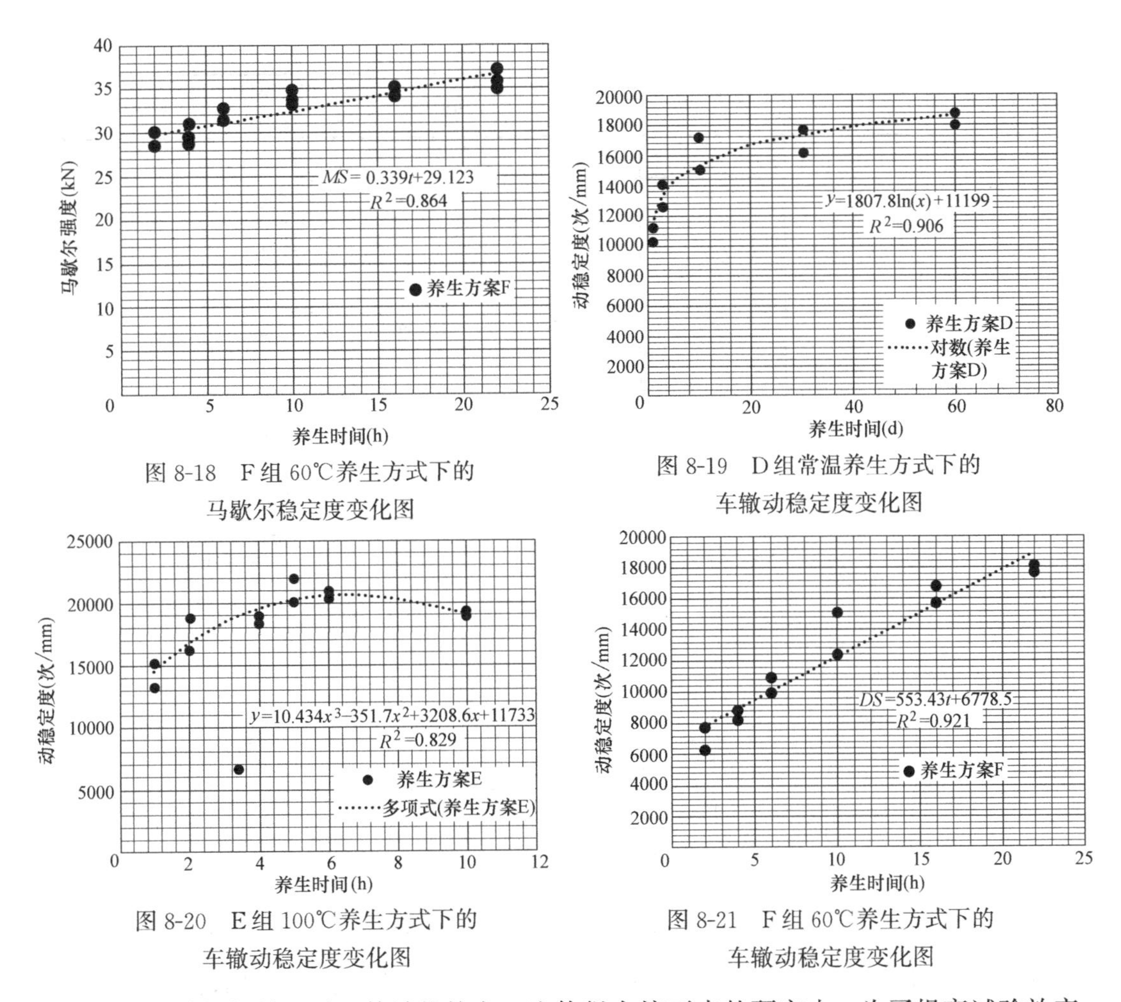

图 8-18　F 组 60℃养生方式下的马歇尔稳定度变化图

图 8-19　D 组常温养生方式下的车辙动稳定度变化图

图 8-20　E 组 100℃养生方式下的车辙动稳定度变化图

图 8-21　F 组 60℃养生方式下的车辙动稳定度变化图

青中以后，其仍保持了时温等效的特点，这使得在接下来的研究中，为了提高试验效率，我们可以通过加温保存，来加速试件的养生过程。

8.3　泡沫环氧沥青混合料路用性能对比研究

8.3.1　静态模量

试验方法如 1.5 节所述，表 8-12 为试验结果。

泡沫环氧沥青混合料抗压回弹模量　　表 8-12

混合料类型	试验温度	试验次数	抗压强度(MPa)	均值(MPa)	弹性模量(MPa)	均值(MPa)
基质沥青AC-13	15℃	1	16.23	16.82	2122	2204
		2	16.72		2291	
		3	15.29		2035	
	20℃	1	14.33	14.21	1611	1720
		2	13.56		1882	
		3	14.58		1757	

续表

混合料类型	试验温度	试验次数	抗压强度(MPa)	均值(MPa)	弹性模量(MPa)	均值(MPa)
改性 SMA-13	15℃	1	20.23	20.73	2812	2823
		2	19.72		2723	
		3	21.29		2931	
	20℃	1	17.51	18.09	2382	2452
		2	18.54		2523	
		3	18.24		2514	
环氧沥青 AC-13	15℃	1	64.23	66.08	8134	8281
		2	67.72		8320	
		3	66.29		8303	
	20℃	1	60.43	60.82	7774	7823
		2	59.12		7624	
		3	62.21		8281	
泡沫环氧沥青 AC-13	15℃	1	34.23	35.64	5132	4781
		2	37.72		4614	
		3	36.29		4305	
	20℃	1	33.40	32.43	4351	4272
		2	30.16		4123	
		3	33.52		4320	

从试验结果可以看出，泡沫环氧沥青混合料的回弹模量介于环氧沥青混合料与 SBS 改性 SMA 之间。表现出了很高的刚度和强度，但又具备了一定的柔性。

8.3.2 高温性能评价

根据之前确定下来的油石比与级配，计算出每种混合料的毛体积密度，再根据车辙试件的体积 300mm×300 mm×50mm 除以之前得到的密度，便可得到车辙试件所需石料与结合料的总质量，再根据油石比算出石料与结合料分别的用量。成型过程按照上节配合比设计中推荐的方案进行，需注意的是由于车辙用量比较大，拌合与压实过程中的损失不能忽略，根据经验，本次试验在每种马歇尔试件混合料的计算值上多加 5%，使得密实度更加接近于马歇尔试验设计所得。试验结果如表 8-13 所示。

四种沥青混合料车辙试验结果 **表 8-13**

混合料类型	试验动稳定度(次/mm)	试验永久变形(mm)	平均动稳定度(次/mm)	规范要求(次/mm)	永久变形(mm)
AC-13 混合料	870	4.152	822	≥2800	1.465
	838	4.132			
	803	4.123			

续表

混合料类型	试验动稳定度(次/mm)	试验永久变形(mm)	平均动稳定度(次/mm)	规范要求(次/mm)	永久变形(mm)
改性 SMA-13	3244	3.141	3264	≥800	1.352
	3112	3.282			
	3415	3.143			
环氧 AC-13	15721	0.933	15688	≥1600	1.112
	16623	0.912			
	14721	1.024			
泡沫环氧沥青 AC-13	11750	1.233	12685		1.136
	14603	1.358			
	11966	1.433			

从试验结果可以看出，环氧沥青 AC-13 具有最高的高温性能，其次是泡沫环氧沥青混合料 AC-13，且这两者均高出剩下两种混合料达数倍之多。

8.3.3 水稳定性

成型试件的方法和计算方法见第 1 章车辙试验。试验结果如表 8-14 所示。

四种混合料浸水车辙试验结果 **表 8-14**

混合料类型	动稳定度(次/mm)	永久变形(mm)	相对变形(%)
AC-13	420	9.273	16.7
改性 SMA-13	2568	4.882	15.8
环氧沥青 AC-13	11373	2.948	12.2
泡沫环氧沥青 AC-13	9221	3.121	12.5

将上述试验结果与表 8-13 做对比，将表 8-14 中动稳定度作为浸水后的残余稳定度与表 8-13 中数据做比值处理取百分比，得图 8-22。

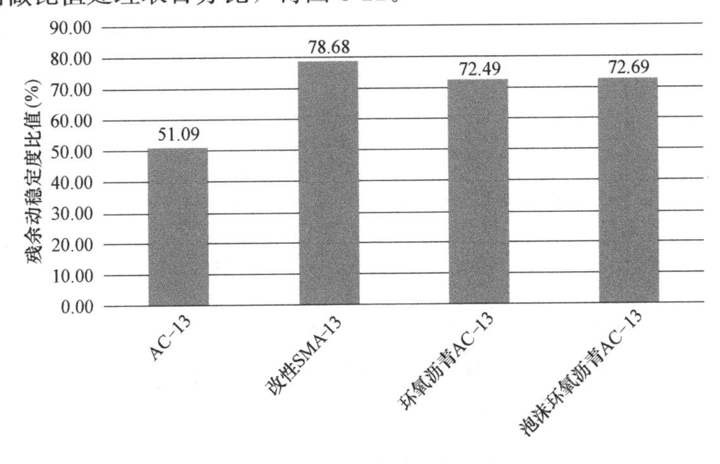

图 8-22　残余动稳定度比值

冻融劈裂试验结果如表 8-15 所示。

冻融劈裂值 **表 8-15**

处理方式	混合料类型	劈裂均值(kN)	抗拉强度(MPa)	*TSR*(%)
冻融循环	AC-13	4.13	0.75	75
	改性 SMA-13	6.82	0.72	81
	环氧沥青 AC-13	17.44	1.62	81
	泡沫环氧沥青 AC-13	11.81	0.92	80
常温放置	AC-13	5.12	0.88	—
	改性 SMA-13	7.61	0.81	—
	环氧沥青 AC-13	20.10	2.16	—
	泡沫环氧沥青 AC-13	14.02	1.28	—

从浸水车辙试验判断，四种混合料性能排序为：环氧沥青 AC-13＞泡沫环氧沥青 AC-13＞改性 SMA-13＞AC-13；而据冻融劈裂试验排序为：环氧沥青 AC-13≈改性 SMA-13＞泡沫环氧沥青 AC-13＞AC-13。两种水稳定性试验中，实则前面三种的性能十分接近，均表现出优异的水稳定性。

8.3.4 疲劳性能评价

本次试验采取中点加载弯曲试验，每种混合料预先制备小梁 4 根，取变异性小的数据 3 组，试验结果如表 8-16 所示。

AC-13 基质沥青混合料疲劳试验结果 **表 8-16**

混合料类型	编号	初始劲度模量(MPa)	疲劳寿命，N_{f50}(次)
AC-13	1	3421	4230
	2	3383	3120
	3	3229	5280
改性 SMA-13	1	4387	23320
	2	4128	31900
	3	3993	28930
环氧沥青 AC-13	1	12823	437210
	2	11725	415500
	3	12277	450240
泡沫环氧沥青 AC-13	1	7127	261550
	2	6832	277510
	3	6770	218760

从结果数据可以十分明显地对比出四种材料的抗疲劳性能的强弱，即环氧沥青 AC-13＞泡沫环氧沥青 AC-13＞改性 SMA-13＞AC-13。

但值得说明的是，环氧沥青 AC-13 试件在疲劳试验过程中状态十分不稳定，极易发生意外破坏。为得到 3 组有效试验数据，消耗 8 根小梁试件，其中 5 根小梁发生如图 8-23

所示的断裂。

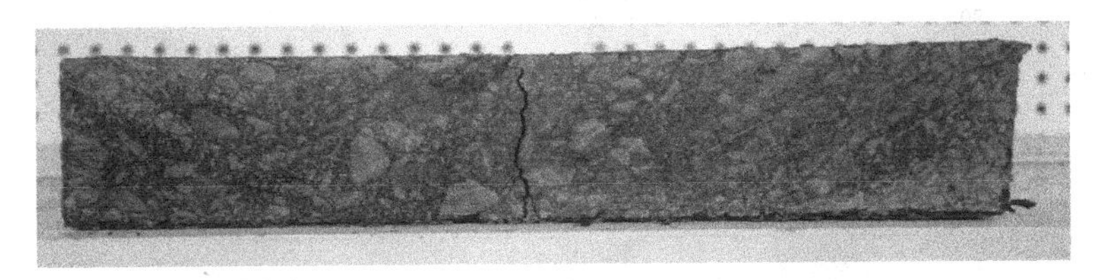

图 8-23 环氧沥青 AC-13 小梁试件断裂图

导致这一现象的原因主要是环氧沥青小梁试件的刚度（或接近水泥混凝土）较其他高出许多，十分容易产生应力集中现象。在切割小梁试件的过程中，稍有不慎出现的细微的缺口，尽管这种缺口是肉眼所不能观察到的，均可能导致在反复加载过程中的突然崩裂，使之不能达到预期的疲劳寿命。因此环氧沥青混凝土的成型，在实验室内要求碾压和切割十分精细，在实际工程中要求严格把控铺装质量，无疑提高了施工难度，这即是目前环氧沥青铺装施工难度和成本居高不下的原因之一[19,20]。

因此，泡沫环氧沥青混凝土即体现出了优势。由于施工要求相对较低，其模量和强度也不是太高，疲劳性能却比改性 SMA-13 高出 10 倍左右，能维持很好的破坏特征。泡沫环氧沥青混合料具有很好的应用前景。

8.3.5 愈合性能

所有试验在第一次完成的旧梁上，试验方法见 1.5 节所述。试验结果如表 8-17 所示。

四点弯曲小梁疲劳愈合试验结果 表 8-17

混合料种类	第一次初始劲度模量(MPa)	第二次初始劲度模量(MPa)	N_{f50-1}	D_0	N_{f50-2}	D_1	HI(%)
AC-13	3421	1398	4230	4.04	760	9.20	43.97
	3383	1239	3120	5.42	490	12.64	42.88
	3229	1412	4110	3.93	810	8.72	45.07
改性 SMA-13	4387	2320	23320	0.94	10210	1.14	82.79
	4128	2055	31900	0.65	12670	0.81	79.78
	3993	2738	28930	0.69	16720	0.82	84.29
环氧沥青 AC-13	12823	7645	537210	0.12	115920	0.33	36.19
	11725	6662	455500	0.13	95350	0.35	36.84
	12277	7542	490240	0.13	115170	0.33	38.24
泡沫环氧沥青 AC-13	7127	4568	261550	0.14	117060	0.20	69.83
	6832	4305	277510	0.12	112290	0.19	64.22
	6770	4851	218760	0.15	109630	0.22	69.94

将 4 种混合料的愈合指数（HI）取均值，得图 8-24。

由试验结果可以看出，相对而言，改性 SMA-13 具有最佳的愈合性能，其次是泡沫环氧沥青，普通环氧沥青 AC-13 的愈合性能最差，甚至不及基质沥青 AC-13 混合料。环

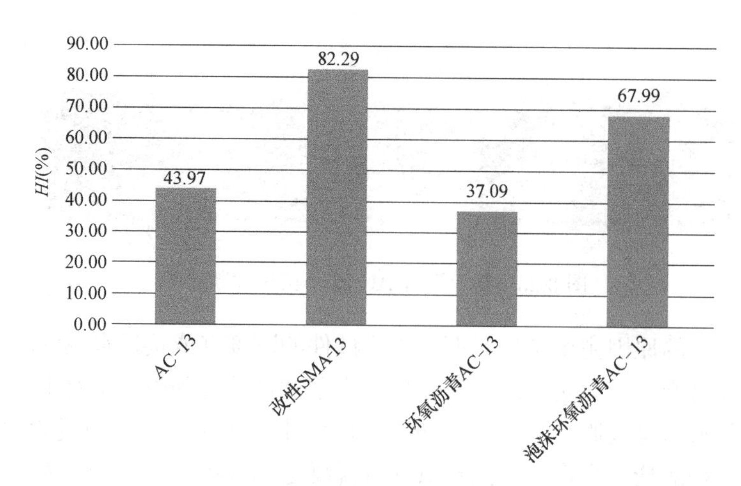

图 8-24　4 种混合料愈合指数对比示意图

氧沥青混凝土虽然疲劳寿命较长，但结合料发生了不可逆的凝结，因此其愈合性能较差，加之由于刚度过大而断裂的风险过高，因此铺面一旦出现了损坏，其修复和保养是较困难的。而泡沫环氧沥青混合料具有较好的愈合性能，说明在工程应用中，若能够做到及时的养护，会具有很好的长寿命使用周期[21]。

8.4　泡沫环氧沥青施工建议

众所周知，实验室和现场的差异较大，之前章节中的马歇尔与车辙试验的混合料用量有限，当混合料用量稍大，混合料的堆放、运输、内部热量，都影响着环氧沥青的施工性能。由于具有热固性这一特殊性质，泡沫环氧沥青混凝土在应用于钢桥面铺装工程中，虽在施工要求上相比于此前国产或美国产环氧沥青有较大放宽，但其从贮藏开始到生产、运输、摊铺以及养护等方面仍有着不同于一般沥青混凝土铺装工程的施工工艺要求[22]。本节在已有的泡沫环氧沥青及混合料性能及其影响因素的分析研究基础上，通过钢面板模拟现场铺装，结合现行的环氧沥青混凝土铺装施工工艺，提出针对泡沫环氧沥青混凝土铺装施工的要求。

8.4.1　桥面板的模拟施工

为充分模拟钢桥面铺装施工的实际情况，以及提出注意事项，课题组进行了钢桥面板铺装试验。图 8-25 展示了此次钢板加铺泡沫环氧沥青混凝土的结构层示意图。

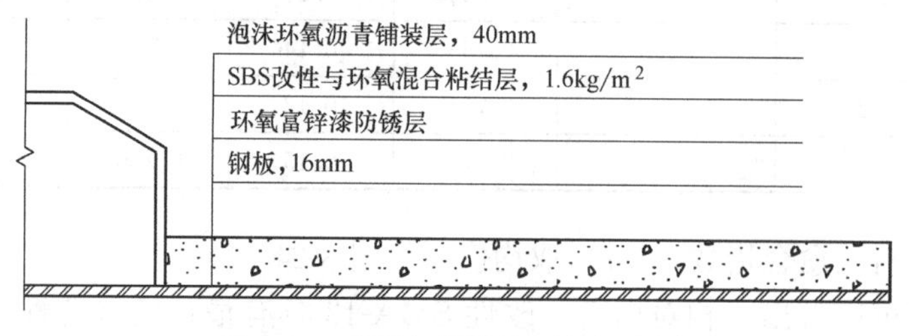

图 8-25　钢板加铺泡沫环氧沥青层

(1) 制作16mm厚钢板一张，面积为1.1×1.1（m^2）。四个角做圆孔，系带粗布带，制备完成后置实验室室温保存。使用前确保钢板表面干燥洁净。

(2) 涂刷环氧富锌漆防锈层。

(3) 涂刷粘结层。将一种高温改性胺类固化剂掺入环氧树脂（牌号E-44，比例为树脂：固化剂=1：1.4）进行混合（此固化物保证黏度可持续增长），再与SBS改性沥青（即对比试验所用普通SBS改性沥青）混合。后在130～140℃情况下进行涂抹，粘结层混合物用量控制在1.6kg/m^2为佳。

制作过程如图8-26～图8-28所示。

图8-26　涂环氧富锌漆防锈层

图8-27　涂高掺量SBS改性与环氧树脂改性混合沥青粘结层

(4) 然后按40%固化剂掺量、4%沥青用量、AC-13级配制备泡沫环氧沥青混合料，无等待时间压实，预计铺4cm厚，大约需要混合料98kg，16mm厚的钢板125kg，两者加起来总重约220kg左右。已在钢板的四个角做孔，用粗布带提。

(5) 根据此前的研究结果，结合料配方是A组分：E-51环氧树脂（届时90℃保温），B组分：水性固化剂9固化剂+基质沥青（选取120℃温度发泡）。固化剂+酸酐A+基质沥青为B组分，水性固化剂9占B组分的40%，酸酐A约占B组分的2%，水性固化剂9与E-51的比例是1.2：1。

(6) 模拟保温过程，用金属锅存放并用油毡布裹附，保存时长约5h。模拟运输过程。

(7) 摊铺完成后，压实用重锤夯实。

图8-28　摊铺泡沫环氧沥青层

整个模拟摊铺过程中，记录了混合料出料温度、摊铺温度和压实温度。出料温度为100℃，摊铺温度为61℃，压实温度为56℃。此结果与8.2.3节摊铺等待时间与强度形成的研究中的检测指标差别不大，说明即使是在稍大量的混合料生产的情况下，只要运输过程保温措施能够保证，泡沫环氧沥青混合料完全能够胜任较长时间的等待而依旧保持良好的施工性能。

8.4.2 泡沫环氧沥青施工建议

1. 一般规定

泡沫环氧沥青混凝土所用各种材料应检验合格，其技术要求应符合本施工建议书所规定的要求。

2. 泡沫环氧沥青材料

（1）泡沫环氧沥青 A 组分技术指标应符合表 8-18 的要求。

泡沫环氧沥青 A 组分技术要求　　表 8-18

试验项目	单位	技术要求	试验方法
外观(常温)	—	淡黄色或无色黏稠液体	目测
黏度(120℃)	mPa·s	100～160	ASTM D 445
环氧当量(含 1g 环氧当量的材料质量)	g	185～210	ASTM D 1652
含水量	%	≤0.05	ASTM D 1744
色度,APHA,Cardner	—	≤4	ASTM D 1544
闪点(开口杯法)	℃	≥200	ASTM D 92
比重(23℃)	g/ml	1.16～1.17	ASTM D 1475

（2）泡沫环氧沥青 B 组分技术指标应符合表 8-19 要求。

环氧沥青 B 组分技术要求　　表 8-19

试验项目	单位	技术要求	试验方法
外观	—	常温下呈棕黑色黏稠均匀固体	目测
黏度(120℃)	mPa·s	≥300	ASTM D 445
含水量	%	≤0.05	ASTM D 1744
比重(23℃)	g/ml	0.95～0.99	ASTM D 1475
闪点	℃	≥200	ASTM D 92
酸值(KOH/g)	mg	60～80	ASTM D 664

3. 沥青发泡技术指标

采用膨胀率和半衰期作为 B 组分发泡的评价指标。对制备的泡沫环氧沥青 B 组分进行沥青发泡性能试验以确定最佳发泡条件，在最佳发泡条件下，沥青发泡性能要求见表 8-20。

泡沫环氧沥青 B 组分发泡性能要求　　表 8-20

沥青温度(℃)	最低气温(℃)	膨胀率(倍)	半衰期(s)
120～140	5～15	≥13	≥10
	>15	≥10	≥8

4. 集料

集料应当洁净、干燥、无风化、无杂质，且级配良好，并符合《公路沥青路面施工技术规范》JTG F40—2004 中的相关要求。

8.4.3 泡沫环氧沥青混凝土混合料配合比设计

泡沫环氧沥青材料混合料配合比试验与设计应满足《公路沥青路面施工技术规范》JTG F40—2004 的要求。

泡沫环氧沥青混凝土混合料级配范围与油石比应参照表 8-21 要求。

泡沫环氧沥青混凝土混合料级配范围与油石比　　表 8-21

公称最大粒径(mm)	通过以下筛孔的百分率(%)										油石比(%)
	16	13.2	9.5	4.75	2.36	1.18	0.6	0.3	0.15	0.075	
13.2	100	96～100	84～90	62～70	43～53	28～38	18～28	12～21	8～15	6～12	4.0～5.2
9.5		100	95～100	65～85	50～70	39～55	28～40	21～32	14～23	7～14	4.2～5.3

泡沫环氧沥青混合料马歇尔试验技术指标应符合表 8-22 要求。

环氧沥青混合料马歇尔试验技术要求　　表 8-22

试验项目	单位	技术要求	试验方法
马歇尔试件尺寸	mm	ϕ101.6×63.5	JTG E20 T 0702
马歇尔击实次数	次	双面击实，单面 75 次	
马歇尔稳定度	kN	≥30	JTG E20 T 0709
空隙率 v	%	3.3～4	JTG E20 T 0705
矿料间隙率 VMA	%	≥13	JTG E20 T 0705
沥青饱和度 VFA	%	65～75	JTG E20 T 0705
流值	0.1mm	20～40	JTG E20 T 0709

泡沫环氧沥青混凝土技术要求应符合表 8-23 要求。

泡沫环氧沥青混凝土技术要求　　表 8-23

试验项目	技术指标	单位	技术要求	试验方法
模量	静态模量	MPa	≥6000	JTG E20 T 0715
水稳性能	浸水马歇尔试验残留稳定度	%	≥90	JTG E20 T 0709
	冻融劈裂抗拉强度比	%	≥75	JTG E20 T 0729
高温性能	动稳定度	次/mm	≥12000	JTG E20 T 0719
疲劳性能	四点弯曲小梁疲劳	次	1000μ，≥150000	JTG E20 T 0739

8.4.4 环氧沥青混凝土施工步骤

1. 一般规定

钢桥面泡沫环氧沥青混凝土铺装应满足《公路沥青路面施工技术规范》JTG F40—2004 和《公路桥涵施工技术规范》JTG/T F50—2011 桥面铺装的规定。

2. 施工准备

(1) 根据不同拌合设备采用相应的专用添加设备，检验泵送、称重体系运转完好，并须由经过专业培训的人员操作。

(2) 拌合站应具备完好的储存集料的设施，集料须分别分类存放，应设置防雨防污染设施，不能相互混合，料源应稳定。

(3) 施工前须进行详细的技术交底和相关技术培训。

(4) 现场勘察并优选最佳运输路线。

3. 混合料生产

泡沫环氧沥青混合料生产应严格控制出料温度在最佳拌合温度范围内。最佳拌合温度：95～110℃。

4. 混合料运输

(1) 运输必须使用状况良好的自卸车，使用前应对车辆箱体及底盘进行清洁处理和防护。

(2) 运输车辆必须做好保温、防尘措施，并服从施工调度的指挥。

(3) 运输车应在规定的时间内尽快到达现场，如不能按时到达现场，且超过最长容留时间，此车料必须予以废弃，并卸至指定位置。

(4) 运输车宜为载重量 15～30t 的自卸车。

(5) 运输与摊铺等待时间不宜超过 5h。

5. 混合料摊铺

(1) 摊铺机在使用前后应及时进行清洗。

(2) 设置专人负责卸料，控制摊铺温度和摊铺速度，设置专人对布料器两端流动性较差的混合料进行翻动，以防出现死料。

(3) 摊铺机必须具有自动或半自动调节厚度及找平的装置，必须具有振动熨平板或振动夯等初步压实装置。摊铺机开工前应提前 1h 预热熨平板于 100～110℃之间，亦不宜过高。熨平板加宽连接应仔细调节至摊铺的混合料没有明显的离析痕迹。

(4) 一台摊铺机作业时，铺筑宽度不宜超过 6m（双车道）～7.5m（3 车道以上），采用两台或多台摊铺机联铺作业时，摊铺机车速建议限定在 4～5m/min，摊铺机前后错开不宜超过 15m，呈梯队方式同步摊铺，两幅之间应有 3～6cm 宽的重叠宽度，上下层的搭接位置宜错开 20cm 以上。

(5) 在最佳现场运输的保温方式下，泡沫环氧沥青混合料最低摊铺温度为 56℃，在有油毡布保温的情况下，可供摊铺等待的时间总计为 6h。

6. 混合料压实成型

(1) 碾压温度宜在 50℃以上。

(2) 钢桥面环氧沥青混合料碾压应采用静压。

(3) 钢桥面压实宜采用的碾压组合：

下面层：轮胎压路机初压→钢轮压路机复压→轮胎压路机终压；

上面层：钢轮压路机初压→轮胎压路机复压→钢轮压路机终压。

(4) 桥面环氧沥青混凝土碾压复压遍数不小于 4 遍。

(5) 为防止碾压时粘轮，用植物油擦涂轮胎或钢轮表面作为隔离剂，禁止用水、柴油等溶剂型液体。

（6）对于摊铺机无法摊铺的边缘，应及时人工摊铺处理。

（7）禁止车辆在施工路段调头、急刹，禁止在已施工完路段长时间停放施工设备，禁止柴油、汽油等溶剂型液体污染铺装面。

（8）泡沫环氧沥青混凝土碾压机具及碾压技术参数应符合表8-24要求。

环氧沥青混凝土碾压机具及碾压技术参数要求　　表8-24

	压路机类型	碾压遍数	碾压温度
泡沫环氧沥青混凝土	钢轮压路机(≥10t)	初压≥2	≥80℃
	轮胎压路机(≥25t)	复压≥4	≥62℃
	钢轮压路机(≥10t)	终压≥2	≥53℃

7. 接缝

（1）摊铺宜采用热接缝。采用冷接缝的，冷接缝宜采用45°角斜接缝。在同一施工段应尽量避免横缝。

（2）切缝时禁止触及桥面板。

8. 养护及开放交通

双层泡沫环氧沥青混凝土铺装的钢桥面，开放交通养护期：气温在5～15℃时，养护期应不小于20d；气温在15～25℃时，养护期应不小于10d。单上面层泡沫环氧沥青混凝土铺装的钢桥面，开放交通养护期：气温在5～15℃时，养护期应不小于15d；气温在15～25℃时，养护期应不小于7d。单下面层泡沫环氧沥青混凝土铺装的钢桥面，开放交通养护期：气温在5～15℃时，养护期应不小于20d；气温在15～25℃时，养护期应不小于10d。

8.5 社会环境效益

泡沫环氧沥青将具有很好的环境效益。温度的降低会带来节能减排、降低粉尘排放、降低 NO_x 的排放等效果。粗略估计能耗可降低20%左右，主要污染物排放总量减少10%。这也是贯彻落实科学发展观、建设资源节约型、环境友好型社会的必然选择。泡沫环氧沥青混合料技术的低能耗、低排放完全符合这个大趋势，具有很好的社会效益。

参 考 文 献

[1] 黄卫，刘振清. 大跨径钢桥面铺装设计理论与方法研究 [J]. 土木工程学报，2005，38 (1).

[2] Daines M E. Cooling of bituminous layers and time available for their compaction [J]. Trrl Research Report，1985 (38).

[3] 黄卫，钱振东，程刚，等. 大跨径钢桥面环氧沥青混凝土铺装研究 [J]. 科学通报，2002 (24)：56-59.

[4] 吕伟民，郭忠印. 高强度沥青混凝土材料的研究 [R]. 上海市政工程管理处，1995.

[5] Qian Z，Chen C，Jiang C，et al. Development of a lightweight epoxy asphalt mixture for bridge decks [J]. Construction & Building Materials，2013，48 (Complete)：516-520.

[6] 黄明，郑茂，黄卫东. 国内外沥青混合料级配设计研究综述 [J]. 上海公路，2011 (02)：14+68-71.
[7] 杨长生，马沛生，夏淑倩. 差热分析法测定多元醇的比热 [J]. 天津大学学报，2003 (02)：66-70.
[8] 沈清，杨长安. 差热分析结果的影响因素研究 [J]. 陕西科技大学学报，2005 (05)：64-66+74.
[9] 黄汉平. 物理化学实验 [M]. 北京：高等教育出版社，2001.
[10] 李立寒，任铮. 热塑性弹性体改性沥青热老化性能分析与评价 [J]. 同济大学学报，2004，32 (10)：1439-1402.
[11] 罗桑，钱振东，沈家林，等. 环氧沥青流变模型及施工容留时间研究 [J]. 建筑材料学报，2011，014 (005)：630-633.
[12] 王安麟，程海鹰，慈健，等. 沥青发泡质量控制的参数化模型 [J]. 建筑材料学报，2009，12 (5).
[13] 李峰，黄颂昌，徐剑. 泡沫沥青衰变方程与发泡特性评价 [J]. 同济大学学报（自然科学版），2010，39 (7)：1031-1039.
[14] Huang M. Hardening Process Evaluation on Penetration of Foamed Epoxy Asphalt [C] // International Conference on Logistics Engineering，2015.
[15] 拾方治. 沥青路面泡沫沥青再生基层的研究 [D]. [学校不详]，2006.
[16] 黄明，黄卫东. 摊铺等待时间对环氧沥青混合料性能的影响 [J]. 建筑材料学报，2012 (01)：126-129.
[17] Huang M，Wen X J，Jian X，et al. Study on Viscosity Evaluation of Foamed Epoxy Asphalt [J]. Advanced Materials Research，2014，1082：424-428.
[18] Yang Y，Qian Z，Song X. A pothole patching material for epoxy asphalt pavement on steel bridges：Fatigue test and numerical analysis [J]. Construction & Building Materials，2015，94：299-305.
[19] Kim T W，Baek J，Lee H J，et al. Effect of pavement design parameters on the behaviour of orthotropic steel bridge deck pavements under traffic loading [J]. International Journal of Pavement Engineering，2014，15 (5)：471-482.
[20] Behavior and stress of orthotropic deck with bulb rib by surface corrosion [J]. Journal of Constructional Steel Research，2015，113：135-145.
[21] 黄明，汪翔，黄卫东. 橡胶沥青混合料疲劳性能的自愈合影响因素分析 [J]. 中国公路学报，2013，26 (4).
[22] Li S，Huang K，Yang X，et al. Design，preparation and characterization of novel toughened epoxy asphalt based on a vegetable oil derivative for bridge deck paving [J]. Rsc Adv，2014，4 (84)：44741-44749.

第9章　水性冷拌环氧乳化沥青混合料配合比设计与性能研究

在进行环氧乳化沥青固化体系的选取和混合料配合比设计确定沥青用量时，采用的马歇尔试验是评价其性能的重要方法，它可以快速、便捷地表征混合料试件的强度和变形能力。然而，虽然其应用广泛，但不能全面反映沥青混合料的综合性能，因此在确定混合料最佳沥青用量和矿料级配后，将通过相应的试验，对其模量、高温稳定性、水稳定性、疲劳性能以及愈合性能等进行全面分析研究。进行这些研究一方面可对待选材料进行直观的对比，另一方面可为日后的混合料设计提出参考指标。由于环氧乳化沥青属于起步阶段，大规模应用于公路或市政道路的面层是不太符合当前的国情的。但对于诸多穿行于建筑与人口密度较大的隧道工程或是城市地下道路工程[1]，它们的路面铺装需要做到环境友好、少烟雾和对施工人员少危害，水性冷拌环氧乳化沥青由于其高强度和可常温施工的特性，应用于隧道或城市地下道路成为可能[2]。因此本章拟将材料主攻方向定位为隧道或城市地下道路的路面工程。对比材料选取路面和隧道铺装最为常见的两种材料，有普通 AC-5，SBS 改性沥青 SMA-10，以及当前较多钢桥采用且表现出强大力学性能的环氧沥青 AC-13 混合料[3]。

9.1　材料选择与设计

9.1.1　沥青

基质沥青与前面章节选用同样的沥青，为埃索 70 号。

SBS 改性沥青制备是将 SBS 改性剂以及 3‰的稳定剂在 180℃下用高速剪切机以 6000～7000r/min 的转速剪切、磨、挤压 30min 后，再搅拌 90min，最后在 160℃左右的恒温烘箱孕育 30min，形状为星型 SBS-403，即是我国目前最常用的 SBS 改性沥青 I-D。其技术指标见表 9-1。

预备试验采用的 SBS 沥青的各项指标检测　　**表 9-1**

项目	技术指标	SBS 改性沥青
针入度(25℃、100g、5s)(0.1mm)	30～60	55
针入度指数 *PI*	0～+1.0	0.321
延度 5℃(cm)	≥20	41
软化点(℃)	≥60	87.7
离析，48h 软化点之差(℃)	≤2.5	1.6
130℃运动黏度(Pa·s)	≤3	2.33
密度(15℃)(g/cm^3)	实测	1.035

续表

项目		技术指标	SBS改性沥青
163℃薄膜加热试验(5h)	质量损失(%)	±1.0	0.14
	残留针入度比(%)	≥65	72
	残留延度(5℃)(cm)	≥15	17

本对比研究中选取较为常用的ChemCo环氧沥青作为普通环氧沥青。此环氧沥青亦分作AB双组分，A组分为环氧树脂，B组分为沥青与固化体系的混合物。

9.1.2 集料与级配

级配的选择关系到铺面层的强度、耐久性、构造深度、抗滑性等。实践表明乳化沥青与环氧沥青两者均适用于连续密级配。本研究拟选取AC-10作为上面层铺装用，然而我国目前针对环氧沥青专用级配的研究较少，大多是直接引用规范中级配所要求的级配。考虑到功能性的特殊性，有针对性地进行级配调整是十分有必要的。目前常见的环氧沥青混凝土设计空隙率为3%，而乳化沥青再生料未有标准的目标空隙率。

试验用集料粒径组成为13.2～9.5mm、9.5～4.75mm、4.75～2.36mm、2.36～0.075mm四档。对4.75mm以上粗集料，使用产地江苏溧阳的玄武岩，对2.36～0.075mm档料，使用产地江苏溧阳的石灰岩。矿粉为石灰岩矿粉。根据《公路工程集料试验规程》JTG E42—2005测试，其基本性能测试的结果见表9-2。

集料密度表 **表9-2**

集料总类	粒径(mm)	表观密度(g/cm^3)	毛体积密度(g/cm^3)	吸水率(%)
玄武岩	9.5～13.2	2.933	2.910	0.79
	4.75～9.5	2.925	2.890	1.211
	2.36～4.75	2.881	2.881	—
石灰岩	0～2.36	2.581	2.581	—

由于是对比试验，采用马歇尔设计方法。根据《公路沥青路面施工技术规范》JTG F40—2004规范要求取AC-13，采用较细的级配，表9-3和表9-4为本书选取的AC-5和De0/8级配。考虑到隧道的上面层结构厚度在1～3cm均存在可能性，根据厚度与级配粒径2.5～3倍的比例关系，因此最大公称粒径控制在5mm和8mm较为合理。

AC-5级配 **表9-3**

粒径(mm)	9.5	4.75	2.36	1.18	0.6	0.3	0.15	0.075
通过率(%)	100	90～100	55～75	35～55	20～40	12～28	7～18	5～10

De0/8级配 **表9-4**

粒径(mm)	8	5	2	0.09
通过率(%)	0～10	≥15	35～60	7～13

De0/8级配沥青用量在6.4%～7.7%之间，AC-5级配相对密实，用油量较低，De0/

8级配用油量较高，粒径相对单一，构造深度较大，用在我国建议可适当降低油量。

由于我国筛孔尺寸与De0/8级配有一定差异，经过取舍按表9-5进行设计。

调整后的De0/8级配 **表9-5**

粒径(mm)	13.2	9.5	4.75	2.36	0.6	0.3	0.15	0.075
通过率(%)	100	90	71	20	13	11	10	8

调整后的De0/8级配在下面称为DE-10级配，沥青用量调整为5%。此后的设计均采用DE-10级配进行环氧乳化沥青混合料设计。

试击实试验中选用马歇尔试件成型，如图9-1所示。

在后续试验过程中，发现马歇尔试件破乳较为困难，水分需要很长时间才能排出，考虑到厚度影响着破乳出水的效果，在实验室设计采用旋转压实制备1cm的薄饼试件进行改进的马歇尔试验。旋转压实试验机如图9-2所示，1cm薄饼试件如图9-3所示。

图9-1 环氧乳化沥青的马歇尔试件

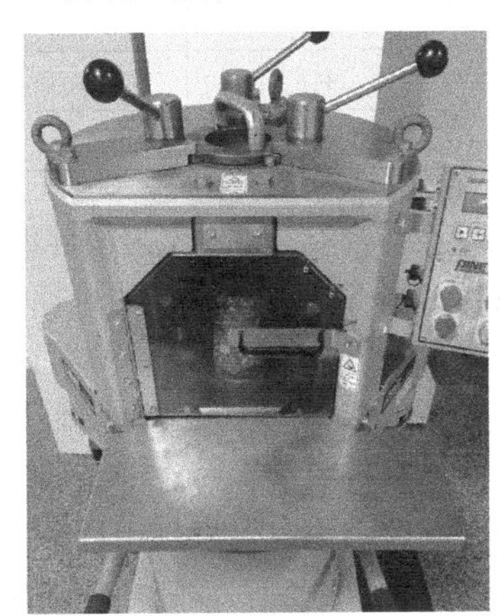

图9-2 旋转压实仪

在进行马歇尔试验时，将薄饼试件利用环氧胶进行粘接，如图9-4所示。

图9-3 1cm厚的薄饼试件

图9-4 粘接后的薄饼试件进行马歇尔试验

其他对比材料：空隙率的目标为4%，基质沥青AC-5现选取三种沥青用量：4.0%，4.5%，5.0%，然后用马歇尔击实成型，空隙率计算结果见表9-6。

AC-5 最佳沥青用量的确定　　表 9-6

沥青用量(%)	干重 (g)	水中重 (g)	表干重 (g)	毛体积密度 (g/cm^3)	最大理论密度 (g/cm^3)	空隙率 (%)
4.0	1107.312	646.3	1111.176	2.48038	2.59504	4.5
	1108.508	647.036	1112.004	2.48724	2.59504	
	1105.656	645.932	1108.6	2.48234	2.59504	
			均值	2.48332		
4.5	1111.82	650.348	1114.212	2.49606	2.59112	3.9
	1112.74	651.084	1114.396	2.49802	2.59112	
	1112.188	650.992	1114.58	2.49704	2.59112	
			均值	2.49704		
5.0	1118.352	652.464	1121.112	2.50978	2.5872	3.3
	1120.744	654.304	1123.596	2.5137	2.5872	
	1118.168	651.36	1121.572	2.51272	2.5872	
			均值	2.51174		

试验最终选取 4.4%作为最佳沥青用量。

改性沥青 SMA-10 设计的目标空隙率亦为 4%，只是在击实过程中采用 50 次双面击实。现选取三种油石比：6.0%，6.5%，7.0%，然后用马歇尔击实成型，空隙率计算结果不再赘述，依据试验最终通过回归选取 6.2%作为最佳沥青用量。

相对而言环氧沥青有过一些研究经验，通常将环氧沥青混合料级配设计为悬浮结构。混合料内部凝结力主要来自于环氧沥青中的固化物，固化后的环氧沥青具有很高的抗拉压强度。为防止水分渗入，破坏粘结层、腐蚀钢板，同时保证满足抗车辙、抗疲劳的要求，混合料必须达到一定的密实度。因此在研究环氧沥青混合料的组成设计时，将空隙率作为一个重要的控制指标。根据国内几座环氧沥青混凝土铺装大桥的设计指标，空隙率的要求为 3%。对比试验中普通环氧沥青以 3%为目标空隙率。考虑到用于隧道铺装，依旧要考虑到密实性以防止水损害的侵入，保持较低的空隙率。根据 1.4.2 小节的研究可知，环氧乳化沥青混合料中由于有乳化沥青的性质存在，空隙率可适当增加，本研究拟采用 3.5%。

根据热拌沥青混合料配合比的设计方法，首先确定了 AC 类级配，环氧乳化沥青采用 DE-10 级配，按乳化沥青固含量的计算，均取三种沥青用量 6.0%，6.5%，7.0%，最佳沥青用量的确定过程如表 9-7 和表 9-8 所示。

马歇尔方法确定普通环氧沥青最佳沥青用量　　表 9-7

沥青用量(%)	干重 (g)	水中重 (g)	表干重 (g)	毛体积密度 (g/cm^3)	最大理论密度 (g/cm^3)	空隙率 (%)
6.0	1185.67	727.24	1187.82	2.5741	2.690	4.3
	1189.93	729.82	1193.77	2.5745	2.690	
	1187.85	728.27	1189.43	2.5743	2.690	
			均值	2.5743		

续表

沥青用量(%)	干重(g)	水中重(g)	表干重(g)	毛体积密度(g/cm^3)	最大理论密度(g/cm^3)	空隙率(%)
6.5	1191.50	734.70	1193.21	2.597	2.684	3.3
	1187.56	732.21	1188.89	2.593	2.684	
	1187.93	731.70	1189.27	2.595	2.684	
			均值	2.595		
7.0	1192.62	738.08	1194.15	2.615	2.680	2.5
	1195.52	739.16	1196.91	2.617	2.680	
	1198.46	741.93	1201.12	2.610	2.680	
			均值	2.613		

马歇尔方法确定环氧乳化沥青最佳沥青用量 **表 9-8**

沥青用量(%)	干重(g)	水中重(g)	表干重(g)	毛体积密度(g/cm^3)	最大理论密度(g/cm^3)	空隙率(%)
5.0	189.86	117.26	190.06	2.478	2.604	4.7
	190.45	117.72	190.67	2.480	2.604	
	190.13	117.59	190.32	2.483	2.604	
			均值	2.481		
5.5	192.32	119.12	192.47	2.491	2.598	4.0
	192.27	119.14	192.39	2.494	2.598	
	192.00	119.11	192.17	2.497	2.598	
			均值	2.494		
6.0	190.90	118.25	191.11	2.489	2.571	3.3
	190.74	118.16	191.02	2.487	2.571	
	191.69	118.66	191.97	2.484	2.571	
			均值	2.486		

本次试验中环氧沥青混凝土最佳空隙率取3%，环氧乳化沥青为3.5%。因此确定普通环氧沥青混合料AC-13油石比为6.6%，环氧乳化沥青DE-10的不含水的结合料用量为5.7%。由于乳化沥青中固含量为60%，因此实际含水的乳化沥青用量为9.5%。值得说明的是，由于沥青被乳化，其沥青膜厚度减小，沥青能更大程度地渗入骨料间的空隙中，混合料的闭口空隙变得更少，这使得环氧乳化沥青具有更好的石料包裹性，因此较普通环氧沥青而言，环氧乳化沥青混合料的沥青用量更为节省。

9.2 环氧乳化沥青混合料性能的影响因素研究

环氧乳化沥青是一种通过对改性沥青进行物理化处理后的新型沥青，是一种包含了乳化剂和环氧树脂双改性剂的复合改性沥青，复合的方案如何完美融合，掺量和配比如何达到最佳，是影响最终使用性能的关键。本节就研发过程，对环氧乳化沥青中各组分掺量与配比进行调整，分析了调整的原则，测定了施工可操作时间，即摊铺等待时间对强度形成的影响。

9.2.1 固化体系掺量变化对结合料黏度变化影响分析

除了乳化沥青外，固化体系（包括固化剂和助剂）是B组分中所有改性物质中占比最高的成分，影响乳化沥青成型和水性环氧固化物生成的关键在于水分的排出，现行改性乳化沥青的技术要求是一个较为成熟的技术标准，是保证破乳成型的速度和后期性能形成的关键，因此经过环氧固化剂添加之后，乳化沥青要依旧能保持现行改性乳化沥青的规范要求[4]。改性乳化沥青的技术要求见表9-9。

乳化沥青技术要求 表9-9

试验项目		单位	自检结果	改性乳化要求	试验方法
筛上剩余量(1.18mm)		%	0.01	≤0.1	T0652
电荷		—	阳离子正电(+)	阳离子正电(+)	T0653
恩格拉黏度E25		s	—	3～30	T0622
沥青标准黏度C25,3		s	20	12～60	T0621
蒸发残留物含量		%	62.1	≥60	T0651
蒸发残留物性质	针入度(100g,25℃,5s)	0.1mm	67.6	40-100	T0604
	软化点(R/B)	℃	59.2	≥57	T0606
	延度(5℃)	cm	>100	≥20	T0605
	溶解度(三氯乙烯)	%	99.5	≥97.5	T0607
贮存稳定性	1d	%	0.2	≤1	T0655
	5d	%	2.3	≤5	

调整固化体系的用量进行复配，试验结果如表9-10所示。

100℃固化体系掺量与B组分黏度变化 表9-10

总体水量(%)	B组分中纯固化剂含量(%)	残留物含量(%)	针入度(100g,25℃,5s)(0.1mm)	软化点(℃)
55	10	62	71	59
	20	61	72	57
	30	60	74	57
	40	60	75	53
60	10	61	73	57
	20	55	74	55
	30	53	76	53
	40	50	75	51
65	10	47	74	55
	20	46	76	51
	30	44	71	47
	40	43	75	48

由表9-10可以看出，随着水量和固化剂掺量的增大，残留物的指标均在下降，但为

了维持尽量多的固化剂（以确保后期强度），又能满足表 9-9 的残留物指标要求，即蒸发残留物量≥60%，软化点≥57℃（原因在于，在表 9-9 中，调节乳化剂的掺量，随着用量变化最大的是蒸发残留物含量和软化点这两大指标），最终确定总体水量为 55%，纯固化剂掺量在 30%。

B 组分中固化体系掺量一旦确定，A 组分的用量即可随之确定。所谓 A 组分最佳用量就是指使环氧树脂固化物性能达到最好的环氧树脂用量。这是由固化剂本身结构和形成网状结构的反应历程所决定的。所用固化剂种类不同，最佳用量也不尽相同。掺量偏离最佳用量过多或是过少，都会影响到固化物的性质，使用性能均不能达到在最佳用量下的效果[5]。

本章中所用酸酐和胺的化学指标 ：$Wad=42$，$Wam=98$，则根据第 4 章中 4.2.4 节可知：

已知 Wad 与 Wam，且根据上述研究，酸酐和胺的含量分别为 B 组分的 1%和 40%，则 1000g B 组分沥青，相应 A 组分即环氧树脂的用量为 $Yad=100\times1000\times0.01/42$，$Yam=100\times1000\times0.4/98$，两者相加为 431.8g。

换算成比例为 A∶B=4.3∶10。

9.2.2 乳化剂

沥青乳化剂根据其溶于水是否可以电离出离子或离子胶束可分为离子型乳化剂和非离子型乳化剂。离子型乳化剂又可根据电离出的离子电荷种类分为两性离子乳化剂、阴离子乳化剂和阳离子乳化剂。离子特性是影响乳化沥青破乳和拌合的关键[6]，其中：

(1) 阳离子乳化剂：这种乳化剂溶解于水时，与亲油基相连的亲水基团带有阳离子。其发展要比阴离子乳化剂的发展晚，但它因为与集料有更好的粘附性、用量少等优点，被广泛用于路面工程。阳离子乳化剂的类型主要有：烷基胺类、季铵盐类、酰胺类、胺化木质素类、咪唑啉类、环氧乙烷二胺类等。其中 C12～C22 的单烷基胺类乳化剂乳化效果较好，所以目前常用 C12～C22 烷基类的乳化剂。另外，C16～C20 的脂肪烃基类的乳化剂也是性能良好的阳离子乳化剂。

(2) 阴离子乳化剂：这类乳化剂电离生成的离子电荷与阳离子型的刚好相反。它是最先被用到的乳化剂，其工艺简单，技术成熟，不必调节就可直接使用。主要类型有：羧酸盐类、硫酸脂盐类、磺酸盐类、磷酸酯盐类等。

(3) 两性离子乳化剂：两性离子乳化剂的分子结构中既有酸性基又有碱性基。按其分子结构及性能可分为：氨基酸型、甜菜碱型、咪唑啉型等。其中有的不但可以在酸性条件下溶于水，在碱性条件下也可以。氨基酸型乳化剂可以随着酸溶液的增加将其作为阳离子来应用。

(4) 非离子乳化剂：非离子乳化剂溶解于水时，并没有离子或离子胶束，而是自身的羟基与醚基作为亲水基。按其结构和特性可分为：聚乙醇型和多元醇型。这类乳化剂的活性与溶液的 pH 值无关，可以形成非常稳定的乳液。

研究所用环氧树脂固化剂为有机胺类，呈碱性。故本研究选用四种离子型乳化剂制备乳化沥青。分别为 EM520、EM560、EM620 和 EM630，如图 9-5 所示。

基质沥青，选用 70 号沥青。筛上剩余量是评价沥青乳液质量的重要指标，它是沥青

图 9-5 选用的乳化剂类型

乳液中沥青微粒的均匀程度的表现，反映了沥青乳化的好坏。如果乳化质量不好，乳液会产生结皮或者沉淀，所制备的改性乳化沥青的稳定性也不高。在用此乳液施工时，容易造成喷洒设备的堵塞或骨料拌合不均匀等不利情况，影响施工进度和质量。同一试验至少平行试验两次，两次试验结果的差值不大于5%时，取其平均值作为试验结果。

乳液的蒸发残留物是指乳化沥青中沥青的含量。蒸发残留物含量的大小对乳化沥青的黏度影响较大。沥青含量过高，乳液黏度过大，不利于施工和储存；而沥青含量过低，黏度过小，混合料施工时容易流失，且不能准确控制乳化沥青的用量。所以，乳化沥青应当保持适当的沥青含量。蒸发残留物性质包括：残留分含量、针入度（25℃）、延度（15℃）、软化点等性能，表 9-11 展示了乳化剂选取试验对比结果。

乳化剂的选取试验结果　表 9-11

乳化剂编号	离子类型	破乳类型	蒸发残留物性质			
			残留分含量(%)	针入度(25℃)	延度(15℃)	软化点
EM520	阳离子	慢裂快凝	60	70	77	54
EM560	阴离子	慢裂慢凝	55	72	101	56
EM620	阳离子	快裂快凝	55	67	92	54
EM630	阴离子	快裂中凝	52	68	81	58

根据表 9-11 的结果可以看出，因为环氧乳化沥青在作为结构层的混合料铺筑时，需要做到有足够的拌合时间，而摊铺后又要尽快破乳上升强度，能做到慢裂快凝的 EM520 是最佳的选择，同时蒸发残留物能够维持原样沥青的性质。

乳化剂掺量对乳化沥青性能的影响

乳化沥青混合料的可拌合时间是反映混合料在施工中从拌合开始到顺利摊铺成型的重要施工性能指标。乳化沥青混合料在摊铺和成型过程中存在着复杂的物理、化学变化，是一种相对脆弱的混合料体系。只有满足了拌合时间的要求，才能保障乳化沥青混合料的顺利施工。其中乳化剂是影响拌合时间的主要因素，乳化剂的用量直接关系到乳化效果和产品的储存稳定性，同时对乳化沥青的蒸发残留物的性质亦有不同程度的影响。为了研究乳化剂掺量对乳化沥青的性能影响规律，进行了 5 种掺量下的乳化沥青的性能测试，测试结果见表 9-12。

乳化剂掺量对乳化沥青性能影响　表 9-12

乳化剂用量(%)	0.6	1	1.4	1.8	2
筛上剩余量(%)	0.12	0.07	0.03	0.01	0.01
沥青标准黏度 $C_{25.3}$(s)	47.1	34.9	27.7	24.8	18.7

续表

蒸发残留物	5℃延度(cm)	50.5	65.6	71.3	80.7	63.4
	25℃针入度(0.1mm)	65.4	70.8	70.3	71.7	74.4
	软化点(℃)	56.3	56.2	54.8	54.7	54
1d 储存稳定性(%)		6.7	2.1	0.8	0.7	0.4

从表中的数据可以看出：

(1) 乳化程度：乳化剂的加入，会增加沥青的乳化性能，掺量与乳化程度呈正比例关系。随着掺量的增加，乳化沥青的筛上剩余量显著下降。掺量达到 1%时，筛上剩余量已经达到了规范的要求；当掺量增加到 1.8%以上时，筛上剩余量已经达到了 0.01%，远远低于规范规定的 0.1%的要求。

(2) 黏度：乳化剂的加入，对沥青的乳化性能影响体现在另一个指标，即黏度的变化规律上。随着掺量的增加，乳化沥青的标准黏度显著下降，5 个掺量的乳化沥青的黏度均满足规范要求的 12～60s 的标准。

(3) 蒸发残留物：乳化剂的加入，对于乳化沥青蒸发残留物的性能影响的大致规律为，在掺量低于 1.8%时，随着乳化剂的掺量增加，蒸发残留物硬度增加，延展性增加；掺量高于 1.8%后，蒸发残留物的硬度和延展性均下降，即乳化剂的用量存在一个合理范围，即 1.6%～2.0%。

(4) 储存稳定性：乳化沥青的储存稳定性，是考察乳化剂性能的重要指标。随着乳化剂的用量的增加，乳化沥青的稳定性进一步增强，1d 稳定性测试数据逐渐下降。即乳化剂的用量增加，有助于乳化沥青系统的稳定。

(5) 综合：分析各种指标的变化的原因，主要得从乳化机理的角度来解释。阳离子乳化剂分子亲水基主要是氨基，氨基与沥青有较强的亲和性，破乳时不影响沥青微粒间的融合，破乳后不会改变沥青的胶体结构。并且随着氨基含量的增加，乳化剂分子在沥青微粒间起凝聚作用，对沥青微粒间的融合有促进作用，此时表现为沥青性能比原来提高。待乳化剂剂量达到一定值后，继续增加，乳化剂中的杂质或其他不利因素居上风，导致沥青性能下降，尤其会表现为延度降低。

9.2.3 pH 值对乳化沥青性能影响

阳离子乳化剂与各种矿料有更好的粘附性，且用量少，在实际使用过程中应用广泛[7]。阳离子乳化剂主要有烷基胺类、酰胺类、咪吟琳类、季铵盐类、环氧乙烷双胺、胺化木质素等。其中二烷基或三烷基胺类一般没有乳化性，含有 C_{12}～C_{22} 的单烷基胺类乳化剂效果较好，但是烷基单胺缺乏足够的乳化能力，所以现在常用有 C_{12}～C_{22} 烷基、2～4 个亚甲基的 N-烷基聚亚甲基二胺盐类乳化剂。烷基丙烯二胺常由丙烯腈与伯胺加成还原得到，而卤代烷同乙二胺反应也是合成 N-烷基乙二胺的最普通方法。同样，卤代烷与多亚甲基多胺（二亚甲基三胺、三亚甲基四胺等）反应，可以得到 N-烷基多胺。实践证明，有 C_{16}～C_{20} 的脂肪烃基取代的乙氰或丙氰二胺是性能良好的阳离子乳化剂。

季铵盐类乳化剂是应用最为广泛的阳离子乳化剂，主要有烷基季铵盐，杂环结构的季铵盐，通过酰胺、酯、醚等基团连接的季铵盐等。特别是含氯烷基季铵盐类，如烷基吡啶氯化物，用于乳化沥青混合料中，能减少快裂型沥青乳液的流失。连有 CS～C_{22} 链的芳基或环烷基季铵盐，可以减慢沥青的破乳，并有改善与石料、混凝土等粘附性的作用。尽管季铵盐类的乳化能力与二胺类相当，但与石料等基体结合破乳后形成的覆盖膜层较薄。酰胺类乳化剂常由脂肪酸胺解得到，其单酰胺化合物是一类重要的表面活性剂，反应过程中通入 CO_2 可防止二酰胺的生成。由脂肪酰胺的盐酸盐得到的乳液具有良好的贮存稳定性和对各种基体的粘附性能。脂肪酸的衍生物，特别是妥尔油与二乙烯三胺或四乙烯五胺的产物，是一种很有用的沥青乳化剂。另外，烷基酰胺多胺 RCO-NH$(C_3H_6NH)_nC_3H_6NH_2$ 中含有多个亲水性氨基，所以能通过调节 pH 值，得到性能各异的沥青乳液。但是酸胺类乳化剂在水中有水解现象。酸胺类乳化剂经进一步加热脱水可以形成咪哇琳类阳离子乳化剂，它的无机酸盐也是很好的乳化剂。

在乳化剂溶液中添加无机酸或有机酸，调节整体的 pH 值，对沥青的乳化和乳液的性能会产生一定的影响。用于调 pH 值的酸有盐酸、硝酸、磷酸等无机酸和甲酸、乙酸、丙烯酸、丁二酸、丙二酸、乙二酸、酒石酸、柠檬酸等有机酸，其中效果最好又经济的酸类物质为盐酸和乙酸。乳化剂溶液合适的 pH 值能增加乳化剂的活性，提高乳化能力，从而提高乳化效果和储存稳定性，降低乳化剂用量。

乳化剂溶液合适的 pH 值能增加乳化剂的活性，提高乳化能力，从而提高乳化效果和储存稳定性，降低乳化剂用量。不同的乳化剂，其合适的 pH 值也不同。在制备阳离子沥青乳液时，如采用季铵盐型乳化剂，其水溶液最佳 pH 值在 5～6 之间；如采用铵型乳化剂时，其水溶液最佳 pH 值在 3～5 之间。EM520 乳化剂属于胺类化合物，在使用过程中，必须加入无机酸来配合使用。需要将 EM520 在热水中搅拌至完全溶解后，通过添加盐酸，将 pH 值调节至 2.0～2.5，方能起到很好的效果。

本试验采用 EM520 阳离子慢裂快凝乳化剂对 70 号沥青进行乳化改性，乳化剂剂量为 1.8%。通过添加浓度为 35%的盐酸对水溶液的 pH 值进行调节，分别调节 5 个 pH 值，对乳化效果和蒸发残留物性质进行检验对比，测试结果见表 9-13。

pH 值对乳化沥青性能影响 **表 9-13**

pH 值		1.0	1.5	2.0	2.5	3.0
筛上剩余量(%)		0.17	0.05	0.01	0.13	0.41
沥青标准黏度 $C_{25.3}$(s)		15.8	18.4	22.5	24.6	26.8
蒸发残留物	5℃延度(cm)	67.1	78.5	81.5	88.6	71.0
	25℃针入度(0.1mm)	71.1	72.5	70.6	71.6	71.5
	软化点(℃)	50.6	53.6	57.2	56.5	55.7
1d 储存稳定性(%)		2.3	1.2	1.0	1.8	3.2

从表中的数据可以看出：

(1) pH 值对乳化沥青的性能产生较为明显的影响，总体上看，pH 值存在一个最佳范围 2.0～2.5。

(2) 随着皂液 pH 值的增大，乳液筛上剩余量及乳液稳定度值均呈现先减小后增大的趋势，乳液标准黏度逐渐增大，乳液流动性变差。

(3) 乳液蒸发残留物的针入度及软化点，随皂液 pH 值的增加，波动较小，pH 值对蒸发残留物的针入度和软化点的影响较小。而乳液蒸发残留物的5℃延度对pH值的变化较敏感。在pH值小于2.5时，随着pH值的增加，5℃延度值逐步增加；当pH值达到2.5后，继续增大，5℃延度值开始降低。究其原因，主要是由于在合适的pH值下，乳化剂充分溶解，并均匀的分散于油水混合液中，将沥青微粒搭接起来，对沥青微粒间的融合有促进作用，延度提高。

9.2.4 乳化沥青颗粒粒径分布影响

从乳化沥青的机理来看，其制作过程是，在基质沥青中添加乳化剂和水，通过如图9-6所示的胶体磨的物理强力，将基质沥青剪切为细小的颗粒，乳化剂的亲油基与沥青相融，亲水基与水分子相融，然后将沥青颗粒均匀的分散于体系中，而不发生凝聚。很显然，沥青颗粒的粒径越小[8]，其总体比表面积越大，分散在混合料当中，与集料的裹附越紧密，分散得越均匀，混合料的最终强度也会越好。

从乳化沥青的生产工艺来看，沥青颗粒分散的均匀程度，主要与以下几个因素有关：

图9-6 生产乳化沥青用的大型胶体磨

(1) 基质沥青的品质。受油源的影响，石油在经过一系列的加工提炼后，剩余的渣油用于生产基质沥青。生产工艺主要有蒸馏法和调和法，而前者生产的沥青又优于后者，因为前者的工艺所生产的沥青是基本属于同一馏分，融合到一起形成单沥青的品质相对较为单一，性能容易达到规范的要求。而后者的工艺，需要在渣油中添加不同的化工材料来对其性能进行改性，最终达到规范中对于沥青的指标的要求。也即蒸馏工艺制备的沥青，本身就符合规范要求，而调配工艺，是响应规范要求，来调配沥青，二者有本质区别。因此，在乳化过程中，不同的组分的沥青，与乳化剂发生的作用不一样（分隔和凝聚），从而导致最终分散的颗粒的粒径不一。

(2) 乳化剂的品质[9]。在乳化沥青中，沥青以细小微珠分散于水中，微珠的表面被乳化剂分子形成的界面膜覆盖。破乳后，沥青微珠间相互融合，沥青恢复原有状态。如果乳化剂分子在沥青分子间起剪切作用，则沥青微珠间的融合就会受到影响，乳化剂分子把沥青微珠相互隔开，沥青恢复不到原有状态。如果乳化剂分子在沥青分子间起凝聚作用，则对沥青微珠间的融合有所促进，乳化剂分子使沥青微珠顺利通过，并把它们牵拉到一起，促使沥青微珠间相互融合，沥青不但可恢复到原有状态，而且比原有状态融合更紧密。此外，质优纯净的乳化剂对沥青材料性能一般影响不大，质劣不纯的乳化剂会使沥青材料性能明显下降。

(3) 胶体磨的生产品质。如前所述，乳化沥青的生产，需要借助于胶体磨的物理强力的分散作用。胶体磨的质量越好，齿轮啮合的作用越强，剪切的效果就越好，越容易把沥青剪切为均匀的细微颗粒。生产过程中剪切时间也是影响这一作用的重要参数，经过长期的积累，对生产工艺参数进行固定，有确定的剪切时间和剪切速度，生产的乳化沥青的品质，便能得到保障。

为了研究乳化沥青颗粒的粒径对乳化沥青和混合料的性能的影响规律，课题组采用如图 9-7 所示的粒径分布测试仪，对乳化沥青的颗粒粒径进行测试，并结合混合料的黏聚力试验，对比三种制备方法的乳化沥青性能。

采用三个厂家的 70 号沥青作为基质沥青，乳化剂掺量 1.8%，固化剂掺量 10.5%，二氧化钛乳液掺量 5%（乳液中纳米二氧化钛掺量为 20%，二氧化钛用于汽车尾气吸收研究，后续章节详细介绍），集料 100%，胶体磨的剪切时间固定为 40min，按照 1.4.2 中的顺序生产了三种乳化沥青：（1）先乳化后改性；（2）先改性后乳化；（3）同时进行。在粒径分布测试仪（图 9-7）上进行粒径测试，结果见表 9-14。

不同基质沥青乳化后的粒径分布　　表 9-14

累积含量(%)	尺寸(μm)		
	(1)沥青	(2)沥青	(3)沥青
10	1.54	4.25	2.34
20	1.76	4.93	3.31
30	2.00	5.59	4.60
40	2.30	6.30	6.21
50(D_{50})	2.49	6.98	9.33
60	2.69	7.64	11.33
70	3.07	8.33	16.58
80	3.53	9.13	21.11
90	4.16	10.22	31.13
95	5.07	11.07	44.26

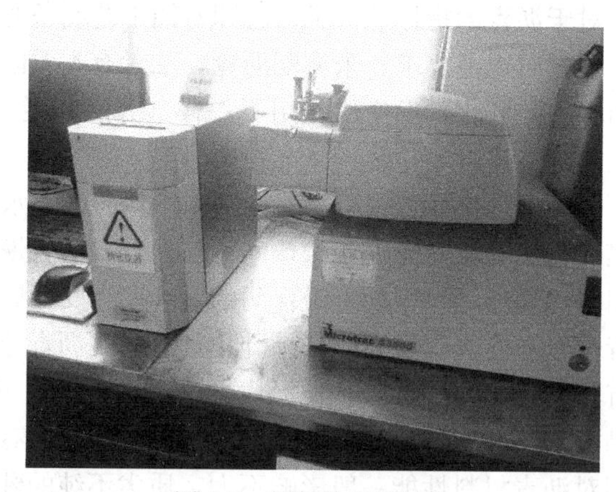

图 9-7　粒径分布测试仪

粒径分布测试仪可以将乳化沥青的粒径累积含量的 10%～95%范围的含量进行统计，且其中累积含量为 50%（D_{50}）的测试数据最具有代表性，分别针对该指标，进行混合料的性能分析。3 种沥青的累积粒径分布如图 9-8～图 9-10 所示。

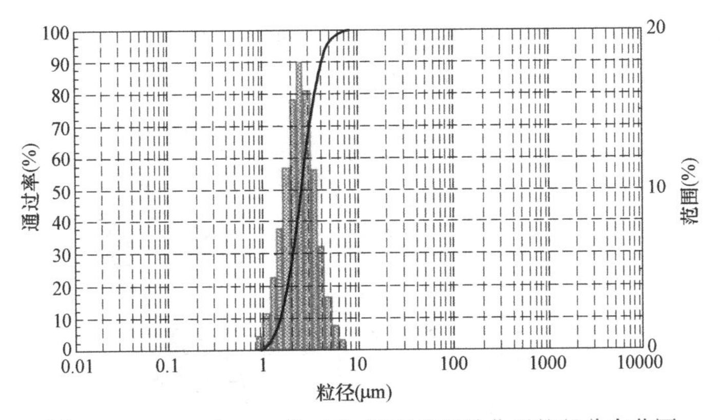

图 9-8　D_{50}=2.49μm 的（1）沥青样品乳化后粒径分布范围

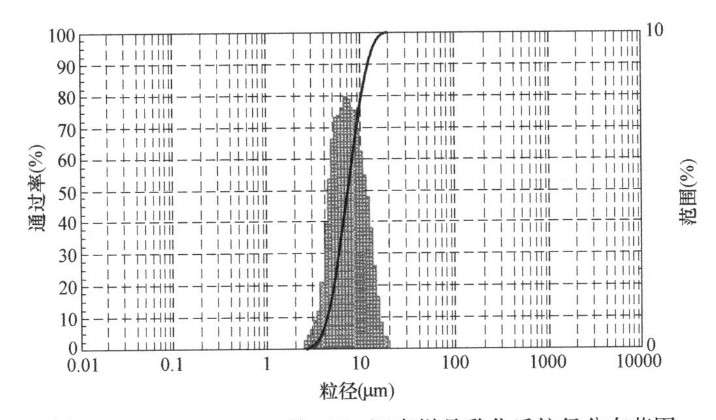

图 9-9　D_{50}=6.98μm 的（2）沥青样品乳化后粒径分布范围

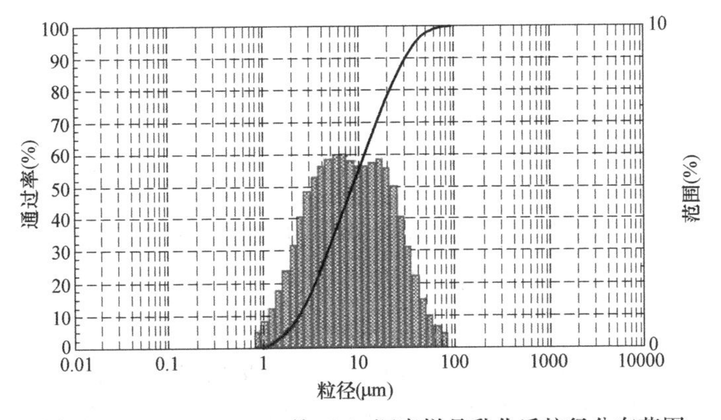

图 9-10　D_{50}=9.33μm 的（3）沥青样品乳化后粒径分布范围

从表 9-14 中的数据可以看出，3 种乳化沥青的粒径分布存在差异，（1）沥青的粒度最均匀，D_{50} 为 2.49，而（2）沥青的粒度约为（1）沥青的 3 倍，（3）沥青的粒度约为（1）沥青的 4.5 倍。而从图 9-8～图 9-10 反映的整体粒径分布情况来看，（1）沥青的分布更为尖峻，而（3）沥青更为平圆，（2）沥青居中，越尖峻的累积分布图，粒径越小。

针对 3 种乳化沥青的不同，进行了混合料的黏聚力试验，来考察不同的乳化沥青粒径情况与混合料的早期强度的关系。黏聚力试验主要反映的是混合料的初凝时间和可开放交通的时间，分别制作如图 9-11 所示的试验小样 5～8 个，置于室外，环境温度 32℃，每隔半小时测试一次黏聚力，测试结果见表 9-15。

图 9-11　黏聚力试验小样

三种顺序的乳化沥青混合料早期强度　　表 9-15

时间	(1)沥青(D_{50}=2.49μm)	(2)沥青(D_{50}=6.98μm)	(3)沥青(D_{50}=9.33μm)
	黏聚力(N·m)		
30min	0.8	1.5	0.2
60min	1.2	2.0	0.2
90min	1.5	2.3	0.2
120min	2.0	>2.3	1.0
150min	2.6	>2.3	1.5
180min	>2.6	>2.3	1.8

从表中的数据可以看出：

(1) 按照《乳化沥青混合料和稀浆封层技术指南》中的要求，黏聚力试验 30min 强度需达到 1.2N·m，60min 强度需达到 2.0N·m。从测试结果来看，仅有 (2) 沥青符合标准。而 (1) 沥青的初凝时间在 60min，开放交通的时间在 120min 以上。(3) 沥青样品最差，初凝时间在 120min 以上，开放交通的时间更是达到了 300min 以上。

(2) 平均粒径越小，强度升高的速度越快，这主要是因为粒径越小，比表面积约大，沥青颗粒接触的乳化剂越多，在破乳后，沥青更容易凝聚而形成强度。反之，沥青颗粒较大，一定程度上阻碍了乳化剂的破乳速度，从而影响了强度形成的速度。

从上述试验的结果来看，不同的粒径分布情况，会显著影响混合料的强度，粒径分布能反映乳化沥青的特点以及最终混合料的强度。粒径分布可以作为乳化沥青性能指标的一个甄别指标，建议乳化沥青的质量检测增加粒径分布一项，测试结果建议为 $D_{50}<8\mu$m。即 (1) 和 (2) 的工艺均是无环氧固化体系的改性乳化沥青的较为优秀的选择。

仅采用黏聚力的方法只能判断未加入环氧树脂的乳化沥青的性能，在加入环氧树脂之后，混合料会得到后期强度的上升。将三种沥青继续进行混合料马歇尔稳定度试验，以判断加入环氧树脂后固化的效果。试验结果如表 9-16 和表 9-17 所示。

三种顺序下各种固化剂混合料稳定度（kN） **表 9-16**

平行试验编号	1	2	3	4
(1)沥青	19.10	21.04	19.75	19.40
(2)沥青	15.95	15.60	18.47	17.20
(3)沥青	14.94	14.22	15.47	15.13

各种方法下各种固化后混合料流值（0.1mm） **表 9-17**

平行试验编号	1	2	3	4
(1)沥青	18.4	19.8	22.6	20.6
(2)沥青	14.8	18.4	29.0	18.4
(3)沥青	27.7	27.0	28.1	30.6

由试验结果可知，三种方法的优劣通过拌和过程的观察十分明显，顺序（1）稳定度和流值均优于其他方法；且在试验过程中可以观察出，顺序（1）可以使得固化剂与环氧树脂的反应效果最佳，可以更快地破乳，沥青用量可以有效降低；顺序（2）由于热沥青加入固化剂时挥发，导致固化剂量会减少，存在浪费；而固化体系的加入，可以加速乳化沥青凝结，因此从最终混合料的效果观测可知顺序（1）最佳。

且从最终试验结果可以看出，顺序（1）的固化效果最好，马歇尔稳定度高于其他两种方法。

因此可得到环氧乳化沥青胶结料的配制方法：将基质沥青与固体类添加剂混合搅拌均匀，进行乳化，再加入水性环氧固化剂，得到组分 B。然后将计量的水性环氧乳液，即组分 A 加入组分 B，经高速搅拌混合均匀即得到水性环氧乳化沥青，6h 内用完（或在拌合时投入拌锅，取决于施工时的便捷程度）。

其中乳化的过程较为关键，简述如下：将基质沥青加热至 180～200℃，将水加热至约 50℃，加入固化剂、乳化剂、pH 调节剂，用玻璃棒不断搅拌，继续加热至 80℃以上，进入超声分散仪中进行超声分散。将乳化剂、固化剂水溶液分几次缓缓注入热沥青中，以防瞬间大量泡沫溢出容器，同时进行人工搅拌，搅拌几分钟均匀后，将高速剪切机定子置入乳液当中，调整转速，开启开关进行剪切 40～50min。一般乳化结束时，乳液温度宜保持在 60℃以上。利用高速剪切机进行乳化，是一个开放系统，期间会有水分蒸发散失。根据经验，水分蒸发量占乳液的 10%～20%。因此，在进行配方时，需多加一部分水，一来是为了保证使纳米二氧化钛分散均匀，二来是为了保证所需求的蒸发残留物含量。值得说明的是，为求达到较好的降解尾气效果，此处是将纳米二氧化钛添加入沥青结合料中，亦可将纳米二氧化钛添加入矿粉中直接加入混合料，只是降解效果会略微损失，具体制备方式需根据施工条件而定。

对于乳化沥青性能的要求，主要包括了乳化沥青性能和蒸发残留物的性能，而且后者的性能，更是直接决定了混合料在破乳后开放交通时的性能，因此，也就应重点关注后者，尤其是掺加环氧树脂后的性能是否满足现行的标准规范。对于乳化沥青的蒸发残留物

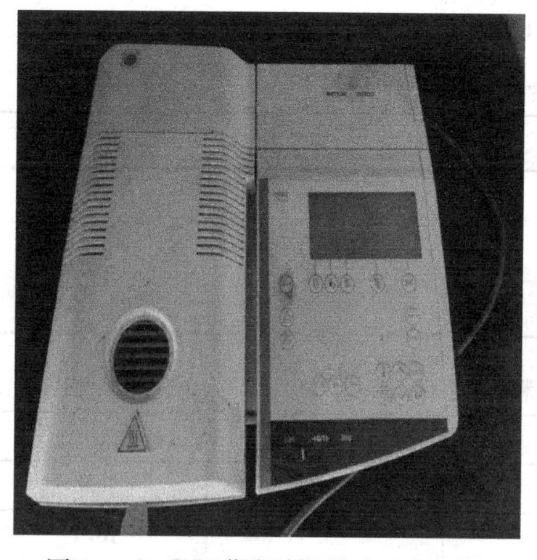
图 9-12　163℃蒸发残留物含量测定仪

的提取，目前较多的方法是《公路工程沥青及沥青混合料试验规程》JTG E20—2011 中乳化沥青筛上剩余量试验 T0652—1993 中的加热蒸发法。该方法在操作过程中，对于乳化沥青的加热蒸发采用搅拌的方法，搅拌过程中容易出现沥青溢出，且试验结果受加热总时长、水分蒸发完全的判定、蒸发温度控制等因素的影响较大。考虑到上述问题，本课题采用乳化液滴的 163℃烘干法来测试蒸发残留物含量，并通过自动化采集设备直接采集重量变化，得到试验结果，简便易行，可重复性高。试验设备如图 9-12 所示。

9.2.5　养生时间与强度的关系

从固化体系的选择可以知道，环氧固化物强度的形成需要一个过程，不同的固化体系所需要的时间和温度不同[10,11]。乳化沥青的破乳需要时间，因此要使得环氧乳化沥青能够达到其完全强度，需要等到水分完全排除[12]。当固化剂与环氧树脂相遇在一起，就开始发生固化反应，即在未摊铺之前，固化过程其实已经在发生，在摊铺之前由固化所带来的强度的上升是有害的，不能称其为养生。这里指的养生是指在摊铺碾压完成之后，直至固化强度完全形成的过程。本节将选取马歇尔试件与车辙试件 2 种方式验证其强度形成随时间推移的情况。混合料中水分因封闭难以蒸发，不仅使得胶结料破乳速度慢，还会影响环氧树脂的固化，进而导致试件不能在较短的时间内形成强度[13]。因此，必须采取措施将部分水分吸收或反应掉。本书选用生石灰吸收试件中的水分。

水性环氧沥青混合料成型后用作结构层，空隙率小，破乳速度慢，较低的含水量即能保证混合料拌合均匀，可选用生石灰（含有大量氧化钙）将混合料中多余的水分进行化合反应去除，即可保证强度的快速形成。根据下述反应：

$$CaO+H_2O=Ca(OH)_2$$

为了增加可靠性，在既能保证混合料拌合均匀不破乳，又能促进成型速度的前提下，将含有 CaO 的水泥用作去水材料，将水泥用量按 1.5%的掺入量掺入，进行后续试验。

根据之前的研究结果，选取水泥量 1.5%，常温拌合，AC-13 级配，4.7%沥青用量，按 8.2.4 节的 B 方案摊铺等待时间，即油毡布保温 6h。按以下方案进行试验：以马歇尔试件计量称好每组试件，分 D、E、F 3 个大组，每个大组设 5 个小组，每小组 3 个试件，一共预备 45 个马歇尔试件。

A 组：常温养生方式。养生时间分别为 1d、3d、10d、30d、60d。

B 组：100℃保温养生方式。养生时间分别为 1h、2h、4h、6h、8h、10h。

C 组：60℃保温养生方式。养生时间分别为 2h、4h、6h、10h、15h。

进行马歇尔试验，检测其强度生成情况。试验结果如表 9-18 所示。

养生时间试验　　表 9-18

养生方式	养生时间	马歇尔稳定度(kN)			
		1	2	3	均值
A	1d	14.3	14.0	14.6	14.3
	3d	15.4	15.7	14.9	15.3
	10d	15.2	15.4	15.0	15.2
	30d	16.2	17.3	15.3	16.2
	60d	17.4	17.7	17.1	17.4
B	1h	4.4	3.9	4.6	4.4
	2h	5.2	5.4	5.2	5.2
	4h	3.5	4.1	2.8	3.5
	6h	4.2	—	5.2	4.2
	8h	—	—	—	—
	10h	—	—	—	—
C	2h	5.3	4.7	4.9	5.3
	4h	3.1	4.2	4.1	3.1
	6h	15.5	16.3	16.1	15.5
	10h	16.2	15.7	16.6	16.2
	16h	18.8	18.1	18.5	18.8
	22h	18.4	18.5	17.8	18.4

根据表 9-18 数据做直观图。取马歇尔稳定度和车辙动稳定度分别与养生时间的变化关系，其中标记养生时间为 t，马歇尔稳定度为 MS，动稳定度为 DS，为判断其大致规律，散点图给出趋势线，可得图 9-13～图 9-15。

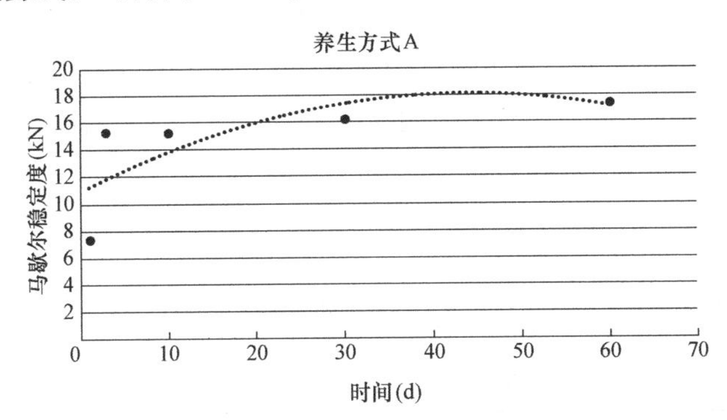

图 9-13　A 组常温养生方式下的马歇尔稳定度变化图

从图中可以清楚看到，随着养生时间的增加，三种养生模式所带来的混合料强度变化不一致，马歇尔稳定度的变化也不尽相同。总体而言，在常温或是较低的养护温度下，混合料的强度（包括马歇尔稳定度和车辙动稳定度）大多会随着时间的推移呈线性递增变化，而当养护温度达到 100℃时，由于刚刚拌合完成的混合料尚未完全凝固，本身结合料的软化点较低，因此结合料的软化与环氧的固化在同时进行，其间在进行一个此消彼长的过程，但结合料的软化速度会略快于固化速度，因此在图 9-13 和图 9-14 中，均出现了强度下降。而 A 方案（常温固化养生）与 C 方案（60℃环境养生）虽然温度不一样，但却

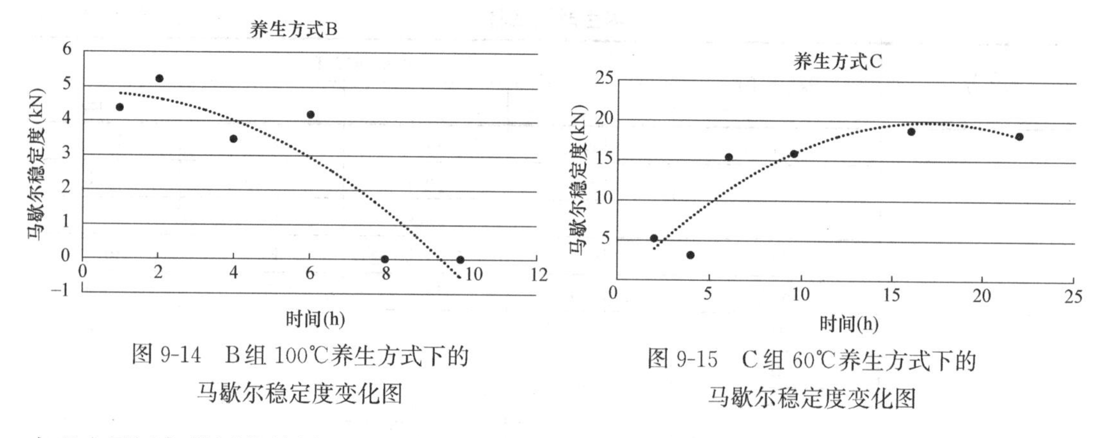

图 9-14　B组 100℃养生方式下的马歇尔稳定度变化图

图 9-15　C组 60℃养生方式下的马歇尔稳定度变化图

表现出了近似的固化效果，且C方案的固化效果更为明显。这说明在将环氧树脂及其固化剂添加在了沥青中，其仍保持了时温等效的特点，且由于温度的提升，混合料内部破乳和排除水分的速度会加快。这使得在接下来的研究中，为了提高试验效率，我们可以通过加温保存，来加速试件的养生过程。

9.3　环氧乳化沥青混合料路用性能对比研究

在进行环氧乳化沥青固化体系的选取和混合料配合比设计确定沥青用量时，采用的马歇尔试验是评价其性能的重要方法，它可以快速、便捷地表征混合料试件的强度和变形能力。然而，虽然其应用广泛，但不能全面反映沥青混合料的综合性能，因此在确定混合料最佳沥青用量和矿料级配后，将通过相应的试验，对其模量、高温稳定性、水稳定性、疲劳性能以及愈合性能等进行全面分析研究。进行这些研究一方面可对待选材料进行直观的对比，另一方面可为日后的混合料设计提出参考指标。对比材料选取路面和隧道铺装最为常见的两种材料，有普通AC-5，SBS改性沥青SMA-10，以及当前较多钢桥采用且表现出强大力学性能的环氧沥青AC-13混合料。

9.3.1　静态模量

试验方法见1.5节所述，表9-19显示为试验结果。

环氧乳化沥青混合料抗压回弹模量　　表 9-19

混合料类型	试验温度	试验次数	抗压强度(MPa)	均值(MPa)	弹性模量(MPa)	均值(MPa)
基质沥青 AC-5	15℃	1	15.26	16.82	1952.2	2003
		2	15.72		2107.7	
		3	14.37		1872.2	
	20℃	1	13.47	14.21	1482.1	1561
		2	12.75		1731.4	
		3	13.71		1616.4	

续表

混合料类型	试验温度	试验次数	抗压强度（MPa）	均值（MPa）	弹性模量（MPa）	均值（MPa）
改性 SMA-10	15℃	1	19.02	20.73	2587.0	2585
		2	18.54		2505.2	
		3	20.01		2696.5	
	20℃	1	16.46	18.09	2191.4	2271
		2	17.43		2321.2	
		3	17.15		2312.9	
环氧沥青 AC-13	15℃	1	60.38	66.08	7483.3	7618
		2	63.66		7654.4	
		3	62.31		7638.8	
	20℃	1	56.80	60.82	7152.1	7023
		2	55.57		7014.1	
		3	58.48		7618.5	
环氧乳化沥青 DE-10	15℃	1	21.91	35.64	3695.0	3381
		2	24.14		3322.1	
		3	23.23		3099.6	
	20℃	1	21.38	32.43	3132.7	3072
		2	19.30		2968.6	
		3	21.45		3110.4	

从试验结果可以看出，环氧乳化沥青混合料的回弹模量介于环氧沥青混合料与 SBS 改性 SMA 之间。表现出了很高的刚度和强度，但又具备了一定的柔性。

9.3.2 高温性能评价

根据之前确定下来的油石比与级配，计算出每种混合料的毛体积密度，再根据车辙试件的体积 300mm×300 mm×50mm 除以之前得到的密度，便可得到车辙试件所需石料与结合料的总质量，再根据油石比就算得出石料与结合料分别的用量。成型过程按照上节配合比设计中推荐的方案进行，仅需注意的是由于车辙用量比较大，拌合与压实过程中的损失不能忽略，根据经验，本次试验在每种马歇尔试件混合料的计算值上多加 5%，使得密实度更加接近于马歇尔试验设计所得。试验结果如表 9-20 所示。

四种沥青混合料车辙试验结果 **表 9-20**

混合料类型	试验动稳定度（次/mm）	试验永久变形（mm）	平均动稳定度（次/mm）	规范要求（次/mm）	永久变形（mm）
基质沥青 AC-5	679	5.065	653	≥2800	2.080
	654	5.041			
	626	5.030			

续表

混合料类型	试验动稳定度（次/mm）	试验永久变形（mm）	平均动稳定度（次/mm）	规范要求（次/mm）	永久变形（mm）
改性 SMA-10	3179	3.832	3192	≥800	1.920
	3050	4.004			
	3347	3.834			
环氧沥青 AC-13	13262	1.138	13537	≥1600	1.245
	13966	1.113			
	13482	1.249			
环氧乳化沥青 DE-10	9165	1.504	9963		1.613
	11390	1.657			
	9333	1.748			

从试验结果可以看出，环氧沥青 AC-13 具有最高的高温性能，其次是环氧乳化沥青混合料 DE-10，且这两者均高出剩下两种混合料达数倍之多。

9.3.3 水稳定性

采用浸水车辙试验，成型试件的方法和计算方法均与之前相同。试验结果如表 9-21 所示。

四种混合料浸水车辙试验结果 **表 9-21**

混合料类型	动稳定度(次/mm)	永久变形(mm)	相对变形(%)
基质沥青 AC-5	344	11.313	20.374
改性 SMA-10	2106	5.956	19.276
环氧沥青 AC-13	11373	2.948	12.2
环氧乳化沥青 DE-10	7561	3.808	15.25

冻融劈裂试验结果如表 9-22 所示。

冻融劈裂值 **表 9-22**

处理方式	混合料类型	劈裂均值(kN)	抗拉强度(MPa)	*TSR*(%)
冻融循环	基质沥青 AC-5	3.92	0.62	78.48
	改性 SMA-10	6.82	0.72	88.89
	环氧沥青 AC-13	17.44	1.82	84.26
	环氧乳化沥青 DE-10	8.45	0.86	76.79
常温放置	基质沥青 AC-5	4.42	0.79	—
	改性 SMA-10	7.61	0.81	—
	环氧沥青 AC-13	20.1	2.16	—
	环氧乳化沥青 DE-10	11.66	1.12	—

从浸水车辙试验判断，四种混合料性能排序为：环氧沥青 AC-13>环氧乳化沥青 DE-

10＞改性 SMA-10＞AC-13；而据冻融劈裂试验排序为：改性 SMA-10＞环氧沥青 AC-13＞基质沥青 AC-5＞环氧乳化沥青 DE-10。可见，水稳定性均满足国家标准要求，但环氧乳化沥青混合料在经过冻融后，水稳定性排序下降，这是由于实验室的压实功不足，以及试验等待时间限制，环氧乳化沥青混合料中的水分并未完全排尽，动水压力的反复冲刷造成了强度的降低。

9.3.4 疲劳性能评价

本次试验采取中点加载弯曲试验，每种混合料预先制备小梁 4 根，取变异性小的数据 3 组，试验结果如表 9-23 所示。

沥青混合料疲劳试验结果 **表 9-23**

混合料类型	编号	初始劲度模量(MPa)	疲劳寿命 N_{f50}(次)
AC-5	1	3079	7699
	2	3045	5678
	3	2906	9610
改性 SMA-10	1	3948	26118
	2	3715	35728
	3	3594	32402
环氧沥青 AC-13	1	12823	437210
	2	11725	415500
	3	12277	450240
环氧乳化沥青 DE-10	1	6414	292936
	2	6149	310811
	3	6093	245011

从结果数据可以十分明显地对比出四种材料的抗疲劳性能的强弱，即环氧沥青 AC-13＞环氧乳化沥青 DE-10＞改性 SMA-10＞AC-5。

因此，环氧乳化沥青混凝土即体现出了优势，由于施工要求相对较低，其模量和强度也不是太高，疲劳性能却比改性 SMA-10 高出 7～8 倍，且能维持很好的破坏特征。环氧乳化沥青混合料具有很好的应用前景。

9.3.5 愈合性能

所有试验在第一次完成的旧梁上，试验方法见 1.5.4 小节所述。试验结果如表 9-24 所示。

四点弯曲小梁疲劳愈合试验结果 **表 9-24**

混合料种类	第一次初始劲度模量(MPa)	第二次初始劲度模量(MPa)	N_{f50-1}	D_0	N_{f50-2}	D_1	HI(%)
AC-5	3079	1300	6557	4.20	935	9.57	46.17
	3045	1152	4836	5.64	603	13.15	45.02
	2906	1313	6371	4.09	996	9.07	47.32

续表

混合料种类	第一次初始劲度模量(MPa)	第二次初始劲度模量(MPa)	N_{f50-1}	D_0	N_{f50-2}	D_1	HI(%)
改性 SMA-10	3948	2158	29150	0.98	12558	1.19	86.93
	3715	1911	39875	0.68	15584	0.84	83.77
	3594	2546	36163	0.72	20566	0.85	88.50
环氧沥青 AC-13	12823	7645	537210	0.12	115920	0.34	36.19
	11725	6662	455500	0.14	95350	0.36	36.84
	12277	7542	490240	0.14	115170	0.34	38.24
环氧乳化沥青 DE-10	6414	4248	234087	0.15	120572	0.21	73.32
	6149	4004	248371	0.12	115659	0.20	67.43
	6093	4511	195790	0.16	112919	0.23	73.44

将 4 种混合料的愈合指数（HI）取均值，得图 9-16。

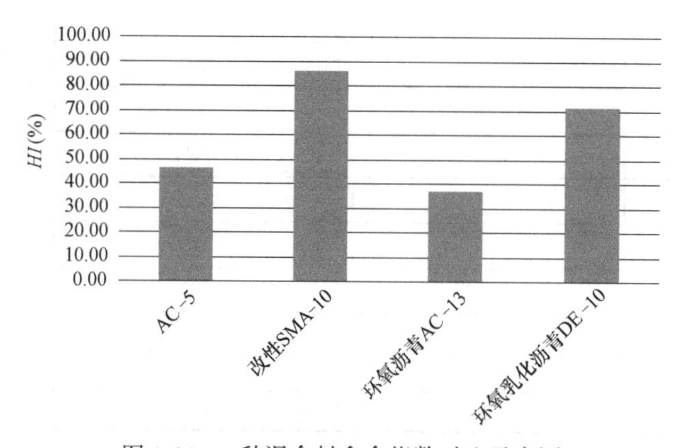

图 9-16　4 种混合料愈合指数对比示意图

由试验结果可以看出，相对而言，改性 SMA-10 具有最佳的愈合性能，其次是环氧乳化沥青，普通环氧沥青 AC-13 的愈合性能最差，甚至不及基质沥青 AC-5 混合料。环氧沥青混凝土虽然疲劳寿命较长，但结合料发生了不可逆的凝结，因此其愈合性能较差，加之由于刚度过大而断裂的风险过高，因此铺面一旦出现了损坏，其修复和保养是较困难的。而环氧乳化沥青混合料具有较好的愈合性能，说明在工程应用中，若能够做到及时的养护，会具有很好的长寿命使用周期。

9.4　环氧乳化沥青应用——二氧化钛环氧

9.4.1　概述

随着我国经济发展，许多城市的规模正在迅速增长，城市人口密度的增加给城市交通带来了很大的压力，上海体现得尤为严重。为解决土地资源、环境保护等约束条件的限制等难题，尤其是城市的中心区，通常采用高架路和地下道路的形式。高架路的建设，通常要以牺牲地上的立体空间为代价，不但造成大量的环境污染和周边居民的噪声污染，而且影响了城市景观。城市地下道路为快速增长的机动车流开辟了一条全新的通畅便捷之路，对改变城市交通状况将会起到重大作用。但地下道路存在一个根本性的问题，即环境的密闭性[14]。这种环境的密闭性会给穿越城区的地下道路的应用带来两个方面的问题。

(1) 地下道路内部环境封闭，在路面施工期间，地下道路的通风性能比较差。如一条20km的城市地下道路，按设计路幅将用到15000t改性沥青混合料作为磨耗层，若全部采用热拌沥青混合料摊铺，将产生750t粉尘和166T CO_2，其他 NO_x、CO以及 SO_2 等有害或温室气体的产量尚无法估量。即使在地下道路口安装鼓风机，污染空气的排放能力仍然有限，热拌沥青混合料施工时产生的浓烟很难迅速排除，地下道路内的温度高，空间封闭，也无法散热，这严重影响施工人员的身体健康，还会直接影响地下道路路面的施工质量[15]。而且，由于浓烟在地下道路内积聚，造成地下道路内局部含氧量过低，施工人员必须佩戴防毒面具并且增加轮班工作人员。另外，地下道路内的热量无法散失，进一步造成摊铺机油温、液压油温及水箱温度过高，无法正常运行，影响施工进度与质量。危害施工人员身体健康的同时埋下了诸多施工安全隐患。

(2) 在后期的使用过程中，地下道路里面通常会堆积大量的汽车尾气常年无法消散，特别是在如城市地下道路这种交通量大而且较长的地下道路中，情况尤其严重。汽车尾气排放的主要污染物多为一氧化碳（CO）、碳氢化合物（HC）、氮氧化合物（NO_x）等[16]，这些都是对人体有危害的污染物，也是造成城市大气和温室效应污染的罪魁祸首之一。

为了解决施工期间空气质量问题，研究人员大多提倡采用温拌的方式，即沥青的温拌技术，这种技术通常可以将摊铺沥青混合料时的温度从之前的170～190℃降到135～150℃[17]，可以在一定程度上减少施工时的浓烟。设想采用常温拌合的方式，将会从根本上解决地下道路内施工空气质量；常见乳化沥青即可以实现常温拌合，乳化沥青冷再生技术即可以用于路面基层，但基本无法使用在面层的铺装上，最主要原因是其各方面的路用性能不足。而引入了环氧技术的乳化沥青技术，将会产生如下变化：首先加大沥青与石料的裹附程度[18]，随着水的加入，将有效降低拌合温度，固化速度就会降低，铺装完成之后，随着水的排除，固化体系与环氧树脂反应深入进行，混合料的强度上升，进而提升乳化沥青的应用范围，提升其混合料可铺筑的结构层层位(从基层提升至面层)；此法可有效减少材料的浪费和能源的消耗，进一步扩展环氧沥青混合料的施工工艺和使用范围，因此无论从市场还是技术方面考虑，进行常温施工的环氧乳化沥青的研究都是十分必要的。

为了解决使用过程中的空气质量问题，近年来道路工作研究者们考虑从汽车的载体——道路铺装材料入手，开发许多新型的可降解汽车尾气的路面材料。到目前为止，这项新技术在国际上已取得了一定的成果，证实了其应用的可行性，日本、英国、意大利等国家已经开始了这方面的研究并通过对实际测试路段的分析总结，取得了一定的成果。上海市政工程设计研究总院也于2013年起开展了可降解汽车尾气路面关键技术研究，取得了初步的成果。这些技术大多是以二氧化钛粒子（TiO_2）为降解尾气的原材料，TiO_2 可以用来降解在空气中的有机和无机粒子，在紫外线（阳光）存在的情况下消除有害污染物，如氧化氮和有机挥发性化合物（NO_x 和 VOCs）[19]。此外，它们的超疏水或超亲水属性允许它们在有雨水存在时进行自我清洁；这项技术目前可用于道路路面，如在美国位于明尼阿波利斯市中心密西西比河上的 I-35W 号桥。近年来，我国研究人员使用数个应用方法在路面上应用光催化技术。

其催化降解汽车尾气属于“表面光催化氧化降解原理”（图 9-17），催化降解活性和效率主要取决于阳光、温度、湿度以及尾气浓度，即：依赖于催化剂颗粒表面的“暴露”程度。

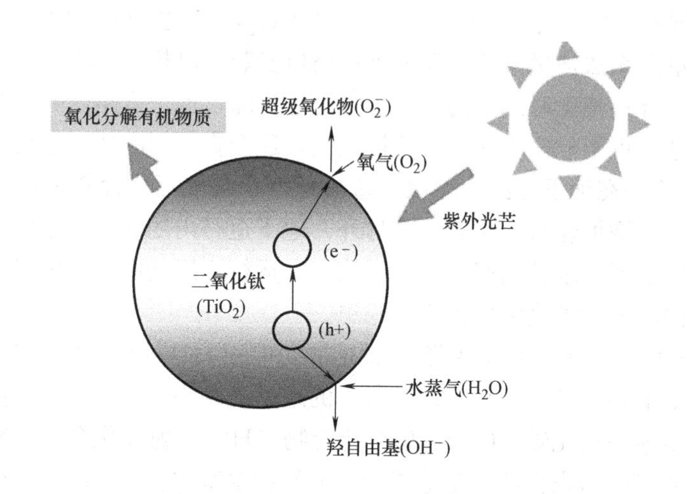

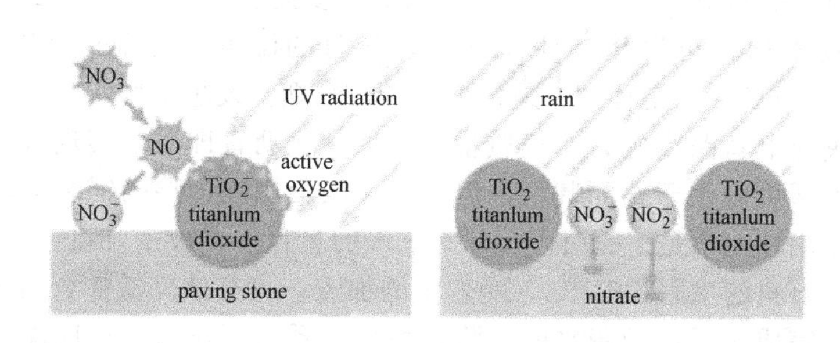

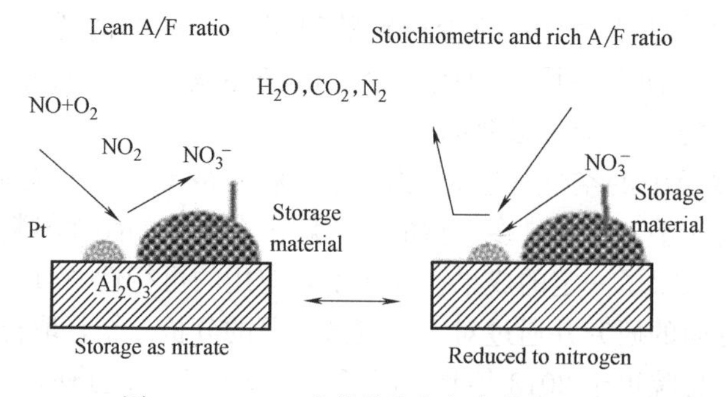

图 9-17　TiO_2 光催化降解氮氧化物示意

从示意图可以看出，与空气中的有害污染物接触面积越大，纳米 TiO_2 发挥的效能越理想。因此，纳米 TiO_2 与道路路面的结合通常采用路面喷涂法和撒布法，但事与愿违的是，常规的沥青结合料的粘结强度往往不足以使这类粒子型材料长期附着在路的表面，使用一段时间后，TiO_2 会出现脱落、剥离和松散等状况，这与沥青结合料的耐久性、耐高温性能和抗水损害性能有关。因此需要提出一种粘结强度和耐久性更高的结合料以固定纳米 TiO_2 材料，使之能够充分而长期有效地发挥降解作用。

另外，将纳米 TiO_2 用于地下道路，光的照射是否足以引起催化反应，厦门市文兴隧道沥青混凝土路面工程进行过实体试验性工程[20]，事实证明城市地下道路的紫外线光的量完全满足光触媒化合物进行催化反应的需要。除此之外，为了加大反应程度，可以在地下道路内的灯光中，加入含紫外线的灯光进行补充。

鉴于上述原因，本研究需同时解决上述两个问题，才能应对在高人口密度的城市地下道路铺装。施工过程中，即便采用温拌技术仍然会产生较大的粉尘和烟雾，在人口如此密集的地区，只有做到常温施工才能够最大限度地减少地下道路铺装所带来的对环境扰动和空气质量损害；同时，要保证所铺装的磨耗层具有足够的粘结强度附着催化降解材料，使之在使用过程中有效吸收汽车尾气，从建设到运营的全周期做到绿色环保，实现超低能耗建筑技术和运营过程中的绿色性能提升，因此研究开发控制和减少汽车尾气污染的材料，已经迫在眉睫。针对城市地下道路的特殊环境，进行常温拌合混合料的室内设计，对不同常温拌合沥青混合料铺筑降解尾气路面的性能进行了对比研究，提出合理的评价标准，验证常温铺筑降解尾气路面在地下道路内施工的适用性和对空气质量的提升幅度。

1. 吸收汽车尾气材料

(1) 国外吸收汽车尾气材料研究现状

吸收汽车尾气材料无论是用在建筑、市政还是道路上，都采用光催化材料，也称光触媒。日本是光催化材料应用的发源地，也是目前世界上光催化材料研发及应用的领军国家。20 世纪 70 年代日本东京大学的 Akira Fujishima（藤岛昭）教授发表了一系列以光催化剂作为净化能源的论文[21-23]，从此，开启了光催化技术的大门。1972 年藤岛昭等人在实验中偶然发现用二氧化钛单晶半导体为电极，在光照射下能将水电解为氧和氢，同时，他们还发现水中的一些微量有机物也被降解掉了，取得了光催化技术研究的重大突破。之后，他们将二氧化钛负载于金属载体上制成微电池，在水中也同样证实了二氧化钛具有光催化反应功能。此后 20 多年，藤岛昭等人在日本领衔从事纳米二氧化钛的研究和技术开发工作。对二氧化钛光催化氧化技术的研究与开发、推广与应用，被称为“光洁净的革命”。各国科学家们也纷纷研究光催化现象，但是光催化技术在建筑环境与设备工程中的应用研究还是近 10 年的事情。

日本三菱公司研制了一种名叫 NOXER 的路面材料，它的特点是能吸收汽车尾气中的氮氧化物，它的主要成分是一种纳米光催化材料。它的优点是清除效率不会因为路面使用时间变长而下降，但在潮湿条件下，效率会降低。

日本工业技术院环保综合研究所新近开发出一项治理城市空气污染的新技术，采用了一种光触媒，这种光触媒将与活性炭粉末混合，掺入氟树脂制成涂料，将其涂敷在高速公路护栏、桥梁、建筑物、广告牌的表面等处，通过光催化作用来降解汽车尾气。利用这种光催化技术制成的环境净化涂料对空气中的 NO_x 净化效果良好，降解率很高，在太阳光下达到 97%。据测算，在 4 车道公路旁沿途 1km 范围内，如在 12m 建筑物的临街外墙上按 70%面积涂敷这种薄膜，可将每小时 10000 辆的车流所排放的尾气氮氧化物吸收 20%，产生的硝酸可被水冲走。

在 AAPT2012 年年会上，来自美国的专家介绍了可降解尾气路面在美国的使用情况，主要通过把二氧化钛调成渗透液，然后喷洒在路面，纳米二氧化钛材料随渗透液沿着路面的孔隙或裂缝有效渗入了路面的内部[24]。

(2) 国内光催化材料研究现状

我国的光催化材料及其他尾气催化降解材料应用于路面工程上的研究还处于起步阶段。

东南大学绿色建材技术研究所的钱春香教授等人在这方面做了较深入的研究工作。以路面材料为载体，研究了负载型纳米二氧化钛对氮氧化物的降解作用。研究表明：水泥混凝土负载的光催化剂具有优越的光催化功能，而沥青混合料较差。从载体对气体的吸附能力、吸光性和透光性等方面进一步研究了这两类载体的差异，提出了负载型纳米二氧化钛光催化降解氮氧化物的机理模型。

台湾科技大学营建系杨锦怀教授带领的研究团队自主研发了光触媒多孔隙混凝土、光触媒多孔隙玻璃、光触媒瓷砖，并进行了长期的跟踪检测试验，试验结果表明光催化材料可以成功地应用于各建筑场所，对尾气的降解效果明显[25,26]。

陈萌和储江伟采用渗透技术添加纳米二氧化钛，制备沥青混凝土光催化环保材料，并测试其光催化降解效果。试验表明纳米二氧化钛沥青混凝土对 NO_x 具有良好的降解净化作用。

张文刚等针对二氧化钛沥青混合料光催化降解汽车尾气效率较低的问题，根据其光催化原理设计影响因素分析实验，选择二氧化钛粒径、晶型及非金属改性为研究对象，建立气体浓度修正 n 值概念，以混合料对 CO 和 CH 化合物的催化分解效果来分析影响其光催化性能的因素。研究表明：除混合料级配、温度、光照等外界环境条件外，二氧化钛粒径、晶型及非金属改性等是影响二氧化钛沥青混合料催化效果的内在因素；研究发现掺杂氮的纳米二氧化钛沥青混合料具有较高的光催化降解汽车尾气性能。

李剑飞等针对不同晶型的纳米二氧化钛对尾气中碳氢化合物 HC 的分解效果进行了研究，同时评价了其在室内、室外自然条件和紫外光辐照下的尾气分解效果，并对影响其分解效果的相关因素进行了探讨。发现纳米二氧化钛对尾气中的碳氢化合物 HC 具有显著的分解效果，但不同晶型的纳米二氧化钛其分解效果是不一样的；温度、光照等因素对其催化分解效果有较大的影响。

叶超等研究了改性沥青在添加纳米二氧化钛后高温性能的变化，观测方法为室内动态剪切流变仪（DSR）试验。试验表明，加入二氧化钛后，改性沥青抗车辙因子增大，疲劳因子变化不大，因此，添加纳米二氧化钛增强改性沥青的高温性能，但要控制纳米二氧化钛的添加剂量。

图 9-18　上海曹安公路封浜立交试验车道

上海曹安公路封浜立交进行了可降解尾气路面试验段铺筑，本路段采用涂覆纳米二氧化钛渗透液的方式，渗透到大空隙沥青混合料内部，从而起到降解汽车尾气的作用，产品采用意大利环球工程技术公司生产的纳米二氧化钛生态涂层（图 9-18～图 9-20）[27,28]。

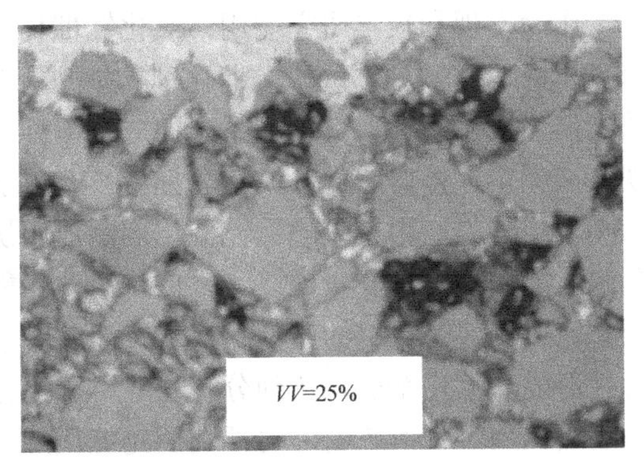

图 9-19 渗透原理

斯康等[29]于 2017 年上海市奉贤区茂园路进行了喷洒型二氧化钛溶胶光催化试验段施工，长度达 2km，使用雾化喷头喷出大量如雾气的降解剂，均匀地附着在路面上，如图 9-21 所示，兼顾雾封层和汽车尾气降解功能。目前吸收尾气效果尚有待评价。与此同时发布了应用于该喷洒型光催化材料的施工规程《道路沥青路面汽车尾气污染治理施工技术规程》Q/AJYJ 01—2017。

图 9-20 现场涂覆

图 9-21 二氧化钛渗透液喷洒到路面表面

2. 催化化合物降解汽车尾气在路面上的研究

当前，国内外关于该材料对于汽车尾气催化分解的效果均缺乏系统有效的室内研究体系。已有的少量研究主要集中在纳米二氧化钛对于氮氧化物的催化分解效果，这就导致研究成果不能很好地与道路实际需要相结合。近年来，美国、德国、英国、法国、意大利、比利时、日本等发达国家均尝试将纳米二氧化钛应用于各个领域和道路建设中，在道路建设中应用催化剂以达到催化分解汽车尾气的目的。

作为发现和较早研究应用二氧化钛催化剂的国家，日本的企业、大学和政府科研机关都在积极地对二氧化钛的光催化剂功能进行应用开发。进入 20 世纪 90 年代后，二氧化钛光催化技术研究取得了一系列的成果，环境保护和卫生医疗等领域是其主要应用领域，现已被应用在楼房墙面、高速公路隔声墙、公路路面、街道路灯、陶瓷等区域。1998 年东陶公司首先应用二氧化钛光催化剂制成厨房和浴池用瓷砖、汽车的喷涂材料，它的氧化分解功能使瓷砖和车身得以经常保持清洁。熊本大学松本泰道教授开发了可以应用在天花板和墙壁等建筑材料的光催化技术，能够有效分解室内有害化学物质。他通过在铝基板上直接形成光催化剂层，达到分解乙醛甲醛等化学物质的目的，该方法成本十分低廉，可以大规模应用。日本东丽公司开发了光催化剂消臭纤维；兵库县姬路工业大学和企业联合开发了能够净化垃圾处理厂和科研机关产生的废水的光催化系统；读卖新闻社与企业合作，利用光催化剂进行纸张重复利用，成本较低；日本无机公司利用光催化剂对水果进行保鲜。

目前，我国对于纳米二氧化钛光催化剂应用于道路路面的研究还处于起步阶段。在 2010 年的上海世博会，为了避免这类大型活动对周边空气、生态环境产生影响，在世博园区外围设置的停车场地面上涂有纳米光触媒涂料（如二氧化钛、硫化镉、氧化锌、二氧化锡和三氧化二铁等）；在阳光照射下，涂料中的光催化材料可以迅速降解汽车尾气中的碳氢化合物（HC）、一氧化碳（CO）、二氧化碳（CO_2）、一氧化氮（NO）等有害物质，将汽车废气对空气的污染降到最低。

2011 年，同济大学道路与交通工程教育部重点实验室孙立军等人[30]采用锐钛型纳米钛白粉，研究其在实际道路中的实际应用。研究了纳米二氧化钛涂刷防撞墙剂量、在沥青混合料中的最佳添加方式，并铺筑上海浦东中环线试验路进行验证。研究结果表明，二氧化钛直接与沥青混合料拌合的方法分解尾气效果明显，且适用于大规模施工，在修筑试验路时取回的沥青混合料样本和室内试验进行对比，结果显示尾气吸收效果相近，验证了实际施工并没有影响纳米二氧化钛的催化作用，均对尾气中的有害气体具有分解吸收作用，并具有长期持续的尾气分解效果；将分散在溶剂中的纳米二氧化钛涂刷于防撞墙表面，可以催化分解一定的有害气体。

长安大学沙爱民课题组[31]通过对耦合型、矿物负载型光催化材料及其添加剂的研究，设计不同的光催化涂料，并通过光催化性能比较后进行优化设计，配制水性无机光催化涂料，可以高效吸收分解汽车尾气，并对光催化涂料的光催化性能、吸收尾气性能、涂料性能（耐磨性、耐水性）等进行研究。对光催化涂料的生产工艺、施工技术、路用性能进行评价。在对水泥混凝土路面表面进行处理后，进行光催化涂料的涂刷。选择深圳市福田区车工庙天安数码城西门收费站口进行光催化降解效果测试，在未加入光催化路面块时，汽车尾气浓度较大，加入光催化路面块后尾气浓度下降约 80%。

东南大学的钱春香等人[32]开展了“功能性路面材料研究”，该研究以路面材料为载体，通过负载纳米二氧化钛光催化组分，实现对汽车尾气的二次净化。于 2005 年，成功在南京长江三桥桥北收费站广场进行应用。现场实验表明，使用该技术的光催化混凝土路面对氮氧化合物的光催化氧化效率可达到 80%以上，这是我国第一条光催化功能性水泥混凝土路面。

同济大学杨群等[33]将纳米二氧化钛作为一种添加剂应用于沥青与沥青混合料中，它能提高沥青的抗老化性能，改善沥青混合料的部分力学性能等。

3. 相关试验设备的研发

（1）国外试验设备简介

目前美国 Cusson 公司已推出 P7510 型废气催化反应装置，可用来测试催化剂的净化效能及气体的流速，该设备的反应原理是在仪器内部装有陶瓷蜂窝载体，将要测试的各种催化剂分别置于载体上，测试流过该催化反应器的汽车尾气中各有害物质浓度的变化，从而得到各催化剂的催化转化效能。

但该仪器的使用范围有一定的限制，它只能测试各种催化器所使用的催化剂，而对光催化剂的净化效能却无法测量，原因是该仪器并不具备光催化反应所需的光条件。

（2）国内试验设备简介

国内最大、最先进的"环境催化研究室"是北京工业大学环境化学与工程系环境污染治理研究室。该研究室自 20 世纪 70 年代起就致力于有机废气催化燃烧和汽车尾气催化控制的研究。它在"九五"期间，建立了国内第一套最新水平的汽车尾气净化催化剂活性评价装置。利用这一系列的设备和仪器来研究机动车污染治理技术及纳米催化剂制备技术和稀土催化等技术，但其在研究的过程中要动用这一整套设备，实际操作起来较为复杂，而且整体设备的成本也较高，对于一些部门和场所来说其应用上受到一定的限制。

东北林业大学在进行汽车尾气降解研究的同时，也自主研制了一套汽车尾气反应测试设备，这套设备由气体室、传感器件、计算机辅助测试系统及汽车尾气导入系统等部分组成了一个测试室，主要的尾气反应测试过程都在气体室中进行，其所使用的气体传感器件均为化学传感器，包括了 CO 传感器、HC 传感器、NO_x 传感器、CO_2 传感器、O_2 传感器、压力传感器、温度传感器等，但化学传感器存在着明显的缺点，即其受温度及环境变化影响大，导致读数不稳定，且长时间使用很容易失效。不过此设备采用了计算机辅助测试系统帮助及时采集记录数据，并将其绘成图表方便分析，在试验设备系统设计时是很值得借鉴的。

台湾科技大学营建系杨锦怀教授带领的研究团队研发的整套光触媒空气净化检测系统则达到了更高的水准，配备了更加精确地气体传感器和数据采集系统，基本可以模拟实际反应环境，进行光催化反应试验。

9.4.2 研究内容

1. 纳米二氧化钛环氧乳化沥青及其混合料制备

对于路面材料而言，保证其正常发挥道路使用功能是材料研究首先要考虑的基本内容和要求，任何添加剂的掺入都有可能对沥青混合料本身的性能产生一定的影响，本节首先研究了掺入纳米二氧化钛乳化沥青的制备方法，同时对其设计的混合料路用性能进行相应的研究和验证，明确其影响程度大小和实际工程的可行性。通过对地下道路铺装的情况进行分析，配置环氧树脂、固化剂（其他助剂）和乳化沥青，研制合理的配方，从而获得性能稳定的环氧乳化沥青。从结合料角度，对比不同固化体系下环氧乳化沥青的适用期、马歇尔稳定度、强度上升时间、拌合温度等重要指标。然后根据化学工艺方面的资料，选择符合施工要求的固化剂和环氧树脂，考虑在乳化的情况下，选出最佳固化温度下达到最佳拌合黏度的方法，确定固化剂和其他添加剂的掺量。

2. 二氧化钛催化分解汽车尾气机理和性能测试

在实验室内需要对光催化材料的催化效果做出评价，从而选择相对优良的技术工艺，为室外应用提供参考。因此需要研制尾气检测系统，可以实现光催化材料对于汽车尾气催化降解效果的测试。

本项目主要基于纳米二氧化钛光催化氧化性能，研究光催化路面对道路汽车尾气中氮氧化物的降解效果，因此尾气测试系统的设计模拟地下道路实际情况，如气体应保证流动性，避免分层。同时气体反应室应确保与外界隔绝，保证测量准确性等。

3. 纳米二氧化钛环氧乳化沥青性能研究

纳米二氧化钛环氧乳化沥青是一种复合改性沥青，是化学物质改性和物理手段处理的结合。此部分将全方面地对结合料进行配比的设计，通过合理的试验设计，研究乳化剂、pH 值、组分、制备工艺、乳化沥青颗粒分布、纳米二氧化钛和养生时间等多种因素对结合料性能的影响。

4. 路用性能的实验室对比研究

进行环氧乳化沥青的组成设计，选取适用的级配；而后需进行不同种成品环氧乳化沥青的性能评价。由于有水的存在，又加入了纳米二氧化钛，产品是否具有较好的结构强度（模量）和耐高温、疲劳等性能等，都需要进行检测，在既定的配合比设计下，进行模量、高温性能、水稳定性和疲劳性能等混合料检测试验，并与常用地下道路用铺装拌材料进行对比，并在此过程中进行结合料配比和混合料设计往复的调整。

5. 纳米二氧化钛环氧乳化沥青混合料光催化效果测试

依据地下道路的灯光照度和亮度要求，以最具代表性的地下道路中间段为设计案例，分析光照程度与降解程度的关系，分析不同二氧化钛掺量、不同光照时间和强度下降解尾气的效果。并依据相关规范对氙灯照明设计进行案例分析，在保证一定的降解率的同时匹配规范中地下道路路面对光照的需求。

9.4.3 纳米二氧化钛吸收汽车尾气研究

当前作为金属半导体氧化物的代表，二氧化钛在废气净化、除臭抗菌、降解污染物等方面的研究应用愈来愈广泛。道路路面作为良好的载体，二氧化钛在道路工程领域的研究和应用也愈发得到关注，意大利、法国、英国、日本等国家已有些许应用。本次的研究将融合环氧固化、乳化体系进行光催化材料二氧化钛的机理、比选和设计研究。

1. 纳米二氧化钛光催化剂介绍

纳米级结构材料简称为纳米材料（nanometer material），是指该材料单元结构尺寸介于 1～100nm 范围之间。由于其尺度已接近光的波长，加上其具有大表面的特殊效应，因此其所表现的特性，例如熔点、磁性、光学、导热、导电特性等，往往不同于该物质在整体状态时所表现的性质。所以将纳米粒子的量子尺寸效应和二氧化钛良好的光催化性相结合，纳米二氧化钛光催化效果会大大提高，其作为“环境友好型催化剂”受到人们广泛的关注[34]。

二氧化钛（图 9-22），又称为钛白粉，有板钛矿、锐钛矿、金红石三种晶型。板钛矿在自然界中比较少见，属于不稳定的斜方体晶型，板钛矿几乎不具备光催化活性，热稳定性也比较差，在 650℃左右即可向金红石转化，因而应用较少；锐钛矿、金红石都属于四方晶系，性质较稳定，应用范围比较广。锐钛矿相二氧化钛对紫外线的吸收能力低于金红石，光催化活性则比金红石相二氧化钛高，所以锐钛矿相二氧化钛常常用于光催化反应的催化剂；金红石相二氧化钛与锐铁矿相二氧化钛相比有较多的优点，如稳定性好、比较致密、硬度较高、折射率好、着色力比较强等，所以金红石被广泛应用于机械、化工涂料等方面[35]。

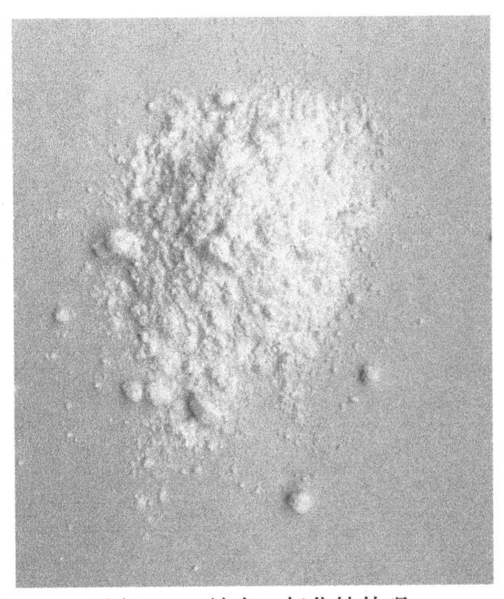

图 9-22 纳米二氧化钛外观

锐钛矿及金红石所属四方晶系结构所具有的共同特点为：都是由钛氧八面体 TiO_6 组成晶体结构的基本单元。两种晶体结构间存在的差异在于每一个八面体的组装和分布方式不同。如图 9-23 所示为锐铁矿型和金红石型纳米二氧化钛晶体结构。

在 TiO_6 的八面体中，每个 Ti^{4+} 离子有六个 O^{2-} 离子以八面体形式包围。在锐钛矿型二氧化钛晶体中，每个八面体与其四周的八个八面体相连（四个共面，四个共角）；而金红石型二氧化钛晶体，每个八面体连接于周围的四个八面体（与其中的两个八面体共面，与另外的八个八面体共角）。二氧化钛晶体这些结构差异导致这两种不同二氧化钛晶体的电子能带结构也不同，从而直接影响晶体表面结构、光化学行为等，也是锐铁矿相二氧化钛的光催化活性高于金红石相二氧化钛的根本原因[36]。

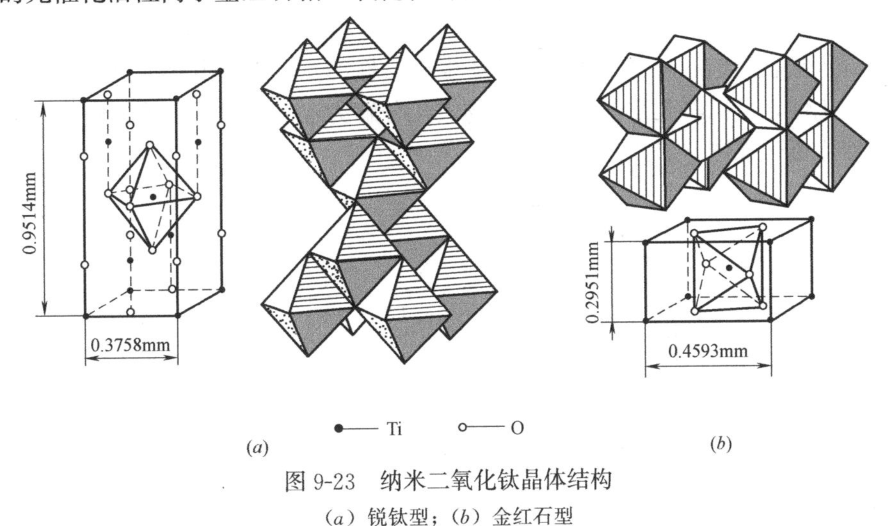

图 9-23 纳米二氧化钛晶体结构

（a）锐钛型；（b）金红石型

2. 二氧化钛光催化机理

半导体光催化活性主要取决于价带和导带的氧化-还原电位，在原子中存在两种能带，充满电子且能级较低的叫作价带（VB），未填满电子能级较高的叫作导带（CB），存在于价带与导带之间的能量空隙叫作禁带，也就是带隙。价带与导带的氧化-还原电位相差越多，则原子中光生电子——空穴的氧化还原能力就越强，从而光催化能力也越强。图 9-24 为常见半导体光催化剂的能带位置。

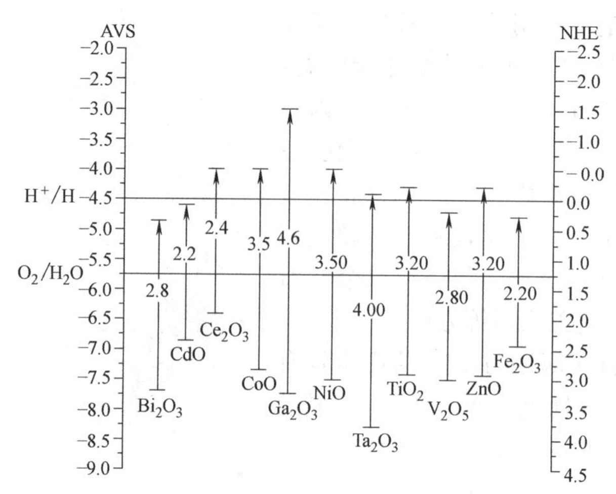

图 9-24　常见半导体光催化剂的带隙宽度及能带位置

AVS—绝对真空能级；NHE—标准氢电极电势

如图 9-24 所示，价带顶与导带底之间存在一个能量差，也即所谓半导体的禁带宽度。锐铁矿型二氧化钛的禁带宽度为 3.2eV，根据量子力学，光子的能量 E 与波长 λ 之间存在关系 $E=hC/\lambda$，其中 h 为普朗克常数，C 为光子速度，通过计算，锐钛矿二氧化铁需要波长小于 387.5nm 的光源激发。因此当锐钛矿二氧化铁作为光催化剂受到大于或等于其禁带宽度，即波长小于 387.5nm 的光源照射后，价带上的电子（e^-）便会受到激发并跃迁到相应的导带，从而在价带上产生空穴（h^+），最后形成电子（e^-)-空穴（h^+）对。光生电子和空穴在空间电荷层的作用下，发生分离，空穴（h^+）转移到二氧化钛原子表面，与二氧化钛表面上的—OH 基团作用产生高活性的—OH 自由基，该—OH 自由基具有很强的氧化性，可以将几乎所有的有机物氧化分解为水或二氧化碳等无机物小分子。二氧化铁光催化机理如图 9-25 所示[37]。

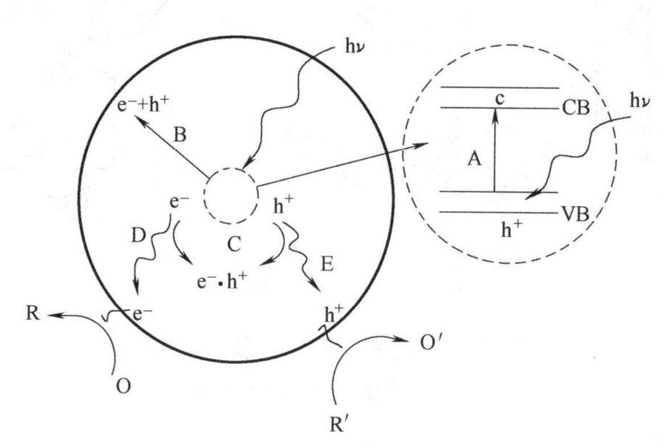

图 9-25　二氧化钛光催化机理

图 9-25 中，A 即为电子（e^-）受光子（hν）激发，从价带（VB）向导带（CB）产生跃迁，形成电子（e^-)-空穴（h^+）对，电子（e^-)-空穴（h^+）对存在时间极短，并从产生开始就向粒子表面迁移。但是在迁移过程中，部分电子-空穴对又会产生复合从而失去催化活性。图 9-25 中，B 为电子空穴在向表面迁移的过程中，产生复合，一般称为表

面复合。C是指电子和空穴还没来得及迁移到表面，即产生复合，称为体内复合。B、C两种途径皆因电子空穴对的结合而失活。D过程为光生电子（e^-）转移到粒子表面，并与电子受体进行还原反应。E过程为光生空穴（h^+）转移到粒子表面，与电子给体进行氧化反应。

二氧化铁的光催化反应式如下：

$$TiO_2 + h\nu \rightarrow h^+ + e^-$$

$$h^+ + e^- \rightarrow 复合 + 能量$$

当催化剂体内的电子（e^-）-空穴（h^+）对的复合得到抑制时，就会在催化剂粒子表面发生氧化还原反应。光生空穴（h^+）是氧化性能极强，大多数光催化氧化反应都是利用空穴（h^+）的氧化性能，一般空穴（h^+）与吸附在二氧化钛粒子表面的OH^-和H_2O反应，形成氧化性极强的羟基自由基（$\cdot OH$）。

$$H_2O + h^+ \rightarrow \cdot OH + H^+$$

$$OH^- + H^+ \rightarrow \cdot OH$$

在空气中游离的氧可以与表面光生电子（e^-）相结合，氧被还原为超氧负离（$\cdot O^{2-}$）。

$$O_2 + e^- \rightarrow \cdot O^{2-}$$

超氧负离子$\cdot O^{2-}$与羟基自由基（$\cdot OH$）一样具有强氧化还原活性，它们可以氧化和降解其附近的细菌及其他有机物。

在对汽车尾气中氮氧化物的催化降解过程中，可以将一氧化氮及二氧化氮转化为硝酸根离子NO_3^-，并附着在催化剂表面，反应产物遇水会被带走，而催化剂本身并不会发生变化。

其反应式如下：

$$NO + 2OH \rightarrow NO_2 + H_2O$$

$$NO_2 + \cdot OH \rightarrow HNO_3$$

$$NO + \cdot O^{2-} \rightarrow NO_3^-$$

纳米二氧化钛受光能激发产生电子（e^-）和空穴（h^+），催化氧化有机物，这种现象在任意粒径大小锐钛型二氧化钛中都会发生，但因为纳米二氧化钛的粒径较小，在粒子内部电子（e^-）和空穴（h^+）从产生到向表面迁移过程所需时间大大缩短，这也就显著降低了两者的复合概率，因而与普通尺寸的二氧化钛相比纳米二氧化钛粒子的光催化活性更加优异[38]。

在科学研究及生产应用中，为了进一步提高催化剂的光催化活性，从减少光生空穴和电子的复合概率的角度出发，可以选择向体系中加入强氧化剂或还原剂的方法有效地捕捉电子或空穴，从而实现电子与空穴的有效分离，如贵金属修饰、过渡金属离子掺杂等。

3. 纳米二氧化钛光催化活性的影响因素

在光催化反应中，光催化的活性越高则反应速率越快，反应效率越高；相反光催化活性越低，则反应速率越慢，反应效率越低。纳米二氧化钛光催化活性主要受其自身晶型种类、晶粒尺寸、表面缺陷、污染物浓度、反应条件等因素的影响。

（1）晶型种类

如前所述二氧化钛有三种晶型：锐钛矿型、金红石型和板钛矿型。板钛矿型二氧化钛结构不稳定，在光催化中很少使用。金红石型二氧化钛与锐铁矿型二氧化钛相比，更加稳定，对紫外线屏蔽效果较好，从而被广泛应用于涂料、油漆、化妆品、塑料等领域。但在催化活性方面，锐钛矿型二氧化钛则明显高于金红石型二氧化钛。锐钛矿型二氧化钛的光催化活性优于金红石型纳米二氧化钛主要在于以下几个方面：①由于晶体结构的原因，金红石型二氧化钛禁带宽度较小（锐钛矿型二氧化钛为 3.2eV，金红石型二氧化钛为 3.0eV）；②金红石型是二氧化钛最稳定的晶型结构形式，也即意味着晶体表面缺陷较少，光生电子空穴对更加容易在晶体内部复合，反观锐钛矿型二氧化钛，其晶格中缺陷较多，从而有能力产生较多的氧空位捕获电子；③金红石型二氧化钛在高温处理过程中粒子大量烧结，引起整体表面积急剧下降，从而导致催化活性降低。

（2）晶粒尺寸

非纳米级二氧化钛光催化剂的催化效能并不高，而纳米材料相关研究表明，纳米光催化材料在光学性能、催化性能等方面有较大的优异性。光生电子（e^-）与空穴（h^+）从催化剂粒子内部向表面转移发生氧化还原反应的时间与颗粒尺寸有一定关系。

$$t=d^2/(k^2D)$$

式中 t——电子-空穴转移时间；

d——粒子粒径；

k——常数；

D——电子-空穴扩散系数。

由上式可以看出时间 t 与催化剂粒径成几何关系，可见粒径越小，光生电子（e^-）-空穴（h^+）对从纳米粒子体内扩散到表面的时间越短，体内复合概率越小，到达粒子表面的电子（e^-）和空穴（h^+）数量越多，从而使得光催化剂活性随之提高。并且，粒径越小，比表面积越大，被降解有机物在光催化剂颗粒表面吸附越多，则反应速率也就越快，光催化效率也必然随之增大。此外当颗粒大小为 1～100nm 时，出现量子尺寸效应，使得光催化剂禁带宽度增加，禁带变宽会使电子（e^-）-空穴（h^+）具有更强的氧化能力，也会使半导体的光催化效率增加。

（3）晶体结构

对于光催化活性的提高，粒子缺陷也起着重要的作用。金属离子掺杂通过将金属离子引入二氧化钛晶格内部的方法，将新的电荷或缺陷引入晶格内部，或者改变晶格类型，从而影响光生电子（e^-）和空穴（h^+）的运动状况以及分布状态，并最终改善二氧化钛的光催化活性。常用的金属离子有 Fe^{3+}、Mg^{2+} 等。此外像贵金属沉积、半导体复合等方法也是通过改变电子分布，提高纳米二氧化钛光催化活性[39]。

（4）反应条件的影响

上述几种因素都是从二氧化钛催化剂本身的角度出发所研究的催化活性影响因素。在进行光催化反应时，外部反应条件如光源及光强、溶液 pH 值、温湿度等不同也会对催化活性有一定的影响。

在光源方面，根据二氧化钛的能带特点，只有当受到波长小于 387.5nm 的紫外光照射时，电子才会被激发产生跃迁，光催化反应才会进行。因此，目前室内研究中普遍采用高压汞灯、紫外线灯等作为反应光源。此外，光强也是影响光催化反应活性的一个主要因素，光强不能太低，过低的光强会影响反应活性。所以试验光源需要满足波长、光强两个条件。

pH 值对光催化的影响：主要通过改变催化剂表面特性以及反应化合物存在形式来影响催化活性，所以不同有机物光催化反应有其不同的最适 pH 值。在反应过程中，温度湿度对光催化速率也都有一定的影响，钱春香等[32]研究了在水泥基材料负载条件下，温度湿度对纳米二氧化钛催化氧化氮氧化物的影响，试验结果表明，水泥基材料光催化氧化效率在相对湿度为 60%～72%范围内与湿度成反比，在 0～25℃范围内，光催化氧化效率与温度成正比关系，过低的反应温度会使得光催化速率显著减慢[40]。

4. 掺配方式

(1) 光触媒材料涂层

光触媒涂料的应用研究较多，并已有多项专利。根据谭忆秋等人的研究成果，沥青路面上涂覆光触媒涂层会造成路用性能下降，如摩擦系数降低、构造深度减小等，这会对路面抗滑性能产生不利影响；并且影响冻融循环和高温等情况下涂层的耐久性。光触媒涂层应用在道路中必须在已建成路面上进行二次涂刷施工，需保证将其原表面清扫干净，这也造成工程实际应用复杂化，不适合在城市道路中大规模进行应用[41]。

在城市道路的路面及两侧的护栏、隔离栏杆、路缘石、各种标志牌等道路辅助设施，可以将纳米 TiO_2 涂层在其表面进行涂覆，起到降解汽车尾气的作用。通过研发含 TiO_2 的涂料在建筑表面、工业领域、道路表面进行涂覆（图 9-26），国内外已经有大量的相关研究[42-44]。以涂层的形式进行涂覆，存在很多缺点，如城市道路使用涂层会改变被涂覆物体颜色，进而对行车安全产生干扰；光触媒涂料脱落后是否会对环境造成污染有待于进一步研究结论。

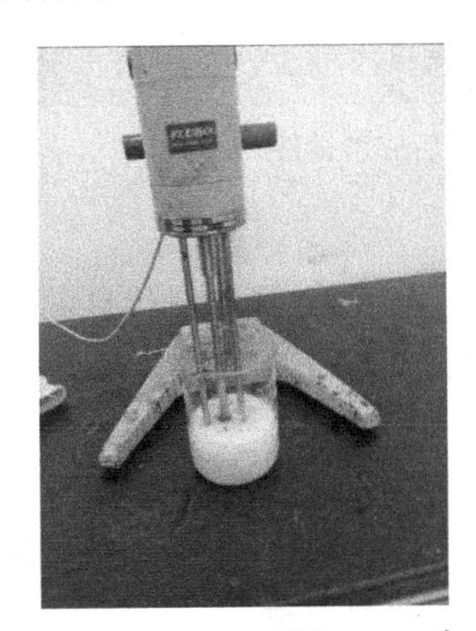

图 9-26 先成型试件后涂刷纳米二氧化钛溶液

(2) 掺入沥青中制作混合料

二氧化钛掺入沥青混合料在路面中使用，将会是尾气与光催化剂接触最好的一种方式，还可以起到减少二氧化钛耗损的效果，是一种非常好的分解尾气的途径。

内掺式应用可以有效避免涂层涂覆对沥青混合料路用性能产生不利影响。谭忆秋研究认为[45]，TiO_2 光触媒采用涂层和掺入沥青混合料等方式应用于道路中，对其光催化性能影响较小；直接掺入沥青混合料对路用性能基本没有影响，并且应用方便，无需重新进行沥青混合料配合比设计，可在道路施工时一次性完成。根据本节气体分析仪的选择，掺入沥青混合料的方式对 TiO_2 降解汽车尾气性能有很大影响。掺入矿粉和掺入沥青的优缺点较为明显：

① 掺入矿粉中混合料拌合成型简单，在施工应用中方便添加，但降解尾气效果稍逊；掺入沥青需要将纳米 TiO_2 粉体进行高速分散 2～3h，打开纳米粉体间的硬团聚，减小粉体的粒径，确保其纳米级“尺寸量子化”和大比表面积效应。因此，在实际应用中就掺加方式而言，直接掺入矿粉更加方便简单；从施工环保方面考虑，掺入沥青更好[46]。

② 纳米 TiO_2 粒径较小，会造成价格较高。10nm 级的价格为 200 元/kg，300nm 级价格为 16 元/kg，纳米 TiO_2 价格较普通钛白粉价格升高达 16 倍之多，在实际应用中，需要批量使用时无法承受这样的高价格；同时，小粒径纳米 TiO_2 产能较低，阻碍了大量供应。

③ 小粒径纳米 TiO_2 与沥青需要进行高速分散，室内试验少量使用方可进行制备。

在实际工程中对其进行大规模高速分散较为困难，制约了其制备生产。综上所述，在本书现阶段研究中，将采用 TiO_2 直接掺入矿粉中进行拌合，如图 9-27 所示。

图 9-27　纳米二氧化钛加入混合料之后成型试件

5. 气体分析仪的选择

在实验室内需要对光催化材料的催化效果做出评价，从而选择相对优良的技术工艺，为室外应用提供参考。因此需要研制尾气检测系统，可以实现光催化材料对于汽车尾气催化降解效果的测试。

本项目主要基于纳米二氧化钛光催化氧化性能，研究光催化路面对道路汽车尾气中氮氧化物的降解效果，因此尾气测试系统要尽量模拟道路实际情况，如气体应保证流动性，避免分层。同时气体反应室应确保与外界隔绝，保证测量准确性等。

气体分析仪的选择应当适用于汽车尾气浓度的测量，且测量量程能够涵盖各类汽车的最大排放标准，我国目前城市中主要以轻型汽车为主，部分地区市区也存在重型汽车通行的现象，以燃料划分为汽油车、LPG（液化石油气）车、NG（天然气）车、柴油车等。

《轻型汽车污染物排放限值及测量方法（中国第五阶段）》中规定了部分汽车排气污染物排放限值，如表 9-25、表 9-26 所示。

从表 9-25 和表 9-26 可以看出，1995 年 7 月 1 日前生产的重型汽车的排放污染最为严重，选择尾气分析仪时，最低量程应当不低于 CO（5%vol）、HC（2000×10^{-6}vol）。此外，由第 1 章可知，汽车尾气中危害最大的除了 CO、HC 以外，还包括 NO，所以汽车分析仪还需要能够测量 NO 的浓度，根据《确定点燃式发动机在用汽车简易工况法排气污染物排放限值的原则和方法》HJ/T 240—2005 中的附录A标准值的最低标准限值、《点燃式发动机汽车排气污染物排放限值及测量方法（双怠速法及简易工况法）》GB 18285—2005 的限值标准以及《确定压燃式发动机在用汽车加载减速法排气烟度排放限值的原则和方法》HJ/T 241—2005 的最低标准限值中的对所有车型 NO 的最高准许排放限值为不大于 4200×10^{-6}vol。综上所述，形成如下汽车排气分析仪的最低测量范围：CO（5%vol）、HC（2000×10^{-6}vol）、NO（4200×10^{-6}vol）。

新生产汽车排气污染物排放限值（体积分数） **表 9-25**

车型	类别			
	怠速		高怠速	
	CO(%)	HC($\times10^{-6}$)	CO(%)	HC($\times10^{-6}$)
2005年7月1日起新生产的第一类轻型汽车	0.5	100	0.3	100
2005年7月1日起新生产的第二类轻型汽车	0.8	150	0.5	150
2005年7月1日起新生产的重型汽车	1.0	200	0.7	200

在用汽车排气污染物排放限值（体积分数） **表 9-26**

车型	类别			
	怠速		高怠速	
	CO(%)	HC($\times10^{-6}$)	CO(%)	HC($\times10^{-6}$)
1995年7月1日前生产的轻型汽车	4.5	1200	3.0	900
1995年7月1日起生产的轻型汽车	4.5	900	3.0	900
2000年7月1日起生产的第一类轻型汽车	0.8	150	0.3	100
2001年10月1日起生产的第二类轻型汽车	1.0	200	0.5	150
1995年7月1日前生产的重型汽车	5.0	2000	3.5	1200
1995年7月1日起生产的重型汽车	4.5	1200	3.0	900
2004年9月1日起生产的重型汽车	1.5	250	0.7	200

当前市场上常见的汽车排气分析仪种类及基本功能与参数见表 9-27。

市场上常见的汽车排气分析仪 **表 9-27**

品牌(型号)		卓川(HPC302)	FGA-4100(4G)	FGA-4100(5G)
测试气体范围	HC	0～10000ppmvol	0～10000ppmvol	0～10000ppmvol
	CO	0～10%vol	0～10%vol	0～10%vol
	NO	0～4000ppmvol	—	0～5000ppmvol
	O_2	—	0～25%vol	0～25%vol
	CO_2	—	0～20%vol	0～20%vol
准确性		相对误差(绝对误差)	相对误差(绝对误差)	
	HC	±5%(±12×10^{-6}vol)	±5%(±12×10^{-6}vol)	
	CO	±5%(±0.06×10^{-2}vol)	±5%(±0.06×10^{-2}vol)	
	NO	±4%(±0.06×10^{-2}vol)	—(—)±4%(±0.06×10^{-2}vol)	
	O_2	±4%(±25×10^{-6}vol)	±5%(±0.1×10^{-2}vol)	
	CO_2	—	±5%(±0.5×10^{-2}vol)	

续表

品牌(型号)		卓川(HPC302)	FGA-4100(4G)	FGA-4100(5G)
重复性		重复误差≤±2%	HC、CO、CO_2(≤1.5%),O_2、NO(≤3%)	
预热时间		约 20min	约 15min	
响应时间		95%响应不大于 10s	HC/CO/CO_2:≤8s;O_2/NO:≤12s	
分辨力	HC	1×10^{-6}vol	1×10^{-6}vol	
	CO	0.01×10^{-2}vol	0.01×10^{-2}vol	
	NO	1×10^{-6}vol	(—)1×10^{-6}vol	
	O_2	—	0.1×10^{-2}vol	
	CO_2	—	0.1×10^{-2}vol	
输出方式		数显,打印	数显,打印	
环境条件		温度 0~40℃,相对湿度≤90%	温度 0~40℃,相对湿度≤85%	

表 9-27 中三种市场供应的常见汽车排气分析仪，其测量量程、准确性、精度均达到本研究的要求，但是卓川（HPC302）、FGA-4100（4G）均无法测量 NO 的浓度，只有 FGA-4100（5G）能够准确测量 HC、CO、NO 等气体的浓度值，同时了解到其测量原理采用不分光红外吸收法（HC、CO、CO_2），O_2 和 NO 采用电化学原理测量，通过上述方法测到的数据较为准确，且干扰性较小，故本研究选用 FGA-4100（5G）作为气体分析仪，见图 9-28。

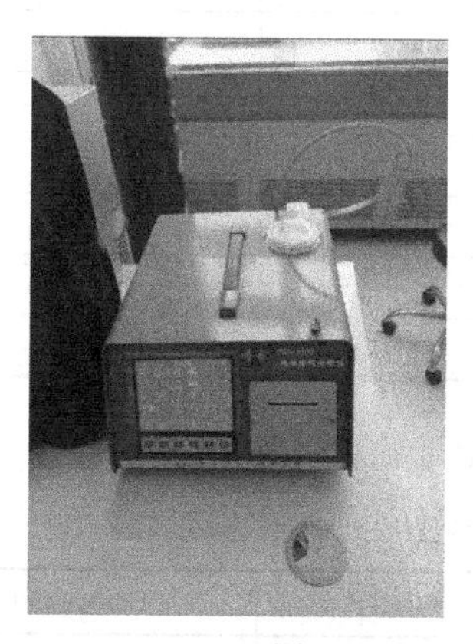

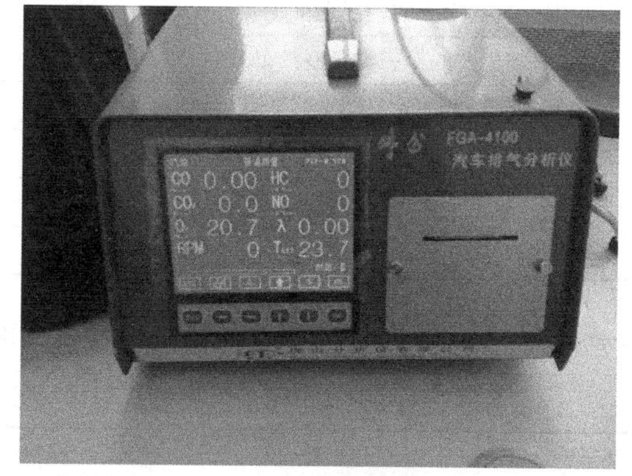

图 9-28 FGA-4100（5G）佛分汽车排气分析仪

6. 尾气分解反应室的制作

如何在尾气分解反应装置内部提供类似于太阳光的紫外线强度且稳定的光源是保证二氧化钛催化分解汽车尾气性能测试系统实用性的重要保障[47]，本书采用二氧化钛（禁带宽度 3.2eV 左右）作为催化剂，通过研究太阳光中的紫外光组成来选择光源系统。

太阳光中的紫外线是电磁波谱中波长 10~400nm 辐射的总称，根据波长分为近紫外线（UVA）、远紫外线（UVB）、超短紫外线（UVC）等，其详细划分见表 9-28。

这其中 UVA 约占到太阳光紫外线总量的 95%~98%，UVB 约占 2%~5%，而 UVC 在穿过大气层时被臭氧层吸收，几乎不能到达地面，所以达到地面的紫外线主要为 UVA 和 UVB。

紫外光谱的范围的划分表　　表 9-28

名称	缩写	波长范围(nm)	光子能量(eV)
长波紫外	UVA	400～315	3.10～3.94
近紫外	NUV	400～300	3.10～4.13
中波紫外	UVB	315～280	3.94～4.43
中紫外	MUV	300～200	4.13～6.20
短波紫外	UVC	280～100	4.43～12.4
远紫外	FUV	200～122	6.20～10.2
真空紫外	VUV	200～100	6.20～12.4
浅紫外	LUV	100～88	12.4～14.1
超紫外	SUV	150～10	8.28～12.4
极紫外	EUV	121～10	10.2～12.4

本课题依据上述分析，选择氙灯作为太阳光发光装置（图 9-29），氙灯具有以下特性：（1）具有良好的接近于日光的光谱特性；（2）具有与日光相近的色温（5500～6000°K）和很高的显色指数（Ra94）以上；（3）是球形的点光源，故具有良好的光学特性，有利于光的利用（配反光碗）；（4）有亮度极高的阴极斑；（5）具有良好的触发性能及热触发特性；（6）在点燃瞬间就具有稳定的光输出。

图 9-29　太阳光发光装置

根据厂家试验数据，将氙灯的光谱绘制如图 9-30 所示，其展示为氙灯的光谱中不同波段所占相对能量的百分比。

从光谱图可以看出，氙灯的光谱在 400nm 以下的紫外光实际占比较小，但仍高于其他常用光源（卤素、汞灯或 LED），而专用的紫外线 UV 灯使用不当会存在危险，而且价格高昂，不宜在工程中采用。因此氙灯仍是最优的选择。

另外汽车尾气供应系统采用汽车发动机直接供应。汽车尾气中成分种类很多，对环境

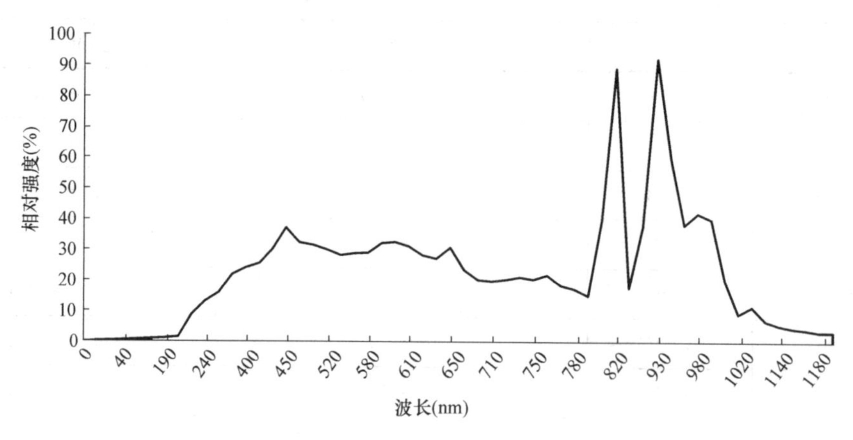

图 9-30　试验用氙灯的光谱

和人类影响最大的三类物质分别是 CO、NO 和 HC，这其中 HC 是碳氢化合物的简写，不同的燃料的碳氢比是不相同的。

7. 汽车尾气测试系统设计要求

根据本书研究内容，并结合已有相关文献的经验成果，尾气测试系统最关键的部分是气体反应室，因为气体反应室是用来储存被测试气体及提供气体反应的场所，气体反应室的安全可靠是试验顺利进行的关键。作为核心部分气体反应室应该满足以下要求：

（1）气体反应室应保证密封良好，不与外界气体交换，确保测量准确性；

（2）气体反应室应安全稳定，不与尾气中各种化合物发生化学反应；

（3）气体反应室内部气体可以自然流动不分层，同时零件应合理布置，保证气体均匀，不影响气体流通；

（4）气体反应室不仅要满足室内紫外光测试的需要，也要能在室外自然光源下进行测试，这就需要良好的透光性。

经过不断实践改进，最后选用有机玻璃作为气体反应室的主要材质。作为当前性能最优良的高分子透明材料，有机玻璃的透光性能极好，研究表明 92％以上太阳光可以穿透有机玻璃，并且太阳光中紫外线透过率可以达到 73.5％，而普通玻璃紫外线透过率较低，只有 0.6％，此外有机玻璃因其高分子结构较稳定，还具有机械强度高、绝缘性能良好、耐热耐寒耐腐蚀、易于成型等优点。

8. 测试方法研究

（1）尾气初始浓度的确定

试验用的尾气来源为发动机怠速工作时所排出的尾气，而尾气初始浓度不稳定，所以试验的初始浓度需要控制在一定范围内，以便在后期试验数据分析中具有一定的对比性。

经过前期大量探索性试验，并综合考虑尾气分析仪的测量范围，最后确定先将发动机开机 2～3min，待其运转稳定后，将刚收集的尾气通入气体反应室中。

尾气中氮氧化物的初始浓度控制在以下范围内，NO：180～230ppm，NO_2：600～700ppm。

（2）数据采集方案及误差考虑

把尾气通入气体反应室后，开始测量，当初始浓度稳定后记录第一组数据，之后每隔

20min记录数据，直至120min为止，测试对象主要是一氧化氮（NO）及二氧化氮（NO_2）。由于测量方式是抽取一定气体进入测试仪器进行分析测试，因此在尾气测试仪器中需要一定的反应时间才能稳定读数，但是如果吸气时间过长就会严重影响气体反应室中气体浓度，因此规定测量时间大概为20～40s。

尾气分析仪通过内置抽气泵来抽取气体进行测量，再将废气通过排气口排出，由于气体反应室是一个密闭空间，抽气势必会对气体浓度产生影响，造成试验误差，因此需要将这部分误差考虑进去。通过误差标定试验，即在反应室中放入不掺杂纳米粒子的试件，并按照正常步骤进行试验，记录下气体浓度变化，作为其他试验对照，从而提高试验的准确性。

9. 测试步骤的确定

通过大量探索性试验尝试，并对试验各个细节进行完善后，制定出如下试验步骤：

（1）调试尾气测量设备

按照FGA4100（5G）尾气分析仪的使用要求进行开机前的检查，检查滤纸是否过脏，是否需要更换，检查仪器是否紧密连接。开机后，按使用要求进行泄漏测试及吸附测试，由于本试验只进行尾气浓度的测量，因此选用普通型测量方式即可（不进行汽车转速控制）。

将尾气分析仪运行30min左右，观察运行稳定性，即传感器是否稳定，是否有漂移现象。

（2）连接仪器设备

将尾气分析仪与气体反应室连接，并将真空阀与排气口相连。

（3）放入试件

将制备好的试件放入气体反应室内，盖好密封盖，准备进行测试。

（4）通入尾气

先将真空泵开机抽气30s左右，再将刚收集的尾气通入气体反应室中，同时打开风扇，待通入尾气完毕，打开紫外光灯，打开尾气分析仪进行初始读数测量，测量后关闭吸气泵。

（5）测试及数据记录

记录各气体初始浓度值后，退出仪器测试状态。其后每间隔20min（如突变过大，改为间隔10min）进行测量，每次读数时间为进入仪器测试状态（即开启仪器吸气）后20～40s，直至读数趋于稳定。测试时间为120min。

（6）试验后处理

每次测试结束后关闭风扇、光源，打开进气阀及排气，使用真空泵抽取一段时间，打开容器密封盖，取出测试试件，准备下一次试验。需要说明的是，测量结束后气体检测设备不能马上关闭，需要开启吸气泵抽取新鲜空气一段时间，以清洗气路，减少HC残留和水汽残留。

10. 评价指标

通过自主设计的尾气降解试验系统，利用上文提出的试验方法，模拟实际沥青路面对汽车尾气的降解性能。试验过程中每种气体浓度变化均不同，对尾气中各气体的降解效果也不同，因此本书提出将降解率作为沥青路面对尾气降解性能的评价指标，用R表示，其计算公式如下所示：

$$R=(C_0-C_n)/C_0$$

式中 R——路面对各有害气体的降解率；

C_0——容器中尾气的初始浓度；

C_n——气体稳定后的浓度。

9.4.4 纳米二氧化钛对乳化沥青性能影响

纳米二氧化钛加入乳化沥青中只有光催化的作用，并不会提高乳化沥青的性能，但是其是否会影响乳化沥青的路用性能，需要进一步研究。

为了研究纳米二氧化钛掺量对乳化沥青的性能影响规律，进行了 5 种掺量下的乳化沥青的性能测试，测试结果见表 9-29。

纳米二氧化钛掺量对乳化沥青性能影响 **表 9-29**

纳米二氧化钛掺量(%)		5	10	15	20	25	规范要求
筛上剩余量(%)		0.01	0.01	0.01	0.03	0.06	≤0.1
沥青标准黏度 $C_{25.3}$(s)		24.7	25.8	26.7	28.9	29.1	12~60
蒸发残留物	5℃延度(cm)	71.4	65.7	61.3	55.6	50.5	≥20
	25℃针入度(0.1mm)	74.4	71.7	70.8	70.3	68.4	40~100
	软化点(℃)	54	54.7	54.8	56.2	56.3	≤53
1d 储存稳定性(%)		0.3	0.4	0.4	0.6	0.7	≤1

从表中的数据可以看出：

(1) 纳米二氧化钛的加入，一定程度上会影响沥青的乳化性能，掺量与乳化程度成反比。随着掺量的增加，乳化沥青的筛上剩余量会有所升高，掺量为 25%时，依然满足规范要求。

(2) 随着纳米二氧化钛掺量的增加，乳化沥青的标准黏度有所升高，总体来说变化不明显，上述 5 个掺量的乳化沥青的黏度均满足规范要求。

(3) 纳米二氧化钛的加入，对于乳化沥青蒸发残留物的性能影响的大致规律为，随着纳米二氧化钛的掺量增加，蒸发残留物硬度增加，延展性有所降低，但总体来说变化很大，课题所研究的掺量范围能满足规范的要求。

(4) 乳化沥青的储存稳定性，是考察乳化剂性能的重要指标[48]。随着纳米二氧化钛用量的增加，乳化沥青的稳定性进一步下降，1d 稳定性测试数据逐渐下降。课题所研究的掺量范围纳米二氧化钛乳化沥青依然能满足规范的要求。

9.4.5 纳米二氧化钛环氧乳化沥青混合料设计与性能研究

在进行环氧乳化沥青固化体系的选取和混合料配合比设计确定沥青用量时，采用的马歇尔试验是评价其性能的重要方法，它可以快速、便捷地表征混合料试件的强度和变形能力。然而，虽然其应用广泛，但不能全面反映沥青混合料的综合性能，因此在确定混合料最佳沥青用量和矿料级配后，将通过相应的试验，对其模量、高温稳定性、水稳定性、疲劳性能以及愈合性能等进行全面分析研究。进行这些研究一方面可对待选材料进行直观的对比，另一方面可为日后的混合料设计提出参考指标。对比材料选取路面和隧道铺装最为常见的两种材料，有普通 AC-5，SBS 改性沥青 SMA-10，以及当前较多钢桥采用且表现出强大力学性能的环氧沥青 AC-13 混合料。

1. 材料组成设计

（1）乳化剂

乳化剂选择 EM520，EM520 物理性质见表 9-30。

EM520 乳化剂物理性质 **表 9-30**

指标	测试条件	单位	测试值
物理形态	常温	—	棕色液体
固含量	—	%	100
密度	25℃	g/cm^3	1.027
pH 值	25℃	—	10.1
黏度	25℃	mPa·s	7400
	60℃		550

（2）沥青

基质沥青与前面章节选用同样的沥青，为埃索 70 号。

SBS 改性沥青制备是将 SBS 改性剂以及 3‰的稳定剂在 180℃下用高速剪切机以 6000～7000r/min 的转速剪切、磨、挤压 30min 后，再搅拌 90min，最后在 160℃左右的恒温烘箱孕育 30min，形状为星型 SBS-403，即是我国目前最常用的 SBS 改性沥青 I-D[49]。其技术指标见 9.1 节。

本对比研究中选取较为常用的 ChemCo 环氧沥青作为普通环氧沥青。此环氧沥青亦分作 AB 双组分，A 组分为环氧树脂，B 组分为沥青与固化体系的混合物。

（3）集料与级配

本研究拟选取 AC-10 作为上面层铺装用，然而我国目前针对环氧沥青专用级配的研究较少，大多是直接引用规范中级配所要求的级配。

试验用集料粒径组成为 13.2～9.5mm、9.5～4.75mm、4.75～2.36mm、2.36～0.075mm 四档。石料产地与基本性能测试的结果见 9.1 节。

由于是对比试验，采用马歇尔设计方法。9.1 节为本书选取的 AC-5 和 De0/8 级配。

普通环氧沥青混合料 AC-13 油石比为 6.6%，纳米二氧化钛环氧乳化沥青 DE-10 的不含水结合料用量为 5.7%。由于乳化沥青中固含量为 60%，因此实际含水的乳化沥青用量为 9.5%。

2. 静态模量

试验结果见表 9-31。

环氧乳化沥青混合料抗压回弹模量　　表 9-31

混合料类型	试验温度	试验次数	抗压强度(MPa)	均值(MPa)	弹性模量(MPa)	均值(MPa)
基质沥青AC-5	15℃	1	15.26	16.82	1952.2	2003
		2	15.72		2107.7	
		3	14.37		1872.2	
	20℃	1	13.47	14.21	1482.1	1561
		2	12.75		1731.4	
		3	13.71		1616.4	
改性 SMA-10	15℃	1	19.02	20.73	2587.0	2585
		2	18.54		2505.2	
		3	20.01		2696.5	
	20℃	1	16.46	18.09	2191.4	2271
		2	17.43		2321.2	
		3	17.15		2312.9	
环氧沥青AC-13	15℃	1	60.38	66.08	7483.3	7618
		2	63.66		7654.4	
		3	62.31		7638.8	
	20℃	1	56.80	66.82	7152.1	7023
		2	55.57		7014.1	
		3	58.48		7618.5	
纳米二氧化钛环氧乳化沥青 DE-10	15℃	1	21.91	35.64	3695.0	3381
		2	24.14		3322.1	
		3	23.23		3099.6	
	20℃	1	21.38	32.43	3132.7	3072
		2	19.30		2968.6	
		3	21.45		3110.4	

从试验结果可以看出，环氧乳化沥青混合料的回弹模量介于环氧沥青混合料与 SBS 改性 SMA 之间，表现出了很高的刚度和强度，但又具备了一定的柔性。其模量已高于改性 SMA 和基质沥青混合料，说明可以完全胜任面层任何层位的铺装。

3. 高温性能评价

高温性能评价采用最常见的车辙试验[50]。一定温度下（一般为 60℃）保温 1h，正式开始测试。

根据之前确定下来的油石比与级配，计算出每种混合料的毛体积密度，再根据车辙试件的体积 300mm×300mm×50mm 除以之前得到的密度，便可得到车辙试件所需石料与结合料的总质量，再根据油石比分别算得出石料与结合料的用量。成型过程按照上节配合比设计中推荐的方案进行，仅需注意的是由于车辙用量比较大，拌合与压实过程中的损失不能忽略，根据经验，本次试验在每种马歇尔试件混合料的计算值上多加 5%，使得密实度更加接近于马歇尔试验设计所得。试验结果如表9-32所示。

四种沥青混合料车辙试验结果　　表9-32

<table>
<tr><th>混合料类型</th><th>试验动稳定度(次/mm)</th><th>试验永久变形(mm)</th><th>平均动稳定度(次/mm)</th><th>规范要求(次/mm)</th><th>永久变形(mm)</th></tr>
<tr><td rowspan="3">基质沥青 AC-5</td><td>679</td><td>5.065</td><td rowspan="3">653</td><td rowspan="3">≥2800</td><td rowspan="3">2.080</td></tr>
<tr><td>654</td><td>5.041</td></tr>
<tr><td>626</td><td>5.030</td></tr>
<tr><td rowspan="3">改性 SMA-10</td><td>3179</td><td>3.832</td><td rowspan="3">3192</td><td rowspan="3">≥800</td><td rowspan="3">1.920</td></tr>
<tr><td>3050</td><td>4.004</td></tr>
<tr><td>3347</td><td>3.834</td></tr>
<tr><td rowspan="3">环氧沥青 AC-13</td><td>13262</td><td>1.138</td><td rowspan="3">13537</td><td rowspan="6">≥1600</td><td rowspan="3">1.245</td></tr>
<tr><td>13966</td><td>1.113</td></tr>
<tr><td>13482</td><td>1.249</td></tr>
<tr><td rowspan="3">纳米二氧化钛环氧乳化沥青 DE-10</td><td>9165</td><td>1.504</td><td rowspan="3">9963</td><td rowspan="3">1.613</td></tr>
<tr><td>11390</td><td>1.657</td></tr>
<tr><td>9333</td><td>1.748</td></tr>
</table>

从试验结果可以看出，环氧沥青AC-13具有最高的高温性能，其次是环氧乳化沥青混合料DE-10，且这两者均高出剩下两种混合料达数倍之多。

4. 水稳定性

根据之前的研究可知，空隙率是影响混合料水稳定性的关键因素[51]，而乳化沥青混合料用于再生料的应用时问题就在于其压实度的实现。一旦实现不了，就会导致空隙率增大，加之纳米二氧化钛的加入和环氧固化的发生，势必会导致压实性变差，这个过程究竟对纳米二氧化钛环氧乳化沥青混合的水稳定性影响如何，将通过下列试验来验证。

由于使用在南方多雨地区，水稳定性的检测要考虑到高温性能的因素在内，故根据本次研究的适用性综合考虑，选择冻融劈裂与浸水车辙试验两种方法。下述为两种试验的检测结果。

(1) 浸水车辙试验

成型试件的方法和计算方法均与之前相同。试验结果如表9-33所示。

四种混合料浸水车辙试验结果　　表9-33

混合料类型	动稳定度(次/mm)	永久变形(mm)	相对变形(%)
基质沥青 AC-5	344	11.313	20.374
改性 SMA-10	2106	5.956	19.276
环氧沥青 AC-13	11373	2.948	12.2
纳米二氧化钛环氧乳化沥青 DE-10	7561	3.808	15.25

(2) 冻融劈裂试验

试件选用50次击实的马歇尔试件，经过冻融循环。试验结果如表9-34所示。

冻融劈裂值　表9-34

处理方式	混合料类型	劈裂均值(kN)	抗拉强度(MPa)	*TSR*(%)
冻融循环	基质沥青 AC-5	3.92	0.62	78.48
	改性 SMA-10	6.82	0.72	88.89
	环氧沥青 AC-13	17.44	1.82	84.26
	纳米二氧化钛环氧乳化沥青 DE-10	8.45	0.86	76.79
常温放置	基质沥青 AC-5	4.42	0.79	—
	改性 SMA-10	7.61	0.81	—
	环氧沥青 AC-13	20.1	2.16	—
	纳米二氧化钛环氧乳化沥青 DE-10	11.66	1.12	—

从浸水车辙试验判断，四种混合料性能排序为：环氧沥青AC-13>纳米二氧化钛环氧乳化沥青DE-10>改性SMA-10>AC-13；而据冻融劈裂试验排序为：改性SMA-10>环氧沥青AC-13>基质沥青AC-5>纳米二氧化钛环氧乳化沥青DE-10。可见，四种混合料的水稳定性均满足国家标准要求，但环氧乳化沥青混合料在经过冻融后，水稳定性排序下降，这是由于实验室的压实功不足，以及受试验等待时间限制，环氧乳化沥青混合料中的水分并未完全排尽，动水压力的反复冲刷造成了强度的降低。

5. 疲劳性能评价

本次试验使用的是四点弯曲疲劳试验，在BFA（Beam Fatigue Analyzer）机上进行试验，为《公路工程沥青及沥青混合料试验规程》JTG E20—2011所指定试验方法。

6. 检测结果

每种混合料预先制备小梁4根，取变异性小的数据3组，试验结果如表9-35所示。

沥青混合料疲劳试验结果　表9-35

混合料类型	编号	初始劲度模量(MPa)	疲劳寿命 N_{f50}(次)
AC-5	1	3079	7699
	2	3045	5678
	3	2906	9610
改性 SMA-10	1	3948	26118
	2	3715	35728
	3	3594	32402
环氧沥青 AC-13	1	12823	437210
	2	11725	415500
	3	12277	450240
纳米二氧化钛环氧乳化沥青 DE-10	1	6414	292936
	2	6149	310811
	3	6093	245011

从结果数据可以十分明显地对比出四种材料的抗疲劳性能的强弱，即环氧沥青AC-13>纳米二氧化钛环氧乳化沥青DE-10>改性SMA-10>AC-5。

因此，环氧乳化沥青混凝土即体现出了优势。由于施工要求相对较低，其模量和强度也不是太高，疲劳性能却比改性SMA-10高出7～8倍，能维持很好的破坏特征。环氧乳化沥青混合料具有很好的应用前景。

9.4.6 纳米二氧化钛环氧乳化沥青混合料光催化效果测试

本节将对影响沥青路面降解尾气效果的各因素进行研究，分析不同因素对尾气降解效果的影响规律，考虑到的影响因素主要有不同纳米材料粒径、不同混合料载体、光催化材料的不同用量、降解时间长短以及光照强度等。

按照9.4.3节所确定的试验方法及步骤，对各因素进行对比试验研究，分析沥青混合料中添加光催化材料后对尾气中CO、碳氢化合物HC（丙烷为主）、CO_2及氮氧化合物NO的降解效果。在9.4.5节对载体混合料进行了设计，为本节的研究做了铺垫。

1. 光催化参数与试验设计

光学中评价光对物体某个面照射的影响有2个指标：照度（Luminosity）和亮度（lightness）。其中照度指物体被照亮的程度，采用单位面积所接受的光通量来表示，表示单位为勒［克斯］（Lux，lx），即lm/m^2。1勒［克斯］等于1流［明］（lumen，lm）的光通量均匀分布于$1m^2$面积上的光照度。照度是以垂直面所接受的光通量为标准，若倾斜照射则照度下降。亮度是人对光的强度的感受，它是一个主观的量[52]。与亮度不同的，由物理定义的客观的相应的量是光强。这两个量在一般的日常用语中往往被混淆。而亮度（lightness）是颜色的一种性质，或与颜色多明亮有关系的色彩空间的一个维度。在Lab色彩空间中，亮度被定义来反映人类的主观明亮感觉。

根据上节光催化机理研究中的结论可知，应选用类似太阳光谱的灯具作为地下道路光源，即400nm～315nm～280nm波长禁带宽度在3.10～4.43eV的紫外光。

2. 实验室模拟光源光学参数计算

选用氙灯作为光源，功率为25W，光通量3200lm，内部尺寸为30cm×30cm车辙试件，安装高度为20cm，如图9-31所示。并将其简化为数学几何模型，对光强的空间分布、灯具效率及灯具亮度分布和遮光角等进行计算（图9-32～图9-34）。选择夜间、实验室关灯进行测试，以模拟地下道路内较暗的环境。

实验室采用三种灯光布置，以获取不同的光催化反应效果。

方式A：氙灯个数：1；位置，顶端；高度$H=0.2$m。

方式B：氙灯个数：2；位置，两侧；高度$H=0.2$m，仰角$\gamma=30°$。

方式C：氙灯个数：3；位置，两侧+顶端；高度$H=0.2$m，仰角$\gamma=30°$。

根据图9-32～图9-34所示，P1点为光照度最大点，P2为最弱点，P3为边线中点，照度需实时计算。

车辙试件面板的照度为：

图 9-31　混合料车辙板与氙灯的布置

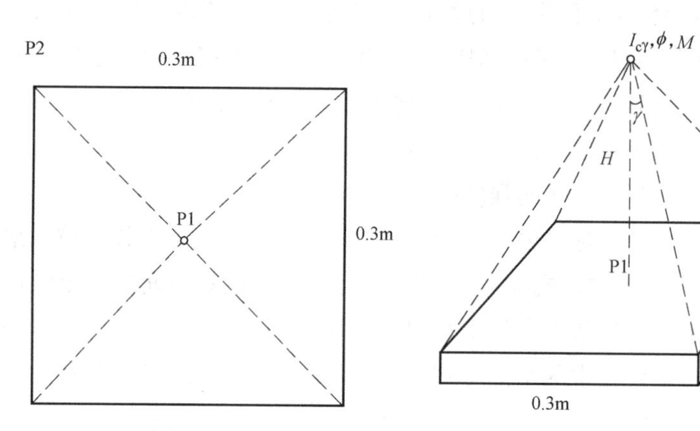

图 9-32　方案 A 光照度计算示意图

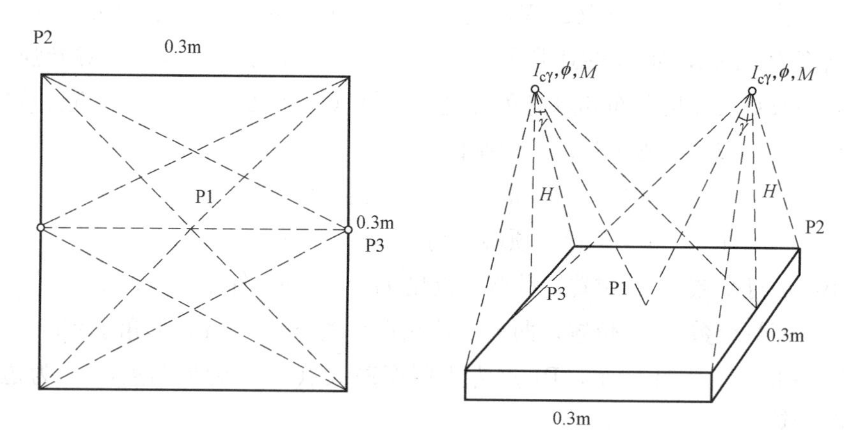

图 9-33　方案 B 光照度计算示意图

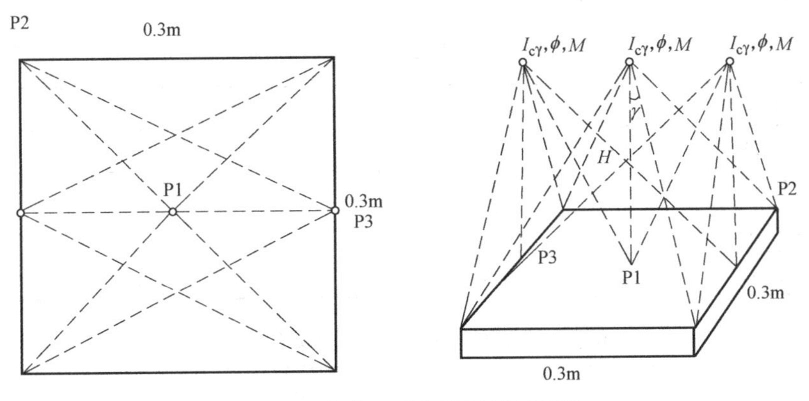

图 9-34　方案 C 光照度计算示意图

$$E_{pi}=\frac{I_{c\gamma}}{H^2}\cdot\cos^3\gamma\frac{\Phi}{1000}M \tag{9-1}$$

式中　E_{pi}——灯具在洞内路面计算点 p 产生的水平照度（lx）；

γ——p 点对应的灯具光线入射角（°）；

$I_{c\gamma}$——灯具在计算点 p 的光强值（cd），按灯具光强表（I 表）取值；

M——灯具养护系数，无资料时可取 0.6～0.7；

Φ——灯具额定光通量（lm）；

H——灯具光源中心至路面的高度（m）。

公式（9-1）用于计算单点照度。

公式（9-2）计算合计照度：

$$E_p=\sum_{i=1}^{n}E_{pi} \tag{9-2}$$

根据式（9-2）计算 P1、P2 和 P3 点的照度。计算结果见表 9-36。

三点光照度计算结果（lx）　　**表 9-36**

方案 点	A	B	C
P1	36.22	48.31	84.53
P2	27.23	34.23	61.46
P3	—	40.56	40.56
照度均值	31.73	41.03	62.18

3. 试验设计

研究不同影响因素对吸收汽车尾气的影响，以确定方案中纳米二氧化钛及其混合料、灯光的用法。影响光催化效果的影响因素为纳米二氧化钛的粒径、纳米二氧化钛的用量、持续时间和光的照度，因此根据上述 4 个因素，分不同的级别设计试验，见表 9-37。

4. 光催化试验结果与分析

（1）不同粒径纳米二氧化钛的尾气降解效果对比研究

研究了 5nm 和 10～15nm 两种粒径材料的光催化效果。选用 B 方案氙灯布置，两小时的测试结果见表 9-38 和图 9-35。

影响因素试验设计　　表 9-37

<table>
<tr><th>影响因素</th><th colspan="6">程度分级</th></tr>
<tr><td>纳米二氧化钛的粒径(nm)</td><td colspan="3">5</td><td colspan="3">10～15</td></tr>
<tr><td>纳米二氧化钛的用量(%)</td><td colspan="2">10</td><td colspan="2">15</td><td colspan="2">20</td></tr>
<tr><td>持续时间(h)</td><td>2</td><td>3</td><td>4</td><td>6</td><td>10</td><td>24</td></tr>
<tr><td>光的照度(lx)</td><td colspan="2">31.73</td><td colspan="2">41.03</td><td colspan="2">62.18</td></tr>
</table>

不同光触媒粒径混合料尾气降解效果试验　　表 9-38

光触媒粒径(nm)	降解率(%)			
	CO(%vol)	HC(ppmvol)	CO_2(%vol)	NO(ppmvol)
10～15	7.62	25.47	10.96	42.22
5	12.47	49.80	12.36	69.71

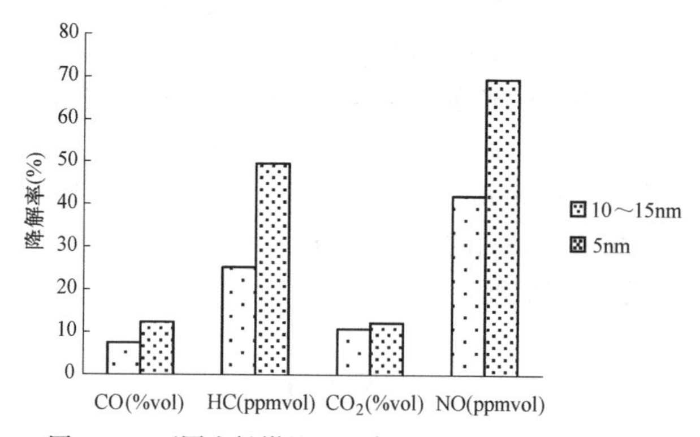

图 9-35　不同光触媒粒径混合料尾气降解效果对比图

不同光催化材料对尾气降解效果有较大的影响，尤其是对碳氢化合物和 NO 的降解效果影响非常明显。

(2) 纳米二氧化钛不同用量对降解效果影响

在进行沥青乳化环节会加入纳米二氧化钛乳液（掺量为 5%），其中纳米二氧化钛乳液中钛粉掺量分别调为 10%、20%和 30%（更高掺量的固态纳米二氧化钛会难以分散，更低掺量会导致光催化效果过于微弱），本节主要研究将不同用量的 5nm 二氧化钛添加到混合料中对降解尾气效果的影响，选用 B 方案氙灯布置，两小时的试验结果见表 9-39 和图 9-36。

二氧化钛不同用量对降解尾气效果的影响　　表 9-39

乳液中钛粉的掺量(%)	降解率(%)			
	CO(%vol)	HC(ppmvol)	CO_2(%vol)	NO(ppmvol)
10	9.86	20.14	12.09	30.00
20	11.47	26.80	12.36	40.71
30	14.90	36.11	12.50	57.67

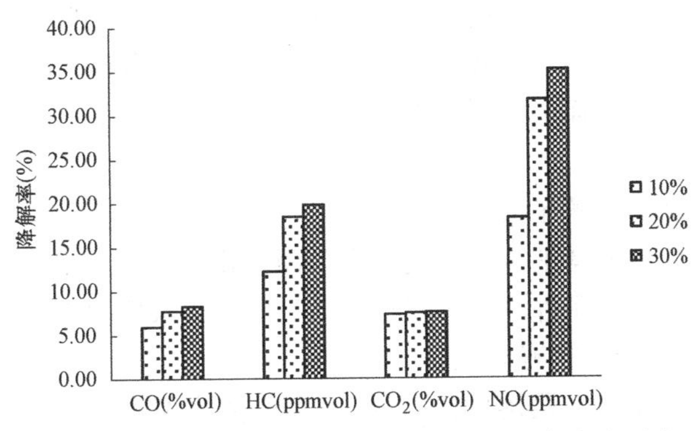

图 9-36 不同纳米二氧化钛用量尾气降解效果对比图

通过对试验数据的分析可以得出，随着纳米二氧化钛用量的增多，沥青混合料对尾气的降解率也有增大的趋势。但对尾气中 CO 和 CO_2 的降解效果不明显，随着纳米二氧化钛用量的增多，对两者的降解率曲线几乎平缓。纳米二氧化钛用量由 10％增加到 20％时，NO 和 HC 的降解率增加幅度较大，纳米二氧化钛用量由 20％增加到 30％时，两者的降解率也增大，但是增加的幅度变小。

(3) 降解效果随降解时间的变化

由纳米二氧化钛光催化材料性质可知，理论上纳米二氧化钛是不会减少的，可以长期使用，本节主要研究随着降解反应时间的延长，添加光催化材料的微表处混合料对尾气的降解性能的变化情况，尾气降解试验进行 24h，选用 B 方案氙灯布置，测试二氧化钛的粒径为 5nm，试验结果见表 9-40 和图 9-37。

降解时间对降解尾气效果的影响 **表 9-40**

降解时间(h)	降解率(％)			
	CO_2(％vol)	HC(ppmvol)	CO(％vol)	NO(ppmvol)
2	6.90	16.37	7.08	26.91
3	13.39	23.57	10.62	53.00
4	15.40	25.52	12.03	63.30
6	16.99	26.33	14.25	75.24
10	17.51	27.12	18.09	83.81
24	18.01	27.55	19.56	85.54

由以上试验数据得出，总体趋势是随着反应时间的延长，对尾气的降解率增大，各气体降解率的变化曲线走向与纳米二氧化钛不同用量下的曲线走向大体一致；对 CO_2、CO、HC 气体的降解率变化不大，但总体呈上升趋势。从趋势线可判断，三种气体的曲线最终会停留在一个稳定的降解率值，CO_2 和 HC 接近 20％，CO 接近 30％；对 NO 的浓度降低有明显效果，较为持续，最终会达到 85％。

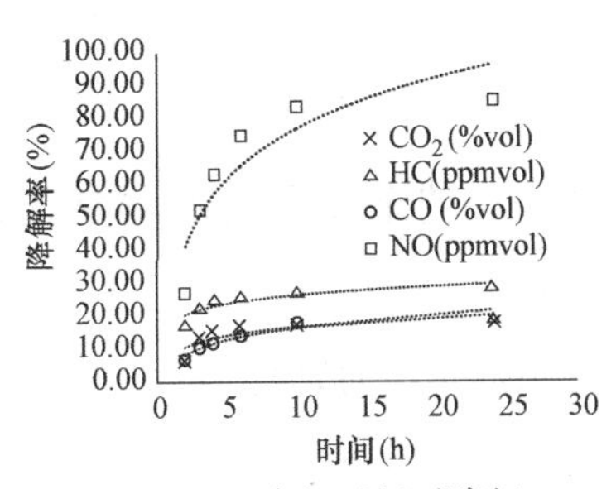

图 9-37 降解时间对降解尾气效果的影响对比图

考虑到实际在道路上汽车排出的尾气不会在路面停留很长时间，不间断地会有车辆驶过并排除尾气，而地下道路是一个较为封闭的空间，在无任何降解的效果下，此类有害气体会保持在一定的浓度内，而采用了光催化的铺面后，持续时间是无穷的，因此均可达到最佳降解效果。

(4) 不同光照强度对降解尾气的影响

本书通过添加光催化材料纳米二氧化钛实现沥青路面对汽车尾气的降解，光催化材料需要紫外线的照射作为反应条件。本节将控制氙灯的数量来模拟不同的光照强度，实现不同光照强度对尾气降解效果影响研究。

本节按上述“试验设计”段落中的ABC三种灯光布置方案作为不同光照度的影响，试验持续时间按有效值出现最短时间计，即2h，不同光照强度下对尾气中四种有害气体的降解率如表9-41和图9-38所示。

不同光照强度下对尾气的降解率　　表9-41

布置方式	照度(lx)	降解率(%)			
		CO_2(%vol)	HC(ppmvol)	CO(%vol)	NO(ppmvol)
A	31.73	3.15	5.52	6.12	10.55
B	41.03	6.9	16.37	7.08	26.91
C	62.18	8.33	26.31	8.34	51.23

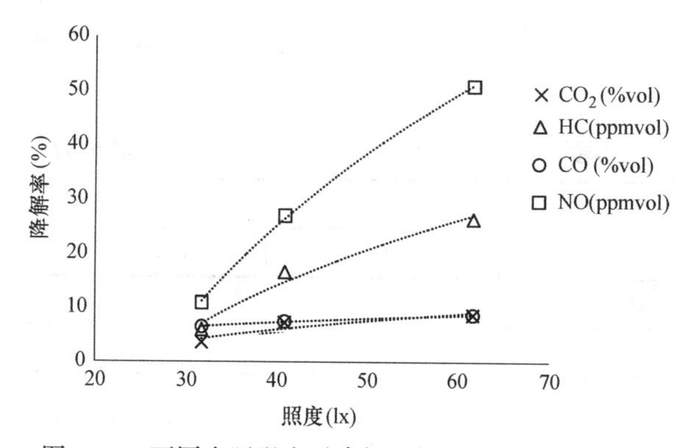

图9-38　不同光照强度对降解尾气效果的影响对比图

从以上试验数据可以得出，总体而言，四种气体均随着照度的增加降解率获得提升。其中NO和HC的降解率随着光照强度的增大而增大的趋势十分明显，HC和NO的降解率分别为32.8%和64.71%，对NO降解率的增加幅度变小，但整体呈增大趋势；紫外线照射强度的增大对CO和CO_2的降解效果增加不明显，增加幅度为1%～3%，本节的研究从一定程度上可指导地下道路灯光的选择和布置，经过设计，若以NO为代表，为使NO的2h降解率达到50%以上，需进行灯光布置使得路面平均照度达到60lx以上；达到25%以上需使路面平均照度达到40lx以上。结论可为今后进行地下降解尾气路面道路灯光布置设计提供参考。

9.4.7 纳米二氧化钛环氧乳化沥青罩面试验段铺筑

1. 工程简介

根据课题的研究成果，试验段铺筑薄层罩面混合料，实施了实体工程的铺筑。试验段选择在邢台市南郊的桥西区守敬南路铺筑。区域面积总计207m^2。守敬南路为市政道路，级别为次干路，设计车速为40km/h，根据现场观测的结果，该路段车流量适中，以小车为主，有少数的建设用工程车经过。

2. 施工过程

图 9-39～图 9-53 展示了材料和施工过程。

图 9-39　固化剂

图 9-40　环氧树脂

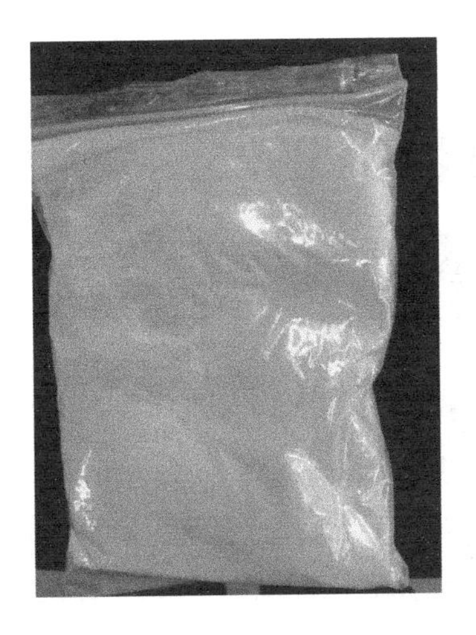

图 9-41　纳米二氧化钛

图 9-42　乳化沥青

图 9-43　环氧树脂加入沥青罐

图 9-44　固化剂加入沥青罐

图 9-45　二氧化钛粉加入传送皮带

图 9-46　出料监测画面

图 9-47　撒布粘层油

图 9-48　环氧乳化沥青混合料

图 9-49　卸车

图 9-50　摊铺

图 9-51 碾压

图 9-52 碾压成型后

3. 施工配合比设计

（1）材料

① 环氧固化剂

选用胺类固化剂，可以实现 6h 内具有很好的施工和易性，外观如图 9-39 所示。

② 环氧树脂

选用常规牌号的 E-51 环氧树脂，如图 9-40 所示。

图 9-53 碾压成型 4h 后

③ 二氧化钛

选用 5nm 锐钛矿型纳米二氧化钛粉，如图 9-41 所示。

④ 乳化沥青

考虑到现场需要使强度快速上升，且不影响环氧的固化反应，选用慢裂快凝型乳化剂制备的乳化沥青，固含量达 62%左右，如图 9-42 所示。

⑤ 集料

选用河北当地某石材场产玄武岩集料（4.75～13.2mm）、石灰岩集料（2.36mm 及以下粒径）。

（2）配合比设计

本次试验段采用的是 2000 型拌合机，每小时最大产量 180t，正式生产前首先应对其进行调试，保证机械设备的正常运转以及计量系统的准确。

De0/8 级配（表 9-42）用于热拌沥青混合料的沥青用量在 6.4%～7.7%之间，可以看出 De0/8 级配用油量较高，粒径相对单一，构造深度较大。DE 级配具有与环氧乳化沥青较好的配伍性。

De0/8 级配 **表 9-42**

粒径(mm)	8	5	2	0.09
通过率(%)	0～10	≥15	35～60	7～13

由于我国筛孔尺寸与De0/8级配有一定差异，经过取舍按表9-43进行设计。

调整后的De0/8级配 **表9-43**

粒径(mm)	13.2	9.5	4.75	2.36	0.6	0.3	0.15	0.075
通过率(%)	100	90	71	20	13	11	10	8

调整后的De0/8级配在下面称为DE-10级配，此后的设计均采用DE-10级配进行环氧乳化沥青混合料设计。

拌合站现场经通过拌合机热料仓二次筛分的取样进行筛分，根据筛分结果，同时调整各料仓的上料比率以达到供料的均衡，使DE-10级配接近目标配合设计级配范围，各热料仓组成设计的结果为4号仓占34%、3号仓占26%、2号仓占12%、1号仓占25%。

① 配合比设计试验（湿轮磨耗/WTAT）

湿轮磨耗试验是模拟行车轮胎与路面的磨耗作用，检验设计的混合料的配比能否满足行车磨耗的需要。湿轮磨耗试验是按规定的成型方法，将成型后的稀浆混合料试件放在水中，用磨耗头磨耗5min，测定磨耗损失。借鉴微表处要求浸水1h的WTAT值要小于538g/m^2。不同沥青用量的试件WTAT试验结果见表9-44和图9-54。

不同用油量下湿轮磨耗值 **表9-44**

油石比(%)	5	5.5	6	6.5	7
磨耗值(g/m^2)	648	482	323	217	170

注：表上的油石比是基质沥青与石料的比例。

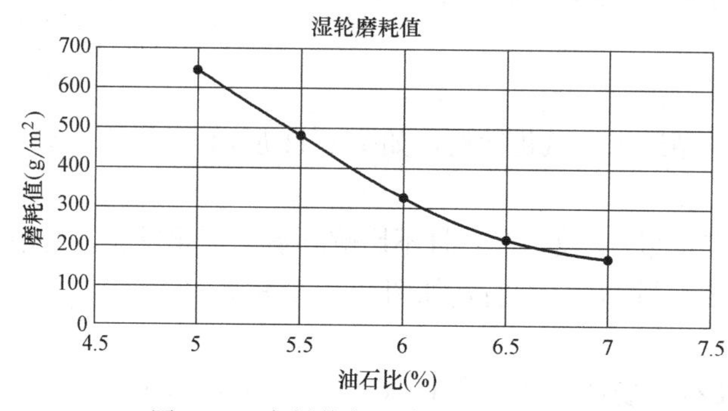

图9-54 磨耗值与沥青用量的关系图

② 配合比设计试验（负荷车轮试验/LWT）

沥青用量过多易引起路面波浪与泛油，负荷车轮试验即是确定稀浆混合料中沥青用量的上限，与湿轮磨耗试验一起确定乳化沥青的最佳用量，它用封层表面对热砂的粘附量为检验标准，借鉴微表处施工规范中要求粘砂量测试值应小于450g/m^2。不同沥青用量的试件粘砂量试验（LWT）试验结果见表9-45和图9-55。

不同用油量下粘附砂量 **表9-45**

油石比(%)	5	5.5	6	6.5	7
粘砂量(g/m^2)	57	162	302	457	593

注：表中的油石比是基质沥青与石料的比例。

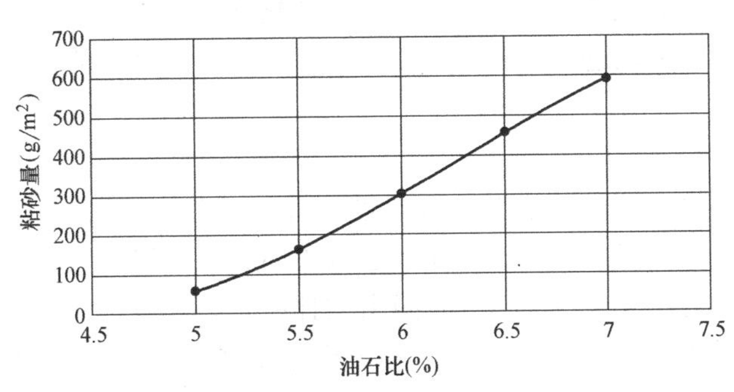

图 9-55 粘砂量与沥青用量的关系图

结论：通过以上两组试验，确定最佳用油量为6%（图 9-56），由于环氧乳化沥青的蒸发残留物固含量为 62.1%，所以最佳乳化沥青用量为 9.7%。此值稍高于 4.4.4 节实验室内配合比设计的 9.5%，但集料和环境略有差异，配合比的变化在可接受范围内。

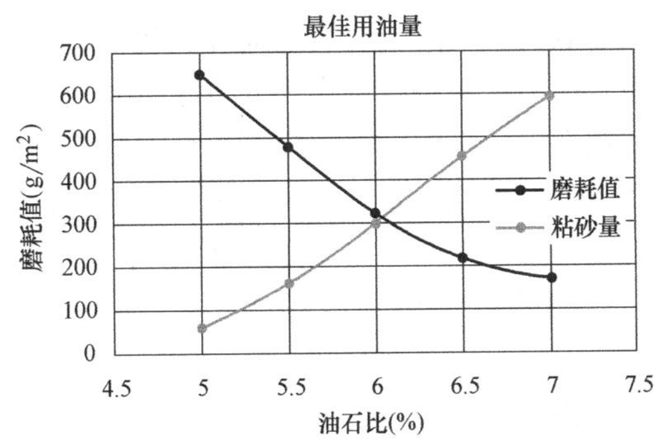

图 9-56 磨耗值和砂当量交汇曲线

由于环氧乳化沥青混合料具有较高的力学特性，与其他乳化沥青具有较大的不同，下面配合热拌沥青混合料的检验方法进行配合比的检验。

① 马歇尔配合比试验

根据目标配合比确定的最佳油石比 9.7%±0.5%进行试拌，且进行马歇尔试验，成型后 60℃养生 48h 后进行试验，各项指标见表 9-46。

生产配合比试验结果 **表 9-46**

调试油石比(%)	毛体积密度(g/cm^3)	*VMA* (%)	*VV* (%)	*VFA* (%)	*ML* (kN)	*FL* (0.1mm)
9.1	2.287	15.8	7.1	77.7	18.65	26.1
9.7	2.263	15.8	6.6	81.2	19.16	24.5
10.2	2.244	15.6	6.1	83.0	18.88	25.0

② 高温性能检验

对采用设计级配、最佳乳化沥青掺量和最佳含水量成型的混合料试件进行 60℃试验以检验环氧乳化沥青冷再生混合料的高温性能。车辙板成型后 60℃养生 48h 后，放置于车辙试验机中 60℃养生 5h 后立即进行动稳定度测试，试验结果见表 9-47。

车辙试验结果 **表 9-47**

序号	D45(mm)	D60(mm)	动稳定度(次/mm)	平均值(次/mm)	要求(次/mm)
1	1.321	1.831	7724	7206	≥2000
2	1.632	2.061	6887		

从马歇尔试验和车辙试验的结果可以看出，二氧化钛环氧乳化沥青混合料具有一般热拌沥青混合料的特性。可以进行常规摊铺和碾压，仅需一定时间破乳和养生以保证其强度上升。

4. 拌合和运输

环氧乳化沥青的投入是采用原有的沥青罐，加入所需的乳化沥青后，在加热至60～70℃的情况下通过强化搅拌系统，缓慢加入定量的环氧树脂和固化剂，可以达到环氧乳化沥青生产与供应的要求。混合料的拌合时间由试拌决定，沥青加入后湿拌35～40s。从反应罐中供给拌和楼的环氧乳化沥青在60℃，由于不加矿粉，改为添加二氧化钛粉，常温拌合。实际拌合效果与试验室中一样，环氧乳化沥青的高黏度并没有造成拌合困难，未出现花料、白料等现象，拌合好的混合料稳定均匀[53]。

环氧乳化沥青混合料在储存和运输过程中类似乳化沥青冷再生混合料，并且在存储、运输和摊铺过程中的稳定性要好于其他沥青混合料。这是由于DE-10的间断级配中细料含量较少，使得混合料的粗细离析和沥青析漏量都很少。虽然可以达到6h固化，但仍要尽快摊铺，根据大量的冷再生施工的经验，乳化沥青混合料在储存运输时会存在卸车困难的问题。所以从储存与运输方面来说，应尽可能地高效。

5. 摊铺与碾压

施工时间为2017年10月31日午后，气温在18℃左右，有微风，对路面施工影响不大。原路面经过清扫，洒粘层油后进行摊铺。摊铺厚度2.3cm，碾压目标厚度2cm。

环氧乳化沥青混合料会发生固化，因此宜摊铺完成后立即碾压。需要注意的是在压实过程中环氧乳化沥青混合料容易粘轮，压实过程不宜使用胶轮压路机，采用的是双钢轮振动压路机，初压采用一台压路机紧跟摊铺机静压一遍，振动碾压三遍；复压采用两台压路机振动碾压三遍，终压采用一台压路机以静压方式碾压1～2遍以消除轮迹。由于乳化沥青混合料破乳会出水，碾压时无需在钢轮上洒水，路面上会产生少量水迹。卸车、摊铺和碾压照片如图9-51～图9-53所示。

空隙率对环氧乳化沥青的疲劳性能影响最大，所以在施工中要严格控制碾压质量，保证压实度>98%。由于二氧化钛环氧乳化沥青掺入了环氧固化成分和钛粉，碾压过程中以及结束后路面未冷却时，要严格做好隔离措施，施工人员以及车辆禁止上路，防止路表面石料被车轮或者鞋底粘走，影响路面美观和功能。

如图9-52、图9-53所示，路面整体显示铺筑的路面与旧路面在颜色上形成明显反差，路面较黑亮，与常规热拌摊铺路面差别不大。

6. 试验段施工小结

从配合比的设计和施工工艺两个过程的实践可以看出，采用环氧乳化沥青进行拌合的混合料，未出现卸车困难，离析较少，配伍性良好，可以实现常温施工，降低了环氧沥青施工难度，施工期间几乎没有明显烟雾；承载的二氧化钛粉可以吸收汽车尾气，提高了工程的环境友好程度。

参考文献

[1] 杨良，郭忠印，丁志勇. 公路隧道路面工作环境调研与分析［J］. 交通科技，2004，000（001）：

27-30.
[2] 刘尚乐. 乳化沥青及其在道路、建筑工程中的应用 [M]. 北京：中国建材工业出版社，2008.
[3] 吕伟民，郭忠印. 高强度沥青混凝土材料的研究 [R]. 上海市政工程管理处，1995.9.
[4] 倪维良，柳云骐，王林同，等. 乳化型水性环氧树脂固化剂的合成与性能研究 [J]. 化工新型材料，2011 (07)：139-142.
[5] 杭龙成，陈剑锋. 热固性环氧树脂改性乳化沥青 [P]. 中国专利：102060474A，2010.12.2.
[6] 侯曙光，赵华. 乳化剂及改性剂对沥青性能影响的机理分析 [J]. 筑路机械与施工机械化，2010，27 (1)：59-61.
[7] 张倩，张彤，王月欣，等. 慢裂快凝型阳离子沥青乳化剂的合成及其性能研究 [J]. 日用化学工业，2012，42 (6)：432-435.
[8] 李忠玉，刘栓，陈小雪，等乳化沥青颗粒粒度分析试验研究 [J]. 石油沥青，2015，029 (003)：14-17.
[9] 陈淼荥. 水性环氧树脂改性乳化沥青胶结料界面粘结性能研究 [J]. 公路交通技术，2019 (5)：36-41.
[10] 尹祖超，钱振东. 国产环氧沥青抗老化性能研究 [J]. 交通运输工程与信息学报，2009，007 (001)：111-115.
[11] 姚美珍. 固化时间与环境温度对环氧沥青粘结性能的影响 [J]. 石油沥青，2016 (3)：24-27.
[12] 赵振东. 论材料因素对阳离子乳化沥青破乳速度及混合料早期强度的影响 [J]. 中国科技信息，000 (18A)：P. 174-175.
[13] 王瑞. 水泥乳化沥青胶浆-集料界面粘附性研究 [D]. 西安：长安大学，2012.
[14] 张天然，赵娅丽，刘艺，等. 地下道路功能定位及其在上海市的适用性分析 [J]. 地下空间与工程学报，2007，3 (3)：406-410.
[15] Moretti L，Cantisani G，Di Mascio P. Management of road tunnels：Construction，maintenance and lighting costs [J]. Tunnelling & Underground Space Technology，2016，51 (JAN.)：84-89.
[16] 任明亮. 城市地下道路污染物扩散规律研究 [D]. 北京：北京工业大学，2008.
[17] 刘至飞，吴少鹏，陈美祝，等. 温拌沥青混合料现状及存在问题 [J]. 武汉理工大学学报，v. 31；No. 195 (04)：170-173.
[18] 郭诗惠，韩庆奎，李泉. 乳化沥青厂拌冷再生拌和工艺研究 [J]. 新型建筑材料，2019 (8)：38-42.
[19] Keyte I J，Albinet A，Harrison R M. On-road traffic emissions of polycyclic aromatic hydrocarbons and their oxy-and nitro-derivative compounds measured in road tunnel environments [J]. Science of the Total Environment，2016，566-567 (oct. 1)：1131-1142.
[20] 尚培东. 可降解汽车尾气的沥青混凝土路面在隧道中的应用 [J]. 公路，2014 (3)：189-192.
[21] Akira Fujishima，Xintong Zhang. Titanium dioxide photocatalysis：present situation and future approaches [J]. ComptesRendusChimie，9 (5-6)：750-760.
[22] Fujishima，Akira，Honda，Kenichi. Electrochemical Photolysis of Water at a Semiconductor Electrode [J]. 238 (5358)：37-38.
[23] Akira Fujishima. Photocatalytic and Self-cleaning Functions of TiO_2 Coatings [C] // Sustainable Energy and Environmental Technologies-The Third Asia-Pacific Conference. 2001.
[24] D. Wang，Z. Leng，M. Hüben，M. Oeser，B. Steinauer. Photocatalytic pavements with epoxy-bonded TiO_2-containing spreading material [J]. Construction and Building Materials，2016，107：44-51.
[25] 佚名. 太阳能窗户可供电6小时 [J]. 建设科技，2008 (7)：11.

[26] 台科大研发太阳能节能玻璃可自洁、隔热与发电. [EB/OL] [2014-12-11] //http: //guangfu. bjx. com. cn/news/20141211/572459. shtml.

[27] 陈晨. 水泥路面负载纳米 TiO_2 光催化降解 NO_x 研究 [D]. 重庆: 重庆交通大学, 2015.

[28] 雷雨滋. 降解汽车尾气与缓减城市热岛效应的沥青混合料研究 [D]. 西安: 长安大学, 2014.

[29] 上海首条"吃尾气"道路现身奉贤每天降解 500 辆车尾气不在话下 (组图). 解放网 [EB/OL] [2017-06-11] //https: //m. sohu. com/a/147882526 _ 119707.

[30] 孙立军, 徐海铭, 李剑飞, 等. 纳米二氧化钛处治汽车尾气效果与应用方法的研究 [J]. 公路交通科技, 2011, 28 (4): 153-158.

[31] 沙爱民. 环保型道路建设与维护技术 [J]. 建设科技, 000 (17): 54-59.

[32] 钱春香, 赵联芳, 付大放, 等. 路面材料负载纳米 TiO_2 光催化降解氮氧化物研究 [C] // 中国建筑学会绿色建材的研究与应用学术交流会. 2004.

[33] 杜洋, 左学勤, 杨群, 等. 一种二氧化钛/二氧化锡复合光催化剂材料的制备方法.

[34] 郑秀君, 张恒强. 环境友好型改性 TiO_2 光催化剂的理论研究 [J]. 河北民族师范学院学报, 2016 (2): 110-114.

[35] 孟奇, 刘兴海, 王珍, 等. 纳米二氧化钛的综合论述 [J]. 产业与科技论坛, 2016, 15 (17): 78-79.

[36] 魏雨, 张艳峰. 纳米二氧化钛光催化剂的研究进展 [C] // 中国纳米级无机粉体材料发展 · 节能 · 环保高峰论坛论文集, 2007.

[37] 张文彬, 谢利群, 白元峰. 纳米 TiO_2 光催化机理及改性研究进展 [J]. 化工科技, 2005, 13 (6).

[38] 王积森, 冯忠彬, 孙金全, 等. 纳米 TiO_2 的光催化机理及其影响因素分析 [J]. 微纳电子技术, 045 (001): 28-32.

[39] 刘保顺, 何鑫, 赵修建, 等. 纳米 TiO_2 的表面能态及光生电子-空穴对复合过程的研究 [J]. 光谱学与光谱分析, 2006, 26 (2): 208-212.

[40] 益帼. 微乳液反应法制备纳米二氧化钛及其反应条件对粒径和形貌影响的研究 [D]. 南昌: 南昌大学, 2006.

[41] 曾振欧, 肖正伟, 赵国鹏. 液相沉积法在 304 不锈钢上制备纳米二氧化钛涂层 [J]. 电镀与涂饰 (2): 50-52+56.

[42] Langridge J M, Gustafsson R J, Griffiths P T, et al. Solar driven nitrous acid formation on building material surfaces containing titanium dioxide: A concern for air quality in urban areas? [J]. Atmospheric Environment, 2009, 43 (32): 5128-5131.

[43] Toro C, Jobson B T, Haselbach L, et al. Photoactive roadways: Determination of CO, NO and VOC uptake coefficients and photolabile side product yields on TiO_2 treated asphalt and concrete [J]. Atmospheric Environment, 2016: S1352231016303417.

[44] 王成辉, 闫琨, 韩新宇, 等. 高原城市昆明公路隧道大气中 PM2.5 理化特征分析 [J]. 环境科学, 2017, 38 (12): 4968-4975.

[45] 谭忆秋, 李洛克, 魏鹏, 等. 可降解汽车尾气材料在沥青路面中的应用性能评价 [J]. 中国公路学报, 2010 (06): 25-31.

[46] Joel K. Sikkema, James E. Alleman, Ben Bai. Photocatalytic Pavements [J]. Green Energy & Technology, 2014, 204: 275-307.

[47] Sikkema, J. K, Ong, S. K, Alleman, J. E. Photocatalytic concrete pavements: Laboratory investigation of NO oxidation rate under varied environmental conditions [J]. Construction & Building Materials, 100: 305-314.

[48] 余静. 乳化沥青存储稳定性的影响因素 [J]. 建材世界 (5)：53-55.
[49] 马育. SBS改性乳化沥青的性能及贮存稳定性研究 [J]. 重庆交通大学学报（自然科学版），2007，26 (5)：77-79.
[50] 李洪华. 沥青路面车辙成因分析及车辙试验研究 [D]. 西安：长安大学，2008.
[51] 吴渝玲. 孔隙率对沥青混合料水稳定性影响研究 [J]. 公路工程，2014 (5)：266-269.
[52] 郑世才. 观片灯的亮度与照度的关系 [J]. 无损检测，2005 (11).
[53] Yu. S. Kochergin，V. V. Shologon，T. I. Grigorenko，et al. Properties of composites based on epoxy-modified derivatives of 2-vinyloxyethoxymethyloxirane [J]. Polymer Science，2008，1 (4)：277-285.

第10章　环氧沥青结合料粘结层

10.1　环氧沥青粘结层研究与应用现状

据调查研究发现，道路面层的裂纹中有一部分是因为层间推挤产生的。由于层间粘结力不足，导致道路面层在荷载作用下各层产生滑移现场，加速道路早期破坏。而裂纹的产生，使得雨水能够渗入道路桥梁结构的内部，造成早期水损坏，尤其对于桥梁而言，钢筋的腐蚀直接影响其使用寿命。由于环氧改性类沥青相较于其他改性沥青拥有更加强大的路用性能，非常适用于道路与桥梁的粘结层，可以大大提高道路与桥梁的使用寿命[1]。但是环氧沥青的价格较高[2]，目前国内大多数应用在桥梁粘结层中，道路中一般很少用到。

水泥混凝土桥面沥青铺装是经常使用的一种技术，由于水泥混凝土和沥青材料的力学差异性较大，在荷载作用下以及温度变化中产生不同程度的变形量导致二者之间产生较大的剪应力，如果没有较强的层间粘结力，很容易造成铺装层破损，二者脱离，损坏桥梁结构[3]。因此，层间粘结力的强弱是影响桥面结构层寿命的重要因素。

国外比较注重路面粘结性能的研究，开发出多种适用于层间的粘层材料。国外常见的粘层材料主要是各种类型的乳化沥青、改性乳化沥青、各种热沥青、稀释沥青、高粘沥青、防水卷材、树脂类涂膜等。粘层材料的选择以及喷洒量取决于实际情况。桥面防水粘结层的研究是最早的研究方向之一，欧洲广泛应用的防水粘结层材料是沥青、树脂类涂膜[4,5]。

在美洲地区，加拿大应用最多的是热铺橡胶沥青防水卷材，这种粘结材料有效减慢了桥面病害产生的速度，并且增加了桥面的服务性能。美国的 C. CARR 和 B. VALLERGA[6]根据水泥混凝土桥桥面防水粘结系统的使用条件，通过室内试验和野外检测等多种方法进行系统性的研究。研究结果表明，虽然桥梁的面层与其他层间的层间粘结力能满足普通行车的需求，但防水粘结层的防水性能在面层施工后会明显下降甚至于达不到防水的目的。因此，防水粘结层应加设合适的保护层，并对防水材料用电阻法测试其不透水性，并进行抗冲击试验。

1976 年，NCHRP 发表了一份有关于桥面防水的报告[7]，其中介绍了防水薄膜性能的室内研究方法，为了能够筛选出高性能的防水粘结材料，该报告提出了以性能筛选试验和路用性能试验为主的检测方法，主要包括材料的极限抗弯拉强度、硬度、抵抗施工机具损伤、玻璃化温度、抵抗桥面变形、材料断裂延伸率、抵抗骨料刺破、薄膜铺设时间等相关性能检测；报告提出只有在规定的试验条件下进行试验才能模拟路用条件，并对防水粘结材料的使用性能进行鉴定。

20 世纪 90 年代末，由于交通量的逐渐增加，路面出现了一些新的问题，如面层早期破损、开裂、坑槽，由于防水粘结层与面层之间的粘结强度的不足而导致的面层推移破坏等病害。因此，欧美一些国家相继对层间粘结材料进行深入研究。国际乳化沥青协会对西班牙、法国、意大利、日本、荷兰、英国、美国等国的粘层材料的使用进行了调查，包括粘层的材料种类、喷洒量、养生时间、试验方法、检测方法及施工技术等各个方面。Roffe 和 Chaignon 指出该调查的结果：美国大部分道路工程中使用的粘层材料是乳化沥青，只有小部分道路的粘结层中使用了热沥青[8]。

美国 AASHTO 及各州的规范均规定采用慢裂型乳化沥青作粘层，路易斯安那州 2000 年《道路和桥梁标准规范》规定粘层油可以使用改性或非改性的阳离子乳化沥青 CRS-2P、CSS-1，或阴离子乳化沥青 SS-1、SS-1P 及 SS-SL。法国通常使用快裂型阳离子乳化沥青，有时也会选择阴离子乳化沥青作为粘层材料，沥青层上的洒铺量为 0.2kg/m^2，当铺层厚度≥5cm 的洒铺量为 0.25kg/m^2。日本规范要求一般沥青路面采用 PK-4，洒铺用量 0.3～0.6L/m^2，由于排水型沥青路面的结构层中沥青混合料孔隙率较大，为了增强层间的粘结效果，要求使用橡胶改性乳化沥青 PKR-T 作粘层，且相较于其他类型的沥青路面的粘结层材料，技术指标要求均较高[9]。2004 年，美国的 Cross 和 Shrestha 对各州的粘层使用情况展开了进一步的调查。调查发现：各州都有设置粘层的工程习惯，使用较多的是慢裂型乳化沥青和热沥青，个别州会使用稀释沥青作为粘层材料。同时其他学者也开展了关于不同类别的粘层材料对层间性能影响的研究，研究结果却有较大出入[10]。Mohammad 等人通过对两种热沥青和四种乳化沥青抗剪强度的研究表明，在 55℃条件下的粘层材料抗剪强度没有明显的差异，25℃时乳化沥青 CRS-ZP 具有较高的抗剪强度，是最好的粘层材料[11]。West 等人对一种热沥青和两种乳化沥青作为粘层材料抗剪强度的研究发现，热沥青比乳化沥青具有更高的抗剪强度。

与此同时，许多国家都逐渐制定了相应的桥面粘层材料应用标准。美国 ASTM[12] 对原有的防水材料试验规程进行了总结及完善。为了统一欧洲地区桥面防水粘结材料试验规程，欧洲标准委员会（CEN）针对柔性桥面防水材料的粘结强度（PREN13596）试件成型方法（PREN13375）、抵抗梁体开裂性能（PREN14224）、防水层层间剪切强度（PREN13653）及防水材料吸水性（PREN14223）的试验方法等提出了统一的要求[13,14]。

综上所述，国外对于路面层间粘结材料及使用技术的研究起步较早，且已经形成了较为完善的体系。国内对于路面粘结性能的研究则较为注重桥面防水性能，反而忽略了路面的层与层之间的粘结性能，导致国内较为常见的粘层材料很难达到重度交通荷载对于层与层之间粘结性能的需求；随着国内道路建设水平的提高，国内逐渐认识到层间粘层结构对于缓解路面早期破坏，提高道路服务水平方面的作用，开始对路面粘层材料进行研究，并且在材料的研发和使用方面取得了一定的成果，但是由于没有系统化的研究以及规模化应用，更缺少相关的技术规范要求，因此对该领域的研究仍有必要性和紧迫性。

10.2 油性环氧沥青粘结层

油性环氧沥青粘结层多是匹配了现有的油性热拌工艺环氧沥青混合料一同使用的专用粘结层材料。本节介绍在研究中选用的稳定性佳的成品防水粘结层材料环氧沥青（油性热工艺），它是由环氧树脂、固化剂与基质沥青经复杂的化学反应得到的混合物。固化后的沥青材料形成三维交联网络结构，具有特殊的渗透密闭性能、优异的抗施工损伤性能以及高强的粘结性能。防水粘结材料A组分与环氧沥青混合料的A组分相同。B组分的性能要求见表10-1，环氧沥青粘结材料技术指标见表10-2。

防水粘结材料环氧沥青B组分技术要求 表10-1

技术指标	技术要求	试验方法
酸值(mg,KOH/g)	≤200	T0626—2000
闪点(COC)(℃)	≥250	闪点(COC)/℃≥250 T0611—1993
含水量(%)	≤0.05	T0612—1993
黏度(25℃)(mPa·s)	>800	T0625—2000
密度(25℃)(g/cm³)	1.00±0.15	T0603—1993
颜色	黑色	目视

环氧沥青防水粘结层技术指标 表10-2

项目		技术指标	试验方法
重量比(A∶B)		100∶2451	—
拉拔强度(MPa)	20℃,混凝土	≥1.00	—
	35℃,混凝土	≥1.00	—
	20℃,钢板	≥1.20	—
不透水性,0.3MPa		30min不熔化	—
耐热性,200℃		—	小试件放在热钢板
抗刺破及渗水		暴露轮碾试验 (0.7MPa,100次)后, 0.3MPa水压下不渗	—
在荷载作用下的热挠曲温度(℃)		−10~−18	ASTMD648
吸水率(7d,20℃,%)		≤0.3	ASTMD570
黏度增至1000MPa·s的时间(120℃)		5~20	—

采用粘结强度拉拔力检测仪进行拉拔试验，测定防水粘结层与钢板粘结力。拉拔仪的原理如图10-1所示。为确定防水粘结材料适宜用量，拉拔强度随着粘结层用量的增加变化见表10-3和图10-2。

不同环氧沥青用量的拉拔强度 表10-3

环氧沥青用量(kg/m²)	试验温度(℃)	0.3	0.4	0.5	0.6	0.7	0.8	0.9	1.0	1.1	1.2
拉拔强度(MPa)	5	2.51	3.51	3.61	4.24	4.51	4.64	4.67	4.78	4.45	4.20
	15	3.51	4.48	4.77	5.23	5.42	5.66	5.72	5.81	5.86	5.52
	35	3.61	4.78	4.89	5.33	5.52	5.68	5.75	5.88	5.91	5.51

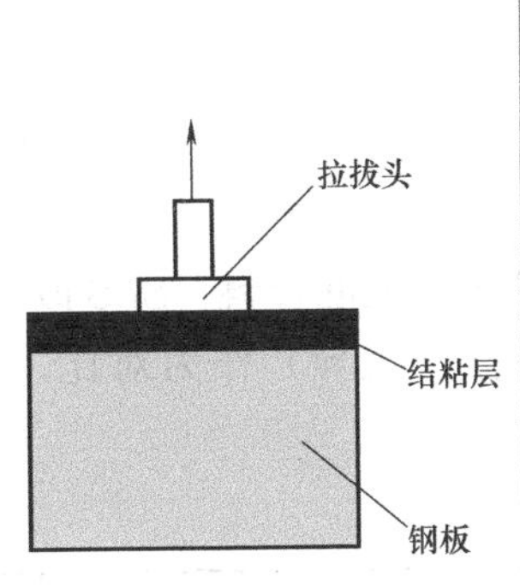

图 10-1　粘结层拉拔强度测试仪和示意图

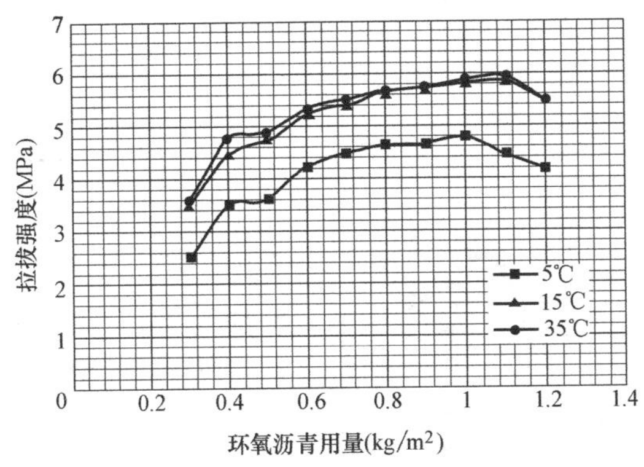

图 10-2　不同环氧沥青用量的拉拔强度

除了在常用的粘结层规范中明确指出了拉拔强度这一指标外，实际层间抗剪强度也是必须关注的粘结层技术指标。

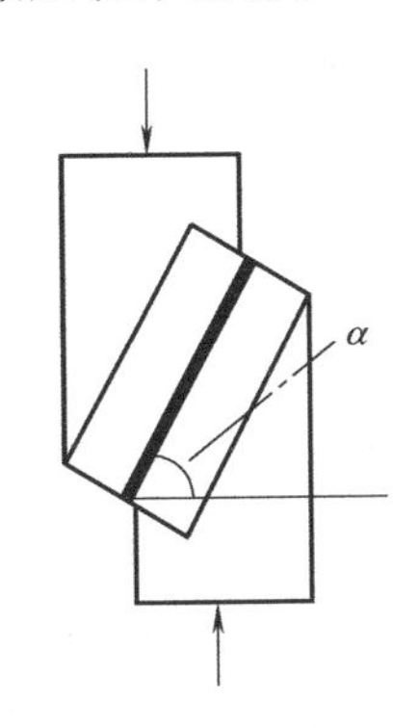

图 10-3　粘结层拉拔强度测试仪和示意图

试验所用半刚性基层采用水泥混凝土板块替代，首先将制作好的 10cm×10cm×5cm 的水泥混凝土块放入 10cm×10cm×10cm 的斜剪试验试模中，将 175～180℃的混合料称取质量，填满水泥混凝土块上部剩余空间，插捣压实，并保证试件表面平整。将试件在室温下放置 24h，以便进行斜剪。

试验在室温条件下进行，如图 10-3 所示。加载速率为 50mm/min，将试件与角模调整好位置置于压力机上，本次所用斜剪角度 α 为 40°，两试块间剪切力按下式计算：

$$\tau = P\sin\alpha / A \tag{10-1}$$

式中 α——试验模具的角度；

A——接触面积，即 $25cm^2$；

P——荷载。

作为对照试验，本书选择普通沥青（70 号）AC25 级配混合料、SBS 改性沥青 AC25 级配混合料、应力吸收层用环氧沥青（防水、粘结性能优异）作为对比。试验结果如表 10-4 和图 10-4 所示。

斜剪试验结果 **表 10-4**

环氧沥青用量 (kg/m²)	试验温度(℃)	0.3	0.4	0.5	0.6	0.7	0.8	0.9	1.0	1.1	1.2
斜剪强度 (MPa)	5	0.37	0.77	1.14	1.40	1.52	1.76	1.94	2.52	2.61	2.51
	15	0.67	1.66	2.18	2.43	2.56	2.53	2.88	3.42	3.21	3.02
	35	0.69	1.68	2.21	2.45	2.60	2.52	2.78	3.41	3.11	2.87

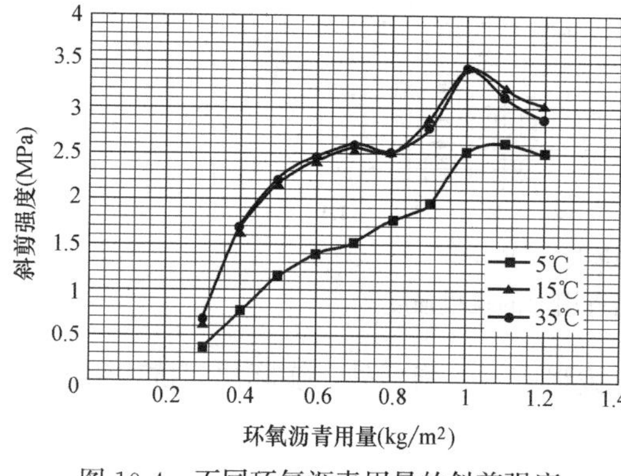

图 10-4 不同环氧沥青用量的斜剪强度

从图 10-2 和图 10-4 的变化曲线可以看出，随着环氧沥青用量的增加，两个指标都呈现出先增后减的趋势，只是在温度较低的情况下变化环氧沥青用量在 1.1kg/m² 为最优，而在 15℃和 35℃时，环氧沥青用量在 1.0kg/m² 为最优。另外，温度稍高，对环氧沥青的粘结强度的增加是有利的。在多数情况下，经过了足够的养生时间的试件，拉拔和斜剪表现出的破坏均为突变型断裂，表现出较多的脆性。

10.3 水性环氧乳化沥青粘结层

水性环氧沥青材料属于反应型材料，与热融性材料相比，能大幅度地提高力学性能和耐久性能。水性环氧沥青防水粘结材料的各项力学性能几乎介于热喷沥青+碎石、环氧树脂之间，其具有优良的低温柔韧性和耐热性[15]，在常温和高温时的剪切和拉拔强度均优于常用的沥青类材料，而且其耐久性较好。当然，桥面防水粘结材料种类众多，化学组成、技术性能等存在较大的差异，不同种类的防水粘结层材料均有各自的优缺点，在实际工程应用中应根据工程具体情况选择应用。

施工工艺如下：

（1）抛丸。用专用的抛丸机对水泥混凝土桥面进行抛丸打磨，使其粗糙。

（2）清扫。用鼓风设备对抛丸后的桥面进行清扫，使其干净无灰尘。

（3）打底。使用环氧乳液对其进行打底处理，在喷洒前，将固化剂注入环氧乳液罐中，摇匀。喷洒量为 0.1～0.2L/m²。

（4）喷洒粘结层。使用专用的设备，对其进行喷洒。单组分水性环氧沥青的洒布量为

0.6～0.8L/m^2。局部没有喷到或不均匀处进行人工补刷。

施工过程如图 10-5～图 10-9 所示。

图 10-5　抛丸和清扫

图 10-6　喷洒打底乳液

图 10-7　喷洒粘结层

图 10-8　局部进行修补

图 10-9　养生（等待上热沥青混合料）

10.4 总结

目前乳化沥青粘结层干燥的速度较慢，要 1～2d 的时间。提前上去铺筑沥青层会导致粘轮，留下许多印迹。实际完全干燥再铺筑，需要一定的热量将其与面层粘结紧密。

施工车辆采用通过简单改造的小型或中型沥青洒布车，喷打底乳液和喷粘层的是同一台设备，期间更换料即可，但需清洗管道和泵。其中管道每次都需清理，泵隔几次清洗一次，因为有 30%左右的粉含在粘结层材料中。这种车不可以喷洒一般的乳化沥青，喷洒过乳化沥青粘结层材料的车是不可以用于喷洒此类水性环氧沥青粘结层材料的。

具有存储稳定性的环氧乳化沥青粘结层具有施工优势，从成品到罐装至车辆上存储一周之内完成施工，喷洒完 4～5d 等待上层铺筑热沥青混合料。

以下总结开发思路：目前国内以面向应用的环氧乳化沥青粘结层的研发开展的覆盖面十分广泛。接下来笔者主张开展粘结层多种路用性能评价指标研究，以应对多重需要的工况。此外应该展开环氧乳化沥青的外延拓展性应用，由于固化体系的特殊性，只有依靠粘结层的经验（基于固化时间、温度和耐久性等相关力学行为的掌控），逐步展开环氧乳化沥青应用于除乳化沥青粘结层之外的研究，针对不同路面断面形式和应用场合进行固化体系的更替、升级，才是实现不局限于应用于粘结层的更大更广阔的需求。

参考文献

[1] Yu. S. Kochergin，V. V. Shologon，T. I. Grigorenko，et al. Properties of composites based on epoxy-modified derivatives of 2-vinyloxyethoxymethyloxirane [J]. Polymer Science，2008，1 (4)：277-285.

[2] 沈凡. 水泥—乳化沥青—水性环氧复合胶结钢桥面铺装材料研究 [D]. 武汉：武汉理工大学，2012.

[3] 李庆锡，刘强，陈云卿. 水性环氧沥青桥面铺装防水黏结层性能研究 [J]. 上海公路，2015 (4)：62-64.

[4] Mohammad L N，Raqib M A，Huang B. Influence of Asphalt Tack Coat Materials on Interface Shear Strength [M] // Transportation Research Record，2002.

[5] CHANG Yanting，CHEN Zhongda，NIU Xiaohu. Test of shear resistance of modified emulsified asphalt by waterborne epoxy resin [J]. Journal of Jiangsu University，2017，38 (2)：224-229.

[6] Price A R . A field trial of waterproofing systems for concrete bridge decks [J]. Research Report Transport & Road Research，1989.

[7] Van Til C J，Carr B J，Vallerga B A. Waterproof Membranes for Protection of Concrete Bridge Decks-laboratory Phase [J]. Nchrp Report，1976.

[8] Roffe J. C. and ChaignonF.. Chataeterisaton Tests on Bond Coats：Worldwide Study [A]. 3rd International on conferene BituminousTests and Recomendations [C]，Mixtures and Pavements，Thessaloniki，2002：603-609

[9] 郝增恒，曹雪娟，李玉龙. 水泥混凝土桥面防水粘结层概述 [J]. 中外公路，2006，26 (2)：200-203.

[10] 吕晓霞. 用于粘结层的高性能乳化沥青性能研究 [D]. 西安：长安大学，2011.

[11] Mohammad L N M，Raqib M A，Huang B S. Influence of asphalt tack coat materials on interface shear strength [J]. Journal of the Transportation Research Board，2002 (1789)：56-65.
[12] ASTM D226. Standard Specification for Asphalt-Saturated Organic Felt Used in Roofing and Waterproofing [S].
[13] Price A R . Waterproofing of concrete bridge decks：site practice and failures [J]. Deterioration，1991.
[14] Bukovatz J E，Crumpton C F . KANSAS' EXPERIENCE WITH INTERLAYER MEMBRANES ON SALT-CONTAMINATED BRIDGE DECKS (ABRIDGMENT) [M]. 1984.
[15] 汪洁，周彬，陈拴发，等. 国产环氧沥青桥面防水粘结材料路用性能研究 [J]. 华东公路，2012，000 (005)：53-56.